高機能デバイス封止技術と最先端材料
Encapsulation Technologies for High Performance Device
and State-of-the-art Materials

《普及版／Popular Edition》

監修 高橋昭雄

シーエムシー出版

はじめに

　封止材は，液体や気体などの物質が部品の内部に入り込まないようにしてデバイスを保護する材料である。本書では，第 1 章で半導体封止，第 2 章で LED，第 3 章で有機 EL，第 4 章で太陽電池そして，最後の第 5 章で MEMS を取り上げ，それらの高機能デバイス封止技術と封止材料について最先端の情報を提供することを目的にした。デバイスを気密封止して外部環境からの汚染を防ぐことが共通課題であるが，それぞれの用途に応じて要求される特性，機能が当然のことながら異なっている。新たな製品分野へ展開する場合には，共通項も多いため比較的取り組みやすい技術でもある。そのような観点から，現在これらの課題に取り組んでおられる，また，これから取り組まれるできるだけ多くの技術者に参考にしていただければと願っている。幸いにして，多数のご専門の方々にご執筆いただき，出版に漕ぎ着けたことに深謝している。

　さて，半導体パッケージに幅広く使用されている樹脂封止は，LSI などの半導体デバイスを腐食性の外部汚染環境から遮断し，発生する熱を外部に放散させる。そしてアッセンブリ工程におけるデバイスのハンドリングによる破損を防止する機能などを付与するために用いられている。LSI の高集積化に伴い，LSI パッケージは，LSI からの配線を引き出す端子を周辺から取り出すペリフェラルタイプからインターポーザの背面から端子を取り出す PGA（Pin Grid Array），BGA（Ball Grid Array）と称されるエリアアレイタイプへと移行してきた。さらに，パッケージそのものを小さくしてチップサイズまで縮小した CSP（Chip Size Package）が使用され始めた。また，これらのデバイスを平面方向あるいは三次元方向に数チップまとめて実装する SiP（System in a Package）が開発され，携帯電話や PC に適用されている。封止材料には，従来の特性に加え LSI チップやインターポーザとの熱ストレスを緩和するための耐熱性，低熱膨張性などの特性が要求されている。ハイブリッド自動車（HEV）や電気自動車（EV）の出現とともにエレクトロニクス化が急速に進む自動車は，100 個に達する電子制御部品（ECU）が搭載されている。さらに，MEMS 技術が応用されたほぼ同数のセンサも使用されている。過酷な環境に長期に耐えてデバイスを保護するための性能が封止材料に必要になっている。また，数百アンペアに達する大電流が流れるパワーデバイスも使用されるため，200℃付近の高温に耐える，今までにない長期耐熱性も要求される。

　高い発光効率，省電力，長寿命を特徴とする LED は，高輝度 LED や青色 LED が開発され，フルカラー表示が可能となり，各種ディスプレイや大型のスクリーンなどへと使用されるようになった。また，白色 LED が開発されると乗用車のランプなどに利用できるようになり，さら

に拡散レンズなどを使用して光に広がりをもたせることによって一般照明にも利用できるようになった。このように，LEDの進化と共にその用途も大きく広がっている。長寿命が特徴であるLEDは，チップ回りの配線や接続を保護するための封止材料がその寿命を決めている。LED封止に要求される無色透明であることなどの光学特性に加え，上述の半導体封止材と同様に部品実装時，特に，鉛フリーの高温リフロープロセスの熱負荷や長期使用時の信頼性が要求される。

有機ELディスプレイは，携帯電話サブディスプレイなどの小型用途からテレビなどのフラットパネル向けに中型，大型ディスプレイへの展開が進んでいる。有機ELの場合，封止材料の最大の役割は，パネル外部からの水分，ガスの侵入を防ぐことである。特に，中型，大型化に伴い気密性の確保が難しくなっており，半導体パッケージと同様に有機EL素子を液状封止材の全面塗布やセル内への充填により保護する方法が検討されている。また，有機ELは一般に100℃を超える温度に耐えられないことから低温での封止プロセスが要求される。基本的には，有機EL素子と封止材の間に，水分を遮断するための無機質のバリア膜は，必要となるが，液状封止材としての共通課題も抱えている。

本書に記載されているように太陽光産業は年率40～50%の成長を遂げており，2008年の市場規模は，発電量に換算して原子力発電所約7基分に相当するとのことである。そのコストは，変換効率，モジュール製造コスト，寿命の3つの因子により決定される。後者の製造コストそして特に，寿命の鍵を握っているのが封止技術である。太陽電池用封止材には，透明性，柔軟性，接着性，機械特性に加え，耐候性が要求される。太陽光を常時浴びる苛酷な環境にあるため紫外線吸収剤などの補助剤の配合が必要となる。上述の半導体パッケージやLED封止で述べてきた信頼性とは，違った長期信頼性が要求される。これから市場の急拡大が見込める太陽電池の主要部材でもあり，その役割を把握してさらに高機能の材料へと発展が期待されている。また，非シリコン系太陽電池で，実用化に向けた開発が進められている色素増感太陽電池についても執筆いただいた。特に，各電極材料や電解質材料の耐久性を高めるために封止技術と材料が果たす役割は非常に大きい。

MEMS（Micro Electro Mechanical Systems）は，要求される応用分野により機能が異なるため多種多用の技術が応用され，これからも大きく変わると思われる。微細な可動部や周囲の環境に敏感なセンサー部などを有していることから，使用時における信頼性確保はもちろんのこと，作製時の可動部保護も重要な課題である。事実，パッケージングと検査コストが，製造コストの70%を占めるとも言われ，MEMSデバイスのパッケージングは重要な技術となっている。MEMSの封止温度が200℃以下に制限される場合や封止材による残留応力を極度に嫌う場合には，封止材として樹脂が用いられる。さらに，インテリジェント化の観点から，プロセッサやメモリなどのLSIチップとのシステム化も進んでいる。

各論の詳細は，ご担当いただいた先生方に委ねるとして，本書は，高機能デバイス封止技術と最先端材料として広範囲にわたる製品の封止技術とその材料を横断的にまとめた大変に貴重なものに仕上がりました。ご多忙のところ，ご執筆いただいた先生方に改めて感謝致します。

2009年8月

高橋昭雄

普及版の刊行にあたって

本書は2009年に『高機能デバイス封止技術と最先端材料』として刊行されました。普及版の刊行にあたり，内容は当時のままであり加筆・訂正などの手は加えておりませんので，ご了承ください。

2015年11月

シーエムシー出版　編集部

執筆者一覧（執筆順）

高橋 昭雄	横浜国立大学　大学院工学研究院　機能の創生部門　教授
石井 利昭	㈱日立製作所　材料研究所　電子材料研究部　ユニットリーダー，主任研究員
押見 克彦	日本化薬㈱　機能化学品研究所　第1G　11開発担当リーダー
山中 正彦	新日本理化㈱　研究開発本部　技術開発部　グループリーダー，副主席研究員
稲冨 茂樹	旭有機材工業㈱　技術顧問
大橋 賢治	北興化学工業㈱　化成品研究所　合成研究部　チームマネージャー
尾形 正次	元 日立化成工業㈱　半導体材料事業部　副技師長
大山 俊幸	横浜国立大学　大学院工学研究院　機能の創生部門　准教授
稲田 禎一	日立化成工業㈱　先端材料開発研究所　主任研究員
岩倉 哲郎	日立化成工業㈱　先端材料開発研究所　研究員
武井 信二	富士電機アドバンストテクノロジー㈱　生産技術センター　生産技術研究所　樹脂材料グループ　主任研究員
高橋 良和	富士電機デバイステクノロジー㈱　電子デバイス研究所　副所長
越部 茂	㈲アイパック　代表取締役
中田 稔樹	東レ・ダウコーニング㈱　エレクトロニクス開発部　光関連材料グループ　グループリーダー
壁田 桂次	モメンティブ・パフォーマンス・マテリアルズ・ジャパン合同会社　エンジニアードマテリアル　マイクロエレクトロニクス　マーケティングマネージャー

早 川 淳 人	ジャパンエポキシレジン㈱　開発研究所　第2グループ　グループマネージャー	
笠 井 幹 生	日産化学工業㈱　化学品事業本部　機能材料事業部　開発グループ　主事	
植 村 　 聖	㈰産業技術総合研究所　光技術研究部門　研究員	
松 村 英 樹	北陸先端科学技術大学院大学　マテリアルサイエンス研究科　教授，研究科長	
増 田 　 淳	㈰産業技術総合研究所　太陽光発電研究センター　産業化戦略チーム　チーム長	
瀬 川 正 志	サンビック㈱　開発部　取締役　開発部長	
下斗米 光 博	日清紡メカトロニクス㈱　技術部　開発グループ　グループリーダ	
池 上 和 志	桐蔭横浜大学　大学院工学研究科　講師	
伊 藤 寿 浩	㈰産業技術総合研究所　先進製造プロセス研究部門　ネットワークMEMS研究グループ　研究グループ長	
小 野 禎 之	日本化薬㈱　機能化学品研究所　研究員	
町 田 克 之	NTTアドバンステクノロジ㈱　先端プロダクツ事業本部　主幹担当部長	
谷 口 　 淳	東京理科大学　基礎工学部　電子応用工学科　准教授	

執筆者の所属表記は，2009年当時のものを使用しております．

目次

第1章 半導体封止

1 半導体パッケージと封止材の技術動向
　………………石井利昭… 1
　1.1 半導体封止材の役割 ……… 1
　1.2 半導体パッケージと封止材の変遷
　　………………………………… 3
　1.3 技術動向とトピックス ……… 7
2 エポキシ樹脂材料 ……………… 10
　2.1 エポキシ樹脂の課題と最新技術
　　………………押見克彦… 10
　　2.1.1 はじめに ……………… 10
　　2.1.2 ポリフェノール系エポキシ樹脂
　　　………………………………… 10
　　2.1.3 結晶性エポキシ樹脂 …… 15
　2.2 酸無水物硬化剤 ……山中正彦… 17
　　2.2.1 酸無水物の配合と硬化 … 17
　　2.2.2 酸無水物の種類と特徴 … 18
　　2.2.3 酸無水物使用時のポイントおよび注意事項 …………… 25
　2.3 フェノール樹脂系硬化剤
　　………………稲冨茂樹… 29
　　2.3.1 フェノール樹脂の基礎 … 29
　　2.3.2 エポキシ樹脂原料および硬化剤としてのノボラック型フェノール樹脂 ………………… 30
　　2.3.3 エポキシ樹脂とフェノール樹脂の反応 …………………… 31
　　2.3.4 フェノール樹脂系エポキシ硬化剤の適用分野 …………… 32
　　2.3.5 分子量分布狭分散ノボラック樹脂PAPSシリーズ ……… 36
　　2.3.6 まとめ ………………… 39
　2.4 硬化促進剤 ………大橋賢治… 41
　　2.4.1 はじめに ……………… 41
　　2.4.2 半導体封止材料の構成と硬化促進剤の特徴 …………… 41
　　2.4.3 リン系硬化促進剤 …… 42
　　2.4.4 窒素系硬化促進剤 …… 44
　　2.4.5 硬化促進剤と他材料との相互作用 …………………… 46
3 液状封止材／アンダーフィル材
　………………尾形正次… 49
　3.1 はじめに ……………………… 49
　3.2 液状封止材の基本組成 ……… 49
　3.3 新規パッケージ用エポキシ樹脂系液状封止材の開発動向 ……… 51
　　3.3.1 ワイヤボンディング型パッケージ用液状封止材 ……… 52
　　3.3.2 TAB型パッケージ用液状封止材 ……………………… 52
　　3.3.3 ウエハレベルCSP用液状封止材 ……………………… 56
　　3.3.4 フリップチップ実装型パッケー

I

ジ用アンダーフィル材 …… 57	型フィルム ………… 88
3.4 おわりに …… 61	5.7 おわりに …… 88

4 *In situ* 生成型改質剤の利用による熱硬化性樹脂の強靭化
　　　　　…………**大山俊幸，高橋昭雄**… 62
　4.1　はじめに ……………………… 62
　4.2　PMS系ポリマーの *in situ* 生成による
　　　強靭化 ……………………… 63
　　4.2.1　エポキシ樹脂の強靭化 ……… 63
　　4.2.2　シアナート樹脂の強靭化 …… 68
　4.3　ポリベンジルメタクリレートの *in situ*
　　　生成によるエポキシ樹脂の強靭化
　　　…………………………………… 71
　4.4　おわりに ……………………… 73

5 反応誘起型相分離材料を用いたダイボンディングフィルム ………**稲田禎一**… 76
　5.1　はじめに ……………………… 76
　5.2　高密度実装の動向とダイボンディングフィルムの必要特性 …………… 76
　5.3　ダイボンディングフィルムの柔軟性
　　　…………………………………… 79
　5.4　ダイボンディングフィルムの耐熱性
　　　…………………………………… 81
　5.5　ダイボンディングフィルムのプロセス適合性 …………………………… 84
　5.6　ダイシング・ダイボンディング一体

6 封止フィルムの機能と用途
　　　…………**岩倉哲郎，稲田禎一**… 90
　6.1　はじめに ……………………… 90
　6.2　封止フィルムのベース技術 …… 90
　6.3　構成材料と微細構造 …………… 91
　6.4　封止フィルムの特徴 …………… 92
　6.5　封止フィルムとしての実用特性 … 95
　6.6　おわりに ……………………… 99

7 カーエレクトロニクス用封止材料
　　　…………**武井信二，高橋良和**… 101
　7.1　はじめに ……………………… 101
　7.2　半導体パッケージ，樹脂材料，封止方法の動向 ……………………… 101
　7.3　樹脂に要求される特性 ………… 103
　　7.3.1　低粘度化 …………………… 103
　　7.3.2　ボイド低減化 ……………… 104
　　7.3.3　フィラによるチップ表面損傷 … 105
　　7.3.4　密着性 ……………………… 107
　　7.3.5　接着性と離型性を両立化させるワックス技術 ……………… 107
　7.4　次世代高耐熱性エポキシ樹脂 … 110
　　7.4.1　現行樹脂その他問題点 …… 110
　　7.4.2　高 T_g 樹脂の開発 ………… 111
　7.5　おわりに ……………………… 112

第2章　LED封止

1 LEDと封止材料の特性 ……**越部　茂**… 114
　1.1　はじめに ……………………… 114
　1.2　LEDの発光原理 ……………… 114
　1.3　LEDの開発経緯 ……………… 115

- 1.4 LEDの用途展開 …………… 117
- 1.5 LEDの封止技術 …………… 119
  - 1.5.1 LEDの封止方法 …………… 119
  - 1.5.2 LEDの樹脂封止 …………… 120
  - 1.5.3 LED用封止材料 …………… 121
  - 1.5.4 LED用封止材料の市場 …… 121
- 1.6 白色LED …………………… 121
  - 1.6.1 白色化機構 ……………… 121
  - 1.6.2 白色LEDの問題 ………… 123
  - 1.6.3 白色LED用封止材料 …… 123
- 1.7 競合技術 …………………… 124
- 1.8 今後の課題 ………………… 124
- 2 シリコーン封止材 ……………… 126
  - 2.1 東レ・ダウコーニングのシリコーン封止材 ………**中田稔樹**… 126
    - 2.1.1 はじめに ………………… 126
    - 2.1.2 LED封止用シリコーン材料 … 126
    - 2.1.3 LEDの一括封止・レンズ成型 ………………………… 128
    - 2.1.4 おわりに ………………… 132
  - 2.2 モメンティブ・パフォーマンス・マテリアルズのシリコーン封止材 ……………**壁田桂次**… 133
    - 2.2.1 はじめに ………………… 133
    - 2.2.2 シリコーン材料の特徴 …… 133
    - 2.2.3 シリコーン封止材 ……… 136
  - 2.2.4 レンズ成形材料 …………… 140
  - 2.2.5 おわりに ………………… 140
- 3 エポキシ樹脂封止材 …………… 143
  - 3.1 水添ビスフェノールA型エポキシ樹脂 ………**早川淳人**… 143
    - 3.1.1 はじめに ………………… 143
    - 3.1.2 水添ビスフェノールA型エポキシ樹脂の製造方法と物性値 … 143
    - 3.1.3 高粘度および固形タイプ … 144
    - 3.1.4 硬化剤との反応性および硬化物物性 ……………… 145
    - 3.1.5 カチオン重合による硬化物物性 ………………… 147
    - 3.1.6 光および熱劣化特性 ……… 148
    - 3.1.7 高粘度および固形タイプの硬化物物性 ……………… 149
    - 3.1.8 水添エポキシ樹脂のT_g向上手法 ………………… 150
    - 3.1.9 おわりに ………………… 150
  - 3.2 トリアジン骨格エポキシ樹脂とナノコンポジット材料 ……**笠井幹生**… 152
    - 3.2.1 LED封止材に用いられるエポキシ樹脂 ……………… 152
    - 3.2.2 トリアジン骨格エポキシ樹脂 … 153
    - 3.2.3 ナノシリカコンポジット材料 … 155

第3章 有機EL封止

- 1 印刷デバイス用ナノコンポジット保護膜の低温作製技術 ………**植村 聖**… 159
  - 1.1 印刷デバイス ……………… 159
  - 1.2 バリア膜 …………………… 160

1.3 低温塗布 SiO₂ 薄膜の作製技術 …… 161	2.2 Cat-CVD 法の特徴と膜堆積原理 … 170
1.4 膜組成と特性評価 ………………… 161	2.3 Cat-CVD 法により作られる膜の特徴 ……………………………………… 172
1.5 酸窒化シリコン薄膜の形成 ……… 164	
1.6 クレイナノコンポジット化SiO₂膜の作製 ……………………………… 165	2.4 有機 EL 封止の試み (1)-単層膜の問題点 …………………………………… 174
1.7 まとめ …………………………… 168	2.5 有機 EL 封止の試み (2)-積層固体封止膜の実現 ……………………… 177
2 Cat-CVD (Hot-Wire CVD) 法による有機 EL 封止 …………**松村英樹**… 170	
2.1 はじめに ………………………… 170	2.6 まとめ …………………………… 180

第4章　太陽電池封止

1 太陽電池セル／モジュール封止技術の現状と開発動向 …………**増田　淳**… 182	定に関して ………………………… 193
	2.4 まとめ …………………………… 195
1.1 はじめに ………………………… 182	3 モジュール製造工程と封止用ラミネータ …………………**下斗米光博**… 196
1.2 太陽電池のモジュール構造 ……… 183	
1.3 モジュールの長寿命化 …………… 186	3.1 はじめに ………………………… 196
1.4 まとめ …………………………… 188	3.2 太陽電池モジュールの構造 ……… 196
2 太陽電池セル封止材としてのEVA樹脂 …………………**瀬川正志**… 190	3.2.1 スーパーストレート方式 …… 196
	3.2.2 ガラスパッケージ方式 ……… 198
2.1 太陽電池モジュールの構造 ……… 190	3.2.3 サブストレート方式 ………… 198
2.2 EVA 樹脂に関して ……………… 191	3.3 薄膜シリコン太陽電池のモジュール製造工程 ………………………… 199
2.2.1 EVA 樹脂の生産量 ………… 191	
2.2.2 EVA 樹脂の分類 …………… 191	3.3.1 4辺エッジアイソレーション加工 ……………………………… 200
2.3 結晶系シリコンセルの封止向けEVA封止材について ……………… 192	
	3.3.2 集電部配線 …………………… 200
2.3.1 EVA 封止材の組成と架橋・接着の原理 ……………………… 192	3.3.3 レイアップ …………………… 200
	3.3.4 ラミネート加工 ……………… 200
2.3.2 結晶系シリコン太陽電池モジュールの製造方法 ……………… 193	3.3.5 エッジトリム加工 …………… 200
	3.3.6 シール材塗布 ………………… 201
2.3.3 太陽電池ラミネーターの条件設	3.3.7 フレーム取付 ………………… 201

3.3.8　端子ボックス取付 …………… 201
　　3.3.9　絶縁耐圧試験 ………………… 201
　　3.3.10　出力検査 …………………… 201
　3.4　ラミネート加工について ………… 201
　3.5　ラミネータのメンテナンスについて
　　　………………………………………… 203
　3.6　架橋について ……………………… 204
　3.7　多段ラミネータについて ………… 205
　3.8　まとめ ……………………………… 205
4　色素増感太陽電池用の封止材料と技術
　　………………………………池上和志… 207
　4.1　はじめに …………………………… 207
　4.2　DSCの発電の原理とその構成 …… 207
　4.3　DSCの作製過程と封止方法 ……… 210
　4.4　DSC用の封止材の現状 …………… 212
　4.5　今後の展望 ………………………… 213

第5章　MEMS封止

1　MEMS封止実装 …………伊藤寿浩… 215
　1.1　はじめに …………………………… 215
　1.2　モノリシック法 …………………… 216
　　1.2.1　表面マイクロマシニングによる
　　　　　方法 ……………………………… 216
　　1.2.2　Epi-Seal法 …………………… 219
　1.3　ハイブリッド法 …………………… 221
　　1.3.1　封止接合のポイント ………… 221
　　1.3.2　MEMS封止に使われる接合法
　　　………………………………………… 222
　　1.3.3　封止実装への常温接合の適用可
　　　　　能性 ……………………………… 224
　1.4　おわりに …………………………… 227
2　MEMS用超厚膜レジスト…小野禎之… 230
　2.1　はじめに …………………………… 230
　2.2　永久膜レジスト「SU-8 3000」…… 230
　2.3　アルカリ現像型レジスト「KMPR-
　　　1000」………………………………… 232
　2.4　まとめ ……………………………… 233
3　STP法を用いた樹脂封止技術
　　………………………………町田克之… 235
　3.1　はじめに …………………………… 235
　3.2　MEMSデバイスの可動部保護の必
　　　要性 …………………………………… 235
　3.3　STP法の原理 ……………………… 236
　3.4　STP装置とプロセス ……………… 236
　3.5　実験結果 …………………………… 238
　3.6　MEMSデバイスへの適用 ………… 239
　3.7　まとめ ……………………………… 240
4　ナノインプリントを用いた封止
　　………………………………谷口　淳… 242
　4.1　はじめに …………………………… 242
　4.2　ナノインプリント技術 …………… 242
　4.3　ナノインプリント技術による封止
　　　………………………………………… 244
　4.4　ナノインプリント技術による金属転
　　　写 ……………………………………… 245
　4.5　まとめ ……………………………… 246

第1章　半導体封止

1　半導体パッケージと封止材の技術動向

石井利昭*

1.1　半導体封止材の役割

　半導体製品は1960年代にIC（Integrated Circuit）が量産化されてから今日に至るまで，情報化社会を支える重要な基幹部品・システムへと発展し続けてきた。この発展にはデバイスのプロセス技術の向上のみならず，デバイスを保護する半導体パッケージ材料の高性能化によるところが大きい。

　表1に半導体パッケージの機能をまとめた。半導体パッケージは電気的，熱的なインターコネクトと機械的，化学的なディスインターコネクトが大きな機能である。このうち絶縁体である半導体封止材は主に機械的，化学的な外部ストレスからデバイスを保護する役割を担っている。また近年，半導体製品は高パワー化の傾向にあり，封止材による熱的インターコネクト，つまり高放熱化への期待も高くなっている[1, 2]。

　半導体封止用として代表的なトランスファーモールド用の封止材は，表2に示すように10数種類の素材で構成されている。これらの素材は，パッケージの外形寸法やチップサイズ，リード

表1　半導体パッケージの機能

項目	機能の内容
電気的インターコネクト	・信号の伝播 ・電源のフィード ・テスト用プローブ
熱的インターコネクト	・放熱路の形成 ・冷却性能の向上
機械的ディスインターコネクト	・耐ハンドリングストレス ・外部応力からの保護
化学的ディスインターコネクト	・外部雰囲気からの腐食防止

---

*　Toshiaki Ishii　㈱日立製作所　材料研究所　電子材料研究部　ユニットリーダー，主任研究員

表2 封止材の組成と機能

素材	化合物	配合比	使用目的
ベース樹脂	エポキシ樹脂 クレゾールノボラック型 ビフェニル型 臭素化ビスフェノール型	10〜40	マトリックス樹脂 成形性 電気・機械特性の付与 難燃性付与
硬化剤	フェノールノボラック アミン化合物 無水酸化合物		
硬化促進剤	窒素化合物 ホスフィン類 オニウム塩類	<1	硬化促進
可とう剤	シリコーンゴム ポリオレフィンエラストマ	<5	弾性率低減 （低応力化）
カップリング剤	エポキシシラン	<1	充填剤-樹脂の接着向上
難燃助剤	三酸化アンチモン	<1	難燃性付与
離型剤	ポリエチレンワックス類	<1	金型離型性
着色剤	カーボンブラック	<1	着色
イオン捕捉剤	無機イオン交換体	<1	腐食性イオンの除去
充填剤	溶融，結晶性シリカ アルミナ	55〜90	線膨張係数，弾性率，機械強度の調整

フレーム材質などパッケージの構造と，信頼性のレベルによりそれぞれの組成が最適化され配合されている。

図1に封止材の製造工程から，トランスファーモールド工法によるパッケージ製造の流れを示す。まず，封止材メーカーにおいて各素材は二軸の押し出し混合機により加熱，混合される。その後，タブレット形状に打錠され出荷される。封止材に用いられるベースのエポキシ樹脂系は一般に，吸湿による硬化障害や，熱による硬化の進行を起こしやすいため，製造時，保管時，輸送時の湿度および温度の管理が重要である。半導体メーカーでは，封止材を用いパッケージ成型を行う。まず，リードフレーム上にシリコンチップを搭載し，ワイヤボンディングされたインサート部品を，トランスファーモールド装置内の180℃程度に加熱された金型内にセット，クランプする。封止材タブレットを投入し，溶融した材料をプランジャーにより金型内に移送する。プランジャーにより，数MPaの最終圧をかけ，流動の欠陥やボイドを低減する。封止材は高温の金型内に投入された時点で，エポキシ樹脂の硬化反応が開始し，数十秒でゲル化しはじめる。このため封止材の移送は，このゲル化時間以内に行う必要がある。封止材は金型内で硬化を進めた後，

第1章 半導体封止

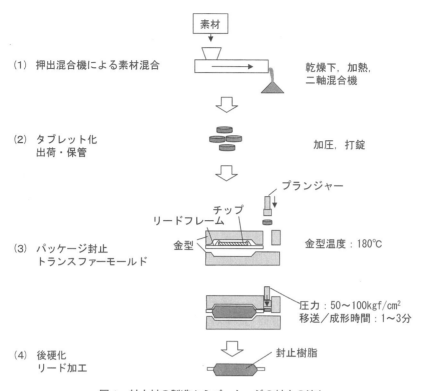

図1　封止材の製造からパッケージの封止の流れ

型から取り出し，必要に応じ後硬化を行った後，リードの加工を行い防湿梱包され半導体製品として出荷される。

1.2　半導体パッケージと封止材の変遷

図2に半導体パッケージの開発動向を，表3に半導体パッケージの変遷と封止材の課題をまとめた[3〜5]。

半導体を保護する目的でエポキシ系の封止材料が用いられたのは，1960年代の初め頃からである。それまでは，電気接続部の気密性を確保するため金属やガラスなどを使った気密封止方法が用いられてきた。エポキシ樹脂系封止材には当初，無水酸硬化エポキシ樹脂や，アミン硬化エポキシ樹脂が用いられ，ポッティングやキャスティング法が主な成型法であった。

1960年中頃IC（Integrated Circuit）が製品化され半導体の需要が増大すると，生産性と信頼性に優れた封止プロセスとして，1970年代の初めよりトランスファーモールドプロセスが採用され，封止材として耐湿性や高温での電気特性に優れたフェノール硬化型のエポキシ樹脂が開発され用いられるようになった。

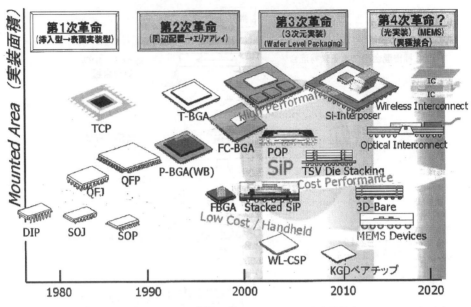

(電子情報技術産業協会（JEITA）2009年度版日本実装技術ロードマップより）

図2　半導体パッケージの開発動向

1970年代から1980年代にかけての封止材料の課題は，①耐湿信頼性の向上，②ソフトエラーの防止であった。①耐湿信頼性が低下する原因は，エポキシ樹脂成分を通して侵入した水分とイオン性不純物により素子表面のアルミニウム配線が腐食することである。これは樹脂などの硬化系を改良することや素材成分の純度を高めることにより対策された。さらに，ベース樹脂成分の硬化系を無水酸硬化系やアミン硬化系から，フェノールノボラック硬化系に変更することにより大幅に改良された。

②ソフトエラーは，封止材に含まれるシリカ充填剤からの微量放射線により半導体表面のメモリーセルが誤動作を起こす不良で，この対策にはシリカ充填剤の放射線の量を低減する方法がとられた[2, 6]。

1980年代には，DRAMの集積度は3年に4倍のピッチで集積度が増加し，チップ集積度の増加にともなう面積の大型化，パッケージの薄型化が進んだ。薄肉化するためには，③材料の低応力化が課題となった。そこで，主にシリカ充填剤の高配合化と，可とう化剤の併用による低熱膨張化，低弾性率化が検討された[7～10]。

同時期に，プリント配線板への表面実装が採用されるようになり，薄型パッケージはこれまでの，ピン挿入型のはんだ付けプロセスに比べ高い温度に曝されるようになった。また，封止層の薄肉化により封止層自体の機械的強度が低下し，より湿度を通しやすくなったため，パッケージ

第 1 章　半導体封止

表 3　半導体パッケージの変遷と封止材の技術課題

	1960 年代〜1970 年代	1980 年代	1990 年代	2000 年代
社会背景	半導体の発明・量産化	メインフレーム全盛 DRAM 高集積化	インターネット 携帯電話の普及 MF から WS, PC へ	モバイル機器 環境対応 自動車の電子化／電動化
デバイス	ダイオード トランジスタ IC, LSI	VLSI 高集積化 DRAM	高性能 CPU, 球形 Si 光デバイス, 青レーザ パワー半導体素子	SOI　SiC 有機 EL
パッケージング方式	CAN 封止 ポッティング トランスファーモールド	ピン挿入から表面実装型構造	BGA, CSP 光実装	積層 SiP, PiP 三次元実装 パワーモジュール
封止材の課題	①耐湿性の向上	②ソフトエラー防止 ③低応力化 ④耐はんだリフロー性向上 ⑤高流動化		環境対応 ⑥脱ハロゲン化, 脱鉛はんだ ⑦高耐熱化（車載対応） 共通課題

IC: Integrated Circuit
LSI: Large Scale Integrated Circuit
DRAM: Dynamic Random Access Memory
VLSI: Very Large Scale Integrated Circuit
MF: Main Frame Computer
WS: Work Station
PC: Personal Computer
EL: Electroluminescence
CPU: Central Processing Unit
Si: Silicon
BGA: Ball Grid Array
CSP: Chip Scale Package
SOI: Silicon On Insulator
SiC: Silicon Carbide
SiP: System in Package
PiP: Package in Package

を基板にはんだ付けする温度でパッケージ内にクラックや剥離を生じるいわゆる④はんだリフロー性の低下問題が浮上した。この不良は保管時にパッケージ内に吸湿された水分が，はんだリフロー時の加熱により一気に気化することが原因で起こる。このため対策には封止材の低吸湿化，内部部材との高密着化が検討された[11]。

　1980 年代後半にはプリント配線基板の下面に配線用のはんだボールを二次元的に配しパッケージの小型化と端子数の増加を両立できる BGA（Ball Grid Array）型パッケージが開発された。端子数の多い CPU では BGA の採用が多く，1990 年代半ばから現在にかけ，このようなはんだボールを接続方法として用いるいわゆる，エリアアレイ型パッケージの小型化と高集積化が急速に進んだ。また，インターネットや携帯電話の普及により，パッケージの小型化と多機能化，通信用の光半導体の実装も検討されはじめた。

高機能デバイス封止技術と最先端材料

　1990年代後半からは，環境問題への社会的な関心の高まりから，半導体パッケージに関しても対応が急務となった。これは，⑥封止材からのハロゲン化合物の削減と，鉛の使用禁止である。これらの対応は，欧州連合（EU）において先行的に検討され欧州指令 WEEE や RoHS で規制が検討されはじめた。封止材の分野では，早くから Br 系難燃材やアンチモンの削減の検討が行われ，現在ではこれらの物質を含まない，グリーン材と呼ばれる材料の採用が広がっている。この新たな難燃システムでは，封止材への難燃性添加材として，まずリン化合物や金属水酸化物を用いたものが開発され，製品化された。このうちリン化合物を用いたものは，耐湿信頼性に劣ることから，この改良が進められている。一方，位地らは，樹脂構造を工夫することで封止材料を難燃化する手法を検討し，フェノールアラルキル型のエポキシ樹脂を用い，難燃剤を用いない自己消火性封止材料を開発した[12]。この封止材料は，半導体の特性に影響を及ぼすイオン性の不純物が少ないため，信頼性に優れ，これを用いた製品が上市されている。難燃特性は，無機充填材の配合量によっても変化し，シリカの充填量の少ない組成では，難燃性と特性のバランスの改良が現在も進められている。

　2006年の鉛はんだの使用の制限を含む RoHS 指令に先立ち，鉛フリーはんだとして Sn, Ag, Cu を成分とするはんだが，2005年頃より本格的に用いられるようになった。この鉛フリーはんだは従来に比べ融点が若干高く，はんだリフロー性のさらなる向上が必要となった。

　2000年代になると，多くの CPU でプラスチック BGA が採用されてきた。また，携帯電話やノート PC など個人携帯用情報機器用には BGA をさらに小型化した CSP（Chip Scale Package）の採用が本格化してきた。実装の三次元化が検討されるようになり BGA 内に薄片化した IC チップを積層して搭載し機能をまとめた SiP（System In Package）の開発が加速し，携帯機器を中心に採用が広がっている[5]。

　BGA 構造のパッケージは，パッケージ基板上に半導体チップを搭載しその上を封止材で覆う構造となる。このため，基板と封止材の熱特性が整合していないと，パッケージの反りに起因する，実装時の接続不良や，温度サイクル接続信頼性の低下が起きる。このため，封止材のガラス転移温度，硬化収縮率，線膨張係数を考慮した最適化が行われている[13]。

　BGA の封止方法は，従来のトランスファーモールド方式のほか，パッケージ基板にフリップチップ実装された製品では，チップと基板の接続部分に液状の封止材をキャピラリフローにより流し込む，いわゆるアンダーフィル工法も用いられる。アンダーフィル法は薄型の BGA で狭ピッチの接続部分への適用に適しているが，50μm 程度の狭い隙間に充填する必要があり，⑤高流動化が課題となった。アンダーフィル材に用いられる樹脂系は，低粘度で無水酸硬化エポキシ樹脂やアミン硬化系エポキシ樹脂を用い，粒子径が小さく，分布が制御された球状の充填材で最適化され，流動性や高充填性の改善を図っている[14]。一方，パッケージ基板とチップはんだ

第1章　半導体封止

バンプとのフリップチップ接合前に，パッケージ基板上にあらかじめ封止樹脂を塗布し，チップとパッケージ基板との接合と同時にアンダーフィルを行う，ノーフローアンダーフィル（NUF）が開発されている。NUFは，はんだ接合時に必要な金属表面の活性化成分（フラックス成分）を含んだ封止樹脂で，フリップチップボンダーなどの温度プロファイルが制御された工法を用いることで，封止樹脂の硬化の前に，はんだによる接続を行いその後，樹脂硬化が進み封止を行うことができる。接合と同時にアンダーフィルが行えるので工程の短縮化が可能である。

1.3　技術動向とトピックス

近年の携帯電話やデジカメ，デジタル家電の高機能化，小型化に伴い，BGAパッケージのチップの積層化や配線の微細化，ファインピッチ化が進んでいる。このようなBGAを大面積の基板で成型しようとすると，従来のトランスファーモールドでは，ワイヤーの曲がりや断線，あるいはボイドなどの欠陥が生じやすい。そこで，基板の片側に一括で成型できる圧縮成型法が検討されている。圧縮成型法では，キャビティ内に封止材を供給し，減圧しながら基板を徐々にキャビティ内に沈めて成型する。トランスファーモールドのように一方向からの樹脂の流動がないため，ワイヤーの変形や，巻き込みのボイドが発生しにくい。BGAのほか，QFNや，WL-CSPへの適用が可能である。封止材は，トランスファーモールドに用いられる材料を粉末，あるいは顆粒にしたものが用いられるほか，液状封止材や，シート状，タブレット状のものも用いることができる。今後，装置やプロセスの改良とともに小型高密度SiPパッケージやLEDパッケージ向けに採用が広がると考えられる[15]。

省エネやCO_2排出量の削減を目的に，電子電気機器の電動化，電子制御化による効率化向上が進められている。このため半導体製品の高機能化と高パワー化が求められ，半導体素子の発熱量は増加している。従来，ハイブリッド自動車やエアコンなどに用いられるパワーモジュールは，半導体チップを放熱面を有する基板に搭載し，その後配線部分にシリコーンゲルを用いて封止する方法が主流であったが，最近ではトランスファーモールド法を用いた樹脂封止も採用されるようになってきた[16, 17]。シリコーンゲルよりも硬質のエポキシ樹脂系の封止材でチップ周辺を封止することで，耐振性を向上することができる。また，チップと基板あるいはチップと配線の間の熱ひずみ量を低減することで，接続信頼性の向上を図ることができ，長寿命化や耐熱性の向上に寄与できる。基板上に複数の部品を搭載したモジュールを樹脂封止構造とすることで，耐振性，耐熱性を向上できるため自動車用の部品を中心に，採用が広がりつつある[18, 19]。このような，パワーモジュール，電子制御モジュールでは，封止材と内部部材との密着性確保や，大型のモールドとなるため流動性，成形性の向上が重要である。また，量産性を確保するためには，成型機の大型化が課題となる。

高機能デバイス封止技術と最先端材料

　パワー半導体製品では，放熱フィンやヒートシンクなどの放熱構造を有するパッケージが採用されるが，封止材を高熱伝導化する試みも行われている。

　封止材の高熱伝導化には，まずアルミナや結晶シリカなど，アモルファスシリカよりも高い熱伝導率を有する充填材を用いると，数W程度までの高熱伝導化が可能である。竹澤らは樹脂そのものの高熱伝導化を検討し，分子中にメソゲンを有する樹脂を用いることで，高熱伝導化が可能であることを見出した。これは，分子中のメソゲンにより形成された秩序構造が，アモルファスな樹脂構造よりも高い熱伝導性を有することを利用したもので，この秩序構造をランダムに存在させることで，異方性のない高熱伝導樹脂構造を得た。複合材料である封止材料の熱伝導率のボトルネックは樹脂マトリックスであり，樹脂の熱伝導率を改善することで，封止樹脂の大幅な熱伝導率の改善が可能である[20]。今後，電機電子部品の高機能化，高パワー化に伴い，半導体の実装構造や材料による放熱および断熱の設計・制御が重要になると考えられる。

文　　献

1) 西原幹雄, "IC パッケージは今後どうなる", エレクトロニクス実装学会誌, **1**(4), 312（1998）
2) 戒能俊邦, "半導体素子における封止樹脂の問題", 応用物理, **49**, 175-181（1980）
3) R. R. Tummala, E. J. Rymaszewski, and A. G. Klopfenstein, "Microelectronic Packaging Handbook", Van Nostrand Reinhold, New York（1989）
4) L. T. Manzione, "Plastic Packaging of Microelectronic Devices", Van Nostrand Reinhold, New York（1989）
5) 2009年度日本実装技術ロードマップ, p.143, 電子情報技術産業協会（2009）
6) G. Murakami, K. Tsubosaki, *Hitachi Review*, **40**, 51-56（1991）
7) T. Ishii, R. Moteki, A. Nagai, S. Eguchi, and M. Ogata, *Mat. Res. Soc. Symp. Proc.*, **390**, 71（1995）
8) J. I. Meijerink, S. Eguchi, M. Ogata, T. Ishii, S. Amagi, and S. Numata, *Polymer*, **35**, 179（1994）
9) 日立製作所半導体事業部編, 表面実装型LSIパッケージの実装技術とその信頼性向上, 応用技術出版（1988）
10) 三浦英生, 西村朝雄, 河合末男, 西邦彦, 日本機械学会論文集A編, **53**, 1826-1834（1987）
11) 北野誠, 河合宋男, 西村朝雄, 西邦彦, 日本機械学会論文集A編, **56**, 356-362（1989）
12) 位地正年, 木内幸広, Proc. 5th Symposium New Development in Flame Retardancy and Environment, 56（1998）
13) 首藤伸一朗, 日東技報, **33**(1), 19（1995）
14) 尾形正次, 日立化成テクニカルレポート, No.39, 7（2002）
15) 大西洋平, 成型加工, **20**, 270（2008）

16) 中島泰ほか, Proceedings of 11th Symposium on "Microjoining and Assembly Technology in Electronics", 433（2005）
17) 奥村知巳ほか, Proceedings of 15th Symposium on "Microjoining and Assembly Technology in Electronics", 91（2009）
18) M. Hattori, Proceedings of the 1999 HITEN High Temperature Electronics Conference, 37（1999）
19) 日立評論, 1月号, 67（2006）
20) 宮崎靖夫ほか, ネットワークポリマー, **29**, 216（2008）

2 エポキシ樹脂材料

2.1 エポキシ樹脂の課題と最新技術

押見克彦[*]

2.1.1 はじめに

エポキシ樹脂は，接着性，絶縁性，耐熱性，耐水性，作業性，コストなどに優れているために，塗料，接着剤，複合材などの分野から半導体封止材料，プリント配線板材料などの電気・電子材料分野にまで幅広く使用されている。その中でも，特に電気・電子材料分野においては材料に求められる特性が時代の流れと共に高度化している。

近年，電子機器の高機能・小型・薄型・軽量化に伴い，電子機器に搭載される半導体パッケージにも以下に挙げられる項目が要求されている[1]。

① 半導体チップの高機能化への対応

高密度・微細配線化，Low-k層間絶縁材の使用

② パッケージの小型・薄型・軽量化

少スペース化

③ モジュール化（三次元パッケージ）

高機能化，さらなる少スペース化

④ 環境対応

ハロゲンフリー，鉛フリー，リンフリー

⑤ 高信頼性化

高電圧対応，耐湿信頼性，高温作動性など

これらの項目を実現するために，半導体パッケージを形成する半導体封止材料の改良がなされ，それに伴って半導体封止材料に用いられるエポキシ樹脂には，耐熱性，耐湿性，接着性，低溶融粘度，難燃性などの諸特性が要求されている。なお，エポキシ樹脂は封止方法によって大きく二種類に分けられ，低圧トランスファー成形用の固形封止材に適した固形エポキシ樹脂と，アンダーフィル材などの液状封止に適した液状エポキシ樹脂があるが，本項では，新規骨格の開発が進んでいる固形エポキシ樹脂について説明する。

2.1.2 ポリフェノール系エポキシ樹脂

ポリフェノール系エポキシ樹脂は，固形の半導体封止材料を中心に使用されている。代表的なものは，o-クレゾールノボラック（OCN）型エポキシ樹脂である。構造式を図1に示す。特徴としては，軟化点・溶融粘度のバリエーションの多さと共に硬化物性（耐熱性，吸水・吸湿性，

---

[*] Katsuhiko Oshimi　日本化薬㈱　機能化学品研究所　第1G　11開発担当リーダー

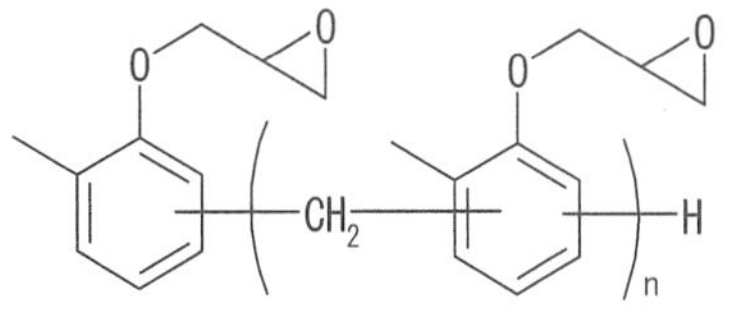

第1章 半導体封止

図1 o-クレゾールノボラック型エポキシ樹脂

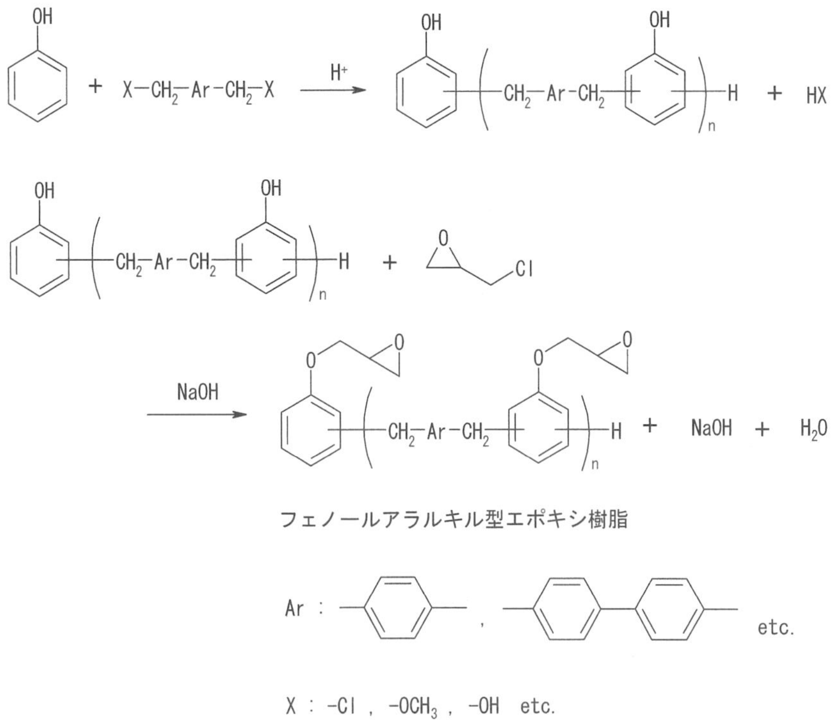

図2 フェノールアラルキル型エポキシ樹脂の反応式

力学特性,硬化性など)とコストの優れたバランスが挙げられるが,耐はんだ性,難燃性という点では十分に市場の要求を満たせるものではない。

そのような背景の中で,フェノールアラルキル型のエポキシ樹脂などが市場の要求に応える樹脂として着目され,電気・電子用途を中心に需要が高まっている。フェノールアラルキル型エポキシ樹脂の反応式を図2に示す。

フェノールアラルキル型エポキシ樹脂の原料であるフェノールアラルキル型樹脂は,ビス(クロロメチル),ビス(メトキシメチル),ビス(ヒドロキシメチル)芳香族化合物とフェノール類との縮合反応により得られ,得られたフェノール樹脂とエピクロルヒドリンとの反応によりフェノールアラルキル型エポキシ樹脂が一般的に得られる。

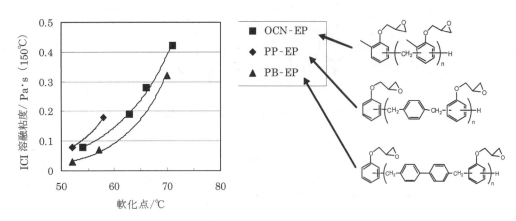

図3　フェノールアラルキル型エポキシ樹脂の軟化点と溶融粘度の関係

　フェノールアラルキル型エポキシ樹脂の軟化点と溶融粘度との関係を図3に示す。フェニレン基がフェノールの連結基として含有されているフェノールフェニレン型（PP型），ビフェニレン基が連結基として含有されているフェノールビフェニレン型（PB型）と共にOCN型エポキシ樹脂と同様に軟化点が低下すると共に溶融粘度が低下する。それら三種類のエポキシ樹脂の軟化点を同等にした場合，フェノールビフェニレン型エポキシ樹脂が最も溶融粘度が低いことがわかる。

　次に，フェノールアラルキル型エポキシ樹脂の硬化物性を表1に示す。OCN型エポキシ樹脂に比べると，フェノールアラルキル型エポキシ樹脂は主鎖にフェニレン基やビフェニレン基といった架橋点間分子量を大きくする基を含むため，ガラス転移点が低下する方向である。また，フェノールアラルキル型エポキシ樹脂は熱時の弾性率が低いこと，吸水・吸湿率が低いこと，銅箔に対するピール強度が高いこと，破壊靱性（K_{IC}）・耐衝撃性（IZOD）共に優れることから半導体パッケージ実装時での耐はんだリフロー性にプラスに働く特性を兼ね備えている。なお，フェノールアラルキル型エポキシ樹脂の中で，フェノールフェニレン型（PP-EP）とフェノールビフェニレン型（PB-EP）を比較すると，フェノールビフェニレン型の方が，より優れた硬化物性を有している。

　フェノールアラルキル型エポキシ樹脂の特徴は硬化物の機械物性などの他に，ハロゲン化合物のような難燃剤を添加せずに難燃性を発揮する点がある。図4に難燃性試験の結果を示す。

　半導体封止材料を中心に使用されているビフェニル型エポキシ樹脂（BP-EP）と比較すると，フェノールフェニレン型エポキシ樹脂（PP-EP）は，同骨格のフェノールフェニレン型フェノール樹脂（PP）を硬化剤に用いた場合に難燃性が優れていることがわかる。また，フェノールビフェニレン型エポキシ樹脂（PB-EP）に関しては，硬化剤にフェノールノボラック（PN）を

第1章　半導体封止

表1　フェノールアラルキル型エポキシ樹脂の硬化物性

エポキシ樹脂		OCN-EP*1 (軟化点：62℃)	PP-EP*2 (軟化点：52℃)	PB-EP*3 (軟化点：57℃)
硬化剤		フェノールノボラック	フェノールノボラック	フェノールノボラック
ガラス転移点	DMA/℃	199	169	167
	TMA/℃	159	149	139
曲げ強さ	30℃/MPa	100	70	90
	120℃/MPa	80	60	60
曲げ弾性率	30℃/GPa	3.2	3.0	2.6
	120℃/GPa	2.4	2.1	2.0
線膨張率	$\alpha 1$/ppm	60	60	61
	$\alpha 2$/ppm	167	168	171
ピール試験	Cu/N/cm	13	14	15
吸水率	100℃/24hr./%	1.3	1.2	1.0
吸湿率	85℃/85%/24hr./%	0.8	0.7	0.7
	121℃/100%/24hr./%	1.7	1.5	1.3
破壊靱性（K_IC）	$Nm^{-1.5}$	21	21	26
IZOD衝撃試験	kJ/m	7	10	17
誘電率	1GHz	3.25	3.20	3.22
誘電損失	1GHz	0.029	0.024	0.023

硬化条件：160℃×2hr＋180℃×6hr
硬化促進剤：TPP
*1　EOCN-1020-62　*2　NC-2000-L　*3　NC-3000（いずれも日本化薬㈱製）

用いても残燃時間が50秒付近と硬化剤に大きく左右されていない結果となっている。これらの高い難燃性の機構に関しては，位地らが検討している[2,3]。機構としては，着火の際の高温では変形しやすい低弾性化および樹脂自体の耐熱分解性が比較的高いことに由来する炎に対して安定した発泡層が，断熱効果を発揮するために熱分解が進まず燃焼が継続しないというプロセスが提案されている。ちなみに，フェノールビフェニレン型エポキシ樹脂（PB-EP）は，その優れた難燃性から，半導体封止材料からプリント基板用基材用途において適用が拡大している。また，用途が異なると樹脂物性に求められる特性が異なるため，用途に適した樹脂設計がなされており，基本的な骨格は同じで，軟化点などが異なるグレードが製品化されている状況である。例えば，半導体封止材料であれば高フィラー充填・高流動性確保のために低溶融粘度グレードが開発され，プリント基板用基材に関してはエポキシ樹脂を溶剤に溶解した後の安定性確保（結晶析出防止）のために高軟化点グレードが開発されている[4]。

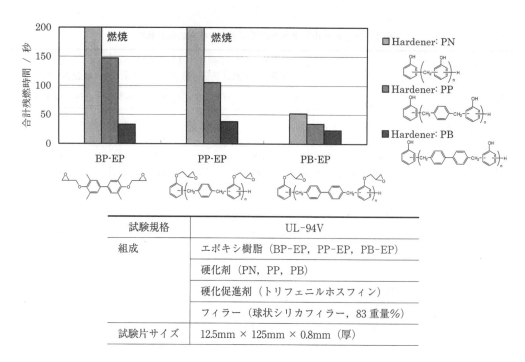

図4 フェノールアラルキル型エポキシ樹脂の燃焼試験結果

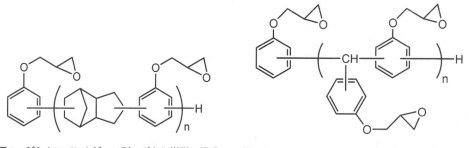

図5 ジシクロペンタジエン型エポキシ樹脂の構造　　図6 トリスフェノールメタン型エポキシ樹脂の構造

　その他の半導体封止材に使用されているポリフェノール系エポキシ樹脂としては，ジシクロペンタジエン型エポキシ樹脂やトリスフェノールメタン型エポキシ樹脂などが挙げられる。ジシクロペンタジエン型エポキシ樹脂（DCPD-EP）は図5に示されるとおり，フェノールとの結合基がジシクロペンタジエン骨格であるエポキシ樹脂である。代表的な硬化物性を表2に示す。ジシクロペンタジエン骨格は嵩高い環状脂肪族炭化水素であるがゆえに低吸湿性である他，比較的高い耐熱性を有する硬化物を与える。本樹脂はクレゾールノボラック型エポキシ樹脂（OCN-EP）より優れた耐はんだ性を有する半導体封止材料に主に使用されている。

第1章 半導体封止

表2 ジシクロペンタジエン/トリスフェノールメタン型エポキシ樹脂の物性

エポキシ樹脂			OCN-EP[*1]	DCPD-EP[*2]	TPM-EP[*3]
樹脂物性	エポキシ当量	g/eq	197	253	170
	軟化点	℃	62	74	67
	溶融粘度	Pa·s/150℃	0.21	0.23	0.20
硬化剤			フェノールノボラック	フェノールノボラック	フェノールノボラック
硬化物性	ガラス転移点	DMA/℃	199	197	244
	曲げ強さ	30℃/MPa	100	110	80
	曲げ弾性率	30℃/GPa	3.2	3.0	3.0
	ピール試験	Cu/N/cm	13	17	2.2
	吸水率	100℃/24hr./%	1.3	1.0	2.2
	吸湿率	121℃/100%/24hr./%	1.7	1.2	2.5
	破壊靭性($K_I C$)	$Nm^{-1.5}$	21	22	21

硬化条件：160℃×2hr＋180℃×6hr
硬化促進剤：TPP
 ＊1 EOCN-1020-62 ＊2 XD-1000 ＊3 EPPN-502H（いずれも日本化薬㈱製）

次に，トリスフェノールメタン型エポキシ樹脂について説明する。トリスフェノールメタン型エポキシ樹脂（TPM-EP）は，図6に示されるように多官能であるがゆえに硬化物の架橋密度が高く，高ガラス転移温度（T_g）を示すことが特徴である。代表的な硬化物性を表2に示す。半導体パッケージの一つであるBGA（ボールグリッドアレイ）用途には，成形時などの工程においてパッケージの反りを低く抑える半導体封止材料が必要とされる。反りの要因としては成形時に発生する熱応力であり，熱応力を低減する方法の一つに熱収縮の低減につながるT_gを上げる方法がある。トリスフェノールメタン型エポキシ樹脂はT_gの高い硬化物を与えるという特徴から，半導体封止材用途においてはBGA向けを中心に使用されている。

2.1.3 結晶性エポキシ樹脂

半導体封止材用途においては，耐はんだリフロー性を向上させるために，高フィラー充填化による低吸湿化，低線膨張率化が行われている。半導体封止材の高フィラー充填化と流動性確保のためにエポキシ樹脂には低溶融粘度が求められる。低溶融粘度化に対しては，低分子量で結晶性のあるエポキシ樹脂が提案されている。結晶性エポキシ樹脂は種々あるが，中でも図7に示され

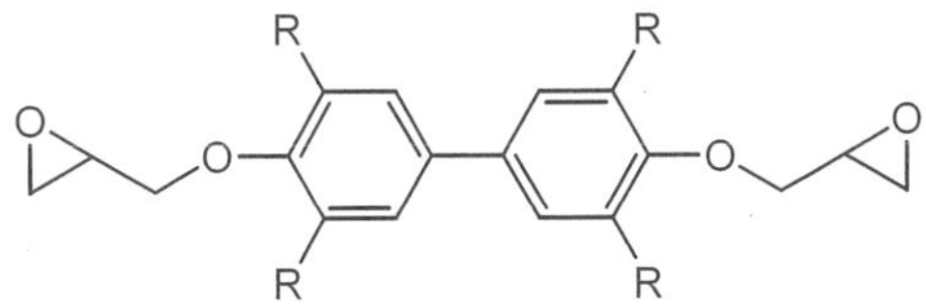

図7 ビフェニル型エポキシ樹脂の構造

るビフェニル型エポキシ樹脂が結晶性エポキシ樹脂として多く用いられている[5]。

　以上のように様々な骨格のエポキシ樹脂について説明した。今後とも，半導体パッケージの進化に伴い，エポキシ樹脂の開発が進むことが予想される。

文　　献

1) 小野塚偉師，総説エポキシ樹脂最近の進歩Ⅰ，p.354，エポキシ樹脂技術協会（2009）
2) M. Iji, Y. Kiuchi, *J. Mater. Sci.: Mater. Electron.*, **12**, 715（2001）
3) M. Iji, Y. Kiuchi, *Polym. Adv. Technol.*, **12**, 393（2001）
4) 押見克彦，*JETI*, **55**(9), 149（2007）
5) 村田保幸，電子部品用エポキシ樹脂の最新技術，p.8，シーエムシー出版（2006）

2.2 酸無水物硬化剤

山中正彦*

本項では，酸無水物硬化の基礎的な事項，酸無水物系硬化剤の種類，特徴および選択のポイントを概説し，さらに，エポキシ樹脂と配合使用する際に留意すべき事柄について言及する。

2.2.1 酸無水物の配合と硬化

(1) 硬化反応と配合

酸無水物とエポキシ樹脂との反応は，無触媒の場合，酸無水物中に含まれるカルボキシル基，またはエポキシ樹脂中の水酸基と酸無水物とが反応して生じるカルボキシル基がエポキシ基と反応することにより開始すると考えられている。通常，この開始反応にあずかるカルボキシル基は，不純物量であり，硬化反応速度は極めて緩慢なものとなるため，硬化促進剤が併用されることが多い。

硬化促進剤として代表的な第三級アミンを添加した場合には，酸無水物基1当量とエポキシ基1当量がアニオン的に交互共重合し，エステル結合による三次元網目構造が形成される[1]。

酸無水物基とエポキシ基との当量比を1:1に設定した配合の一例を次に示す。

  ビスフェノールA型エポキシ樹脂（DGEBA，エポキシ当量=190） 100重量部
  酸無水物（新日本理化製リカシッド®MH-700，酸無水物当量=164） 86重量部
  硬化促進剤（DMP-30：トリス（ジメチルアミノメチル）フェノール） 0.5重量部

この例のように，酸無水物の配合量は，エポキシ樹脂と同程度となることが多い。そのため，酸無水物系硬化剤がエポキシ硬化物性に及ぼす影響は大きく，酸無水物の種類の選定と適正な配合使用が重要となる。

(2) 硬化条件

酸無水物とエポキシ樹脂との硬化反応は，発熱反応である。(1)項の配合物100gをビーカーに入れ100℃で加熱硬化させた時の硬化発熱挙動を図1に示す。反応の進行と共に，液状からゲル化（図1の例では約34分後）を経て固体へと状態が変化し，その際の中心部の温度は約190℃に達する。

硬化発熱による温度上昇が激しい場合には，硬化物にヤケ，ボイド，クラックなどを生じるため，硬化発熱挙動に留意する必要がある。硬化促進剤の添加量を減らすか又は加熱温度を低く設定すると，ゲル化時間が長くなり，最高発熱温度が低下する傾向にある。また，硬化発熱挙動は，

---

* Masahiko Yamanaka 新日本理化㈱ 研究開発本部 技術開発部 グループリーダー，副主席研究員

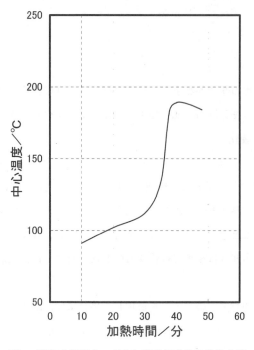

図1　酸無水物配合エポキシ樹脂組成物の発熱曲線
【配合組成】　DGEBA　　　100重量部
　　　　　　　MH-700　　　 86重量部
　　　　　　　DMP-30　　　0.5重量部
【測定条件】　サンプル量　100g
　　　　　　　加熱条件　　100℃油浴

硬化促進剤，酸無水物，エポキシ樹脂，充填材（フィラー）やその他添加剤の種類や配合量にも依存する。

　実際の硬化工程では，硬化発熱に配慮した一段目の加熱の後，より高温にて後硬化する方法（二段硬化）がよく行われる。図2に示すように，硬化物の熱変形温度（HDT）に着目すると，100℃加熱では硬化完結に20時間以上を要することがわかる。これに対し，100℃で2時間加熱後，150℃に昇温することにより短時間で高HDTを達成できる。

　薄膜や小型の注型物のように，硬化発熱による温度上昇を起こさない場合には，150～200℃程度の高温短時間硬化（一段階）が可能である。一方，樹脂の量が多い場合には，低温から徐々に加熱していく多段階硬化が必要となる。

2.2.2　酸無水物の種類と特徴

　一般に，酸無水物系硬化剤は，次のような特徴を有することから，半導体封止，LED封止，コイル含浸などの電気・電子絶縁材料向けの硬化剤として多用されている。

第1章　半導体封止

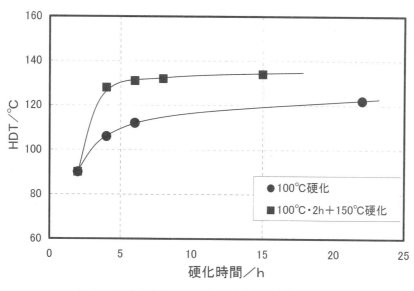

図2　硬化物の熱変形温度（HDT）と硬化条件との関係
【配合組成】　DGEBA　　　100重量部
　　　　　　　MH-700　　　 86重量部
　　　　　　　DMP-30　　　 0.5重量部

① 低粘度で作業性に優れる。
② 配合物の可使時間が比較的長い。
③ エポキシ樹脂硬化物は，電気絶縁性，機械的特性，耐熱安定性，耐薬品性に優れる。
④ アミン系硬化剤に比較して安全衛生性が高い[2]。

これまで，エポキシ樹脂硬化剤として，芳香族酸無水物，脂肪族環状酸無水物，脂肪族酸無水物，ハロゲン化酸無水物など，種々の化合物が検討されてきたが，このうち工業的に使用されている化合物は，およそ20種類程度である。代表的な酸無水物系硬化剤の種類，特徴および用途例を表1および表2に示す。

これらの酸無水物系硬化剤は，目的用途や要求性能に合わせて適宜品種を選択して使用される。また，多くの場合，コスト低減や機能，作業性などを向上させるために各種変性や配合が行われる。

(1) 汎用液状酸無水物

液状酸無水物としては，無水マレイン酸から誘導され，構造異性化，立体異性化，異種酸無水物混合などの方法により液状化された脂肪族環状酸無水物やアルケニル無水コハク酸などが各種上市されている。液状酸無水物の一般性状，配合例およびエポキシ硬化物性を表3に示す。

Me-THPAは，電気的特性，機械的特性などの硬化物性に優れていることに加え，最も低粘度で含浸性が良く，多量のフィラーを配合することによるコスト低減も可能なことから，液状封

表1　代表的な酸無水物系硬化剤（1）

化合物名（略称）	構造式	性状	特徴	用途	国内メーカー（代表的な品番）
テトラヒドロ無水フタル酸（THPA）		固体 mp. 101℃	粉体化作業性	注型 トランスファー成形	新日本理化（TH）
ヘキサヒドロ無水フタル酸（HHPA）		固体 mp. 34℃	無色透明性 耐候性 耐トラッキング性	注型 LED トランスファー成形 積層・FW	新日本理化（HH）
メチルテトラヒドロ無水フタル酸（Me-THPA）		液体 30〜60 mPa·s	低粘度 汎用	注型 含浸 積層・FW	日立化成工業（HN-2000, HN-2200）
メチルヘキサヒドロ無水フタル酸（Me-HHPA）		液体 50〜80 mPa·s	無色透明性 耐候性 耐トラッキング性 低粘度	LED注型 含浸 積層・FW トランスファー成形	新日本理化（MH, MH-700, MH-700G） 日立化成工業（HN-5500） DIC（B-650）
メチルナジック酸無水物（MNA）		液体 150〜300 mPa·s	耐熱性 長可使時間 配合物低吸湿	注型 含浸 積層・FW	日本化薬（MCD） 日立化成工業（MHAC-P）
水素化メチルナジック酸無水物（H-MNA）		液体 290〜400 mPa·s	耐熱性 無色透明性 配合物低吸湿 硬化物低吸湿 薄膜硬化性	注型 LED 含浸 積層・FW	新日本理化（HNA-100）
トリアルキルテトラヒドロ無水フタル酸（TATHPA）		液体 130 mPa·s	硬化物低吸湿 配合物低吸湿	注型 含浸 積層・FW	ジャパンエポキシレジン（YH-306, YH-307）
メチルシクロヘキセンテトラカルボン酸二無水物（MCTC）		固体 mp. 167℃	耐熱性	粉体塗料 注型 積層	DIC（B-4400）
無水フタル酸（PA）		固体 mp. 128℃	安価 昇華性有り	注型	三菱化学 日本触媒 三井化学など

第 1 章 半導体封止

表 2 代表的な酸無水物系硬化剤 (2)

化合物名 (略称)	構造式	性状	特徴	用途	国内メーカー (代表的な品番)
無水トリメリット酸 (TMA)		固体 mp. 168℃	耐熱性	粉体塗料 注型 積層	三菱ガス化学
無水ピロメリット酸 (PMDA)		固体 mp. 286℃	耐熱性	粉体塗料 注型 積層	MGC デュポン ダイセル化学工業
ベンゾフェノンテトラカルボン酸二無水物 (BTDA)		固体 mp. 227℃	耐熱性	粉体塗料 積層	ダイセル化学工業
エチレングリコールビスアンヒドロトリメリテート (TMEG)		固体 mp. 165〜175℃	耐熱性 可撓性 接着性	粉体塗料	新日本理化 (TMEG-S, TMEG-500, TMEG-600)
グリセリルビス (アンヒドロトリメリテート) モノアセテート (TMTA)		固体 mp. 65〜75℃	耐熱性 液状酸無水物への溶解性	粉体塗料 注型	新日本理化 (TMTA-C) (液状品：MTA-15)
ドデセニル無水コハク酸 (DDSA)		液体 500 mPa·s	可撓性	注型	新日本理化 (DDSA) 三洋化成工業 (DSA)
脂肪族二塩基酸ポリ無水物		固体 m=7 の mp. 50〜65℃	可撓性 耐熱衝撃性	積層 注型 粉体塗料	ピィ・ティ・アイ・ジャパン (PAPA(m=7)) (PSPA(m=8)) 岡村製油 (SL-12AH(m=10)) (SL-20AH(m=18))
		液体 2000〜4500 mPa·s	可撓性 耐熱衝撃性	積層 注型 粉体塗料	岡村製油 (IPU-22AH)
無水クロレンド酸		固体 mp. 235〜240℃	難燃性	注型 積層	日本化薬 (CLA)

表3 各種液状酸無水物の一般性状およびエポキシ樹脂硬化物性

	酸無水物の種類[*6]	Me-THPA	Me-HHPA	H-MNA	MNA	TATHPA	TMTA/Me-HHPA
酸無水物性状（一例）	色数（ハーゼン）	1(ガードナー)	10	10	100	4(ガードナー)	5(ガードナー)
	粘度（mPa·s/25℃）	40	60	290	260	129	130
	凝固点（℃）	<-15	<-15	0	<-15	<-15	<-15
	酸無水物当量	168	164	180	178	234	170
配合比[*1]	DGEBA（WPE = 185）	100	100	100	100	100	100
	酸無水物	83	80	89	87	114	83
	硬化促進剤（2E4MZ-CN）	0.5	0.5	0.5	0.5	0.5	1
配合物特性	吸湿率[*2]（%）	0.70	0.91	0.27	0.27	0.48	0.92
	皮張り時間[*3]（h）	40	11	>100	>100	31～46	12
反応性	ゲル化時間，100℃（min）	50	44	73	86	57	(30)
硬化物特性[*5]	T_g（℃）	136	148	162	161	132	154
	PCT吸水率[*4]（%）	1.7	1.6	1.5	1.8	1.2	1.6
	硬化収縮率（%）	2.0	2.0	1.4	1.6	1.3	－
	曲げ強度（MPa）	141	144	158	153	138	141
	曲げ弾性率（GPa）	3.1	3.0	3.3	3.3	3.0	2.9
	体積固有抵抗（Ω·cm）	1.3×10^{16}	1.3×10^{16}	4.4×10^{16}	4.5×10^{16}	4.4×10^{16}	3.3×10^{16}
	誘電率，10kHz	2.9	3.0	3.2	－	－	3.2
	誘電正接，10kHz（%）	1.0	1.2	1.0	－	－	1.3

*1 DGEBA：汎用ビスフェノールA型液状エポキシ樹脂
 2E4MZ-CN：1-(2-シアノエチル)-2-エチル-4-メチルイミダゾール
 当量比（酸無水物基／エポキシ基）= 0.9
*2 配合物10gをシャーレ（φ53mm）に入れ，25℃，60%RH，24時間放置後の重量増加率
*3 配合物10gをシャーレ（φ53mm）に入れ，25℃，60%RH放置下での皮張り時間
*4 121℃，0.22MPaの飽和水蒸気中，24時間後の重量増加率
*5 硬化条件：100℃・2.5時間＋150℃・5時間
*6 表1～2参照。TMTA/Me-HHPAは，新日本理化製リカシッド®MTA-15（30%）＋リカシッド®MH-700（70%）混合

止材やアンダーフィル材，各種トランス，コイル，コンデンサーなどの注型・含浸といった電気絶縁材料の他，積層，FW（フィラメントワインディング）成形品などの用途に広く使用されている。

(2) 耐熱性の改善

汎用のMe-THPAに比較して高T_g（ガラス転移温度）のエポキシ硬化物が得られる液状酸無水物としては，Me-HHPA，MNA，H-MNAがあり，さらに固形の多官能酸無水物であるTMTAをMe-HHPAに溶解させた液状酸無水物が使用される。

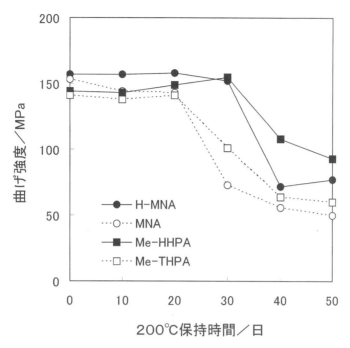

図3 酸無水物の種類とエポキシ硬化物の長期耐熱性
【配合組成】　DGEBA　　　　　　　　　100重量部
　　　　　　　酸無水物　　　　　　　　変量（1.0当量）
　　　　　　　硬化促進剤（2E4MZ-CN）　0.5重量部
【硬化条件】　100℃・2.5時間 + 150℃・5時間

一方，長期耐熱性の観点からは，Me-HHPA および H-MNA といった脂環骨格中に二重結合を持たない構造の酸無水物が優れる傾向にあり，図3に示した促進試験結果から，約1.5倍の耐熱寿命を有しているものと推定される。

(3) 透明性の付与

LED 封止樹脂をはじめとする光学用途には，硬化物の無色透明性，さらには耐熱黄変性や耐紫外線黄変性が要求されるため，Me-HHPA，HHPA，H-MNA など，脂環骨格中の二重結合を水素化したタイプの酸無水物が使用される。また最近では，核水添トリメリット酸無水物が提案されており，硬化促進剤を併用しなくても硬化可能で，透明な硬化物が得られている[3]。

無色透明性と耐熱黄変性に優れた硬化物を得るためには，酸無水物とエポキシ樹脂との配合比率（後述）を最適化し，併用する硬化促進剤を適宜選択することが重要である。

(4) 耐湿性の改善

酸無水物とエポキシ樹脂との液状配合物の吸湿を可能な限り抑制し，エポキシ硬化物の耐湿性を改善したい場合には，TATHPA および H-MNA[4] が使用される。H-MNA は，吸湿した水分

表4 各種固形酸無水物の硬化物性比較

酸無水物の種類*1			TMEG	BTDA	TMA
配合比*2	エピコート1004		100	100	100
	酸無水物		20	16	12
	モダフロー Mark II		0.5	0.5	0.5
硬化反応性(180℃)	ゲル化時間（sec）		93	136	198
	水平溶融流れ率（%）		160	160	165
塗膜性能*3	塗膜光沢		○	○	○
	T_g（℃）		120	130	112
	鉛筆ひっかき値		H	H	H
	耐衝撃性（50cm, ϕ1/4in., 1kg）		◎	△	○
	耐屈曲性		2ϕ	2ϕ	2ϕ
	碁盤目剥離	未処理	100/100	70/100	100/100
		煮沸1h後	70/100	0/100	0/100
貯蔵安定性（配合物を40℃・28日間貯蔵）	ゲル化時間保持率（%）		90	68	37
	水平溶融流れ率保持率（%）		85	72	88
	塗膜光沢		○	○	×

*1 表2参照。TMEGは，新日本理化製 リカシッド®TMEG-500を使用した。
*2 エピコート1004：ジャパンエポキシレジン製 ビスフェノールA型固形エポキシ樹脂
　　モダフロー Mark II：モンサント製 流動性付与剤
　　当量比（酸無水物基／エポキシ基）＝ 0.9
*3 硬化条件：180℃・30分間，膜厚：60～90μm，試験方法：JIS C2161準拠

との反応性が低いことにより耐湿性が改善され，一方，TATHPAは，分子中に適度に配置されたアルキル基の疎水性により吸湿が抑制される[5]。

(5) 可撓性の改善[6]

硬化物に可撓性が要求される場合は，DDSAや各種変性酸無水物などが使用される。また最近では，2,4-ジエチルグルタル酸無水物が提案されている[7]。

耐ヒートサイクル性を向上させる目的には，鎖状分子の末端にカルボキシル基を有する構造の化合物（新日本理化製リカシッド®HF-08）を他の酸無水物と併用することが有効である。

(6) 固形酸無水物

コンデンサー，ハイブリッドIC，コイルなどの外装に用いられるエポキシ粉体塗料用の硬化剤としては，固形で高耐熱性の多官能酸無水物であるBTDA，TMEG，MCTC，TMA，TMTAなどの酸無水物が使用される。一方，トランスファー成形用の硬化剤としては，汎用品としてTHPAが使用され，無色透明性を必要とする場合は，HHPA，Me-HHPAが使用される。

第 1 章　半導体封止

　エポキシ粉体塗料の基本樹脂としては固形のビスフェノール A 型エポキシ樹脂が多用される。このエポキシ樹脂には水酸基が多く含まれるため，硬化促進剤を添加しなくても酸無水物硬化が可能である（2.2.1（1）項参照）。種々の固形酸無水物によるエポキシ樹脂の硬化物性比較を表 4 に示す。TMEG を硬化剤として使用すると，耐衝撃性や密着性に優れたエポキシ硬化塗膜が得られる。

2.2.3　酸無水物使用時のポイントおよび注意事項
（1）　酸無水物配合量の最適化

　酸無水物基とエポキシ基との反応は，2.2.1（1）項で述べたように，基本的に 1 : 1 のアニオン共重合である。しかしながら実際には，酸無水物とエポキシ樹脂との最適な配合比率は，エポキシ樹脂や酸無水物の化学構造，硬化促進剤の種類や添加の有無，硬化温度などによって異なるため，使用目的に応じて最適化する必要がある。

　エポキシ樹脂 100 重量部に対する酸無水物系硬化剤の配合量は，次式により算出される。

　　酸無水物の配合量（重量部）＝酸無水物当量／エポキシ当量 × 100 × α

　　　α：当量比（酸無水物基／エポキシ基）

　最適な酸無水物の配合量を求めるには，$\alpha = 1.0$ を中心に配合比率を変化させ，要求物性を満たす当量比 α を見出す作業が必要である。

　一般的に，エポキシ樹脂硬化物の機械的特性や耐熱性に着目すると，第三級アミン系の硬化促進剤を使用する場合には $\alpha = 0.9 \sim 1.0$ が適切であり，硬化促進剤を使用しない場合には $\alpha = 0.85$ が適切である。例えば，酸無水物として Me-HHPA を使用する場合，図 4 に示すように，耐熱性（T_g）の面では $\alpha = 1.0$ が，耐湿性（PCT 吸水率）の面では $\alpha = 0.9$ が最適と判断される。また，エポキシ樹脂硬化物の透明性や耐熱黄変性（光線透過率）に着目すると，図 5 に示すように硬化促進剤の種類に依存し，第四級アンモニウム塩を使用する場合には $\alpha = 1.1 \sim 1.2$ が，第四級ホスホニウム塩を使用する場合には $\alpha = 0.9$ が最適となる。

（2）　吸湿による酸無水物の特性低下

　酸無水物は，一般に大気中の水分と反応して遊離酸を生成し，エポキシ硬化物性に不具合を生じるため，吸湿防止に細心の注意を払わねばならない。

　例えば，Me-THPA の場合，表 3 に示したように，エポキシ配合物を大気中に 24 時間放置すると吸湿により 0.7％ の重量増加を示す。そして，吸湿した水分のほぼ全量が速やかに酸無水物と反応して遊離酸に変化し，酸無水物中の遊離酸の濃度は約 7％ に達する。酸無水物やエポキシ配合物が吸湿して遊離酸濃度が増加すると，表 3 に示すような皮張り現象を起こし，表 5 に示すように，硬化物の耐熱性や機械的強度の低下を引き起こす。

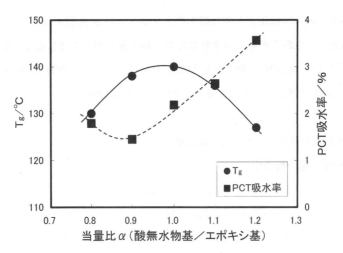

図4 配合当量比とエポキシ硬化物性との関係

【配合組成】　DGEBA　　　　　　　　　　　　　　　　100 重量部
　　　　　　　リカシッド®MH-700G　　　　　　　　　　変量
　　　　　　　硬化促進剤（サンアプロ製 Ucat SA102）　2 重量部
【硬化条件】　120℃・12 時間

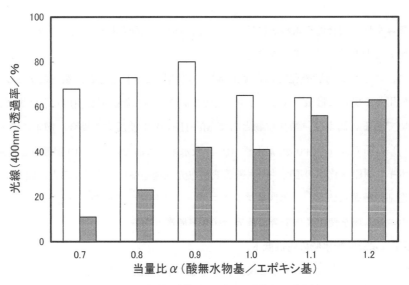

図5 硬化促進剤の種類とエポキシ硬化物の透明性

【配合組成】　DGEBA　　　　　　　　　　　　　　　　100 重量部
　　　　　　　酸無水物（リカシッド®MH-700G）　　　　変量
　　　　　　　硬化促進剤　　　　　　　　　　　　　　1 重量部
　　　　　　　□ 臭化テトラフェニルホスホニウム
　　　　　　　■ 臭化テトラエチルアンモニウム
【加熱条件】　120℃・10 時間硬化 + 150℃・120 時間加熱
【サンプル】　厚み 5mm 板

第1章　半導体封止

表5　遊離酸が硬化物性に与える影響

酸無水物（遊離酸濃度）		Me-THPA（1%以下）	Me-THPA（27%）
熱変形温度（℃）		123	96
引張り強度（MPa）		8.3	4.7
引張り伸び率（%）		7.1	3.6
硬度（Rockwell, Scale M）		104	95
体積抵抗率（Ω・cm）		2.2×10^{16}	1.3×10^{16}
誘電率，25℃	50Hz	3.2	3.1
	1MHz	3.0	2.9
誘電正接（%），25℃	50Hz	0.43	0.41
	1MHz	1.5	1.5
煮沸吸水率（%）		0.27	0.44

【配合組成】　DGEBA（WPE185）　　100 重量部
　　　　　　　酸無水物　　　　　　　 87 重量部
　　　　　　　硬化促進剤（DMP-30）　0.5 重量部
【硬化条件】　100℃・2 時間 + 130℃・15 時間

　また，遊離酸（カルボキシル基）は，室温下でもエポキシ基と徐々に反応する。アンダーフィル材などの液状エポキシ樹脂組成物の場合，吸湿により遊離酸濃度が高くなると，組成物粘度の経時変化が大きくなり可使時間が短くなる傾向にある。
　そのため，酸無水物およびそのエポキシ配合物を取扱う際には，以下の対策が必要である。
① 包装容器の空間を窒素ガスや乾燥空気で置換し密閉して保管する。
② 冷所で保管した容器を開封する際には結露防止の措置を講じる。
③ 混合や別容器への移し替え作業の際には使用器具の乾燥を十分に行う。

(3) 安全衛生上の留意点[8]
　酸無水物系硬化剤は，一般にアミン系硬化剤より低毒性であり，皮膚一次刺激性が小さいなど安全性が高い。しかし，酸無水物は，眼，鼻，肺などの粘膜に対して強い刺激性物質であり，特に加熱により発生する蒸気やヒュームは，呼吸器官に対して強い刺激性を示す。また，人により感作性を生じる場合があり，呼吸器系に対しては低濃度の曝露でもアレルギー性鼻炎や喘息を起こす可能性がある。そのため，作業場の十分な換気や個人用保護具着用などの安全衛生対策が必要である。

文　　献

1) Y. Tanaka, H. Kakiuchi, *J. Appl. Polym. Sci.,* **7**, 1063-1081 (1963)
2) 労働省労働基準局長通達，基発第477号（1976）
3) 小山剛司，総説エポキシ樹脂 最近の進歩Ⅰ，p.49-54，エポキシ樹脂技術協会（2009）
4) 野辺富夫，池田強志，ポリマーダイジェスト，**54**(6), 55-58（2002）
5) 三浦希機，大沼吉信，ポリマーダイジェスト，**54**(6), 66-70（2002）
6) 谷昭二，山中正彦，橋本茂樹，熱硬化性樹脂，**14**(1), 34-39（1993）
7) 大沼吉信，エポキシ樹脂技術協会研究委員会・特別講演 講演要旨，**1**, 20-21（2006）
8) 新・エポキシ樹脂・硬化剤 正しい取扱いの手引き 管理者用（改訂版），p.33-35，エポキシ樹脂技術協会（2003）

2.3 フェノール樹脂系硬化剤

稲冨茂樹*

2.3.1 フェノール樹脂の基礎

　最も古い合成樹脂であるフェノール樹脂が，ベルギー生まれのアメリカの技術者レオ・E・ベークランド博士によって工業的に実用化されて百年余りが経過した。この間，比較的安価で耐熱性，強度などの優れたパフォーマンスを有するこの樹脂は，鍋・フライパンの取手や自動車灰皿などの日用雑貨品から，ロケットノズルコーンのような最先端の高機能材料に至るまで，新たな市場用途に合わせて進化適応しながら極めて幅広く用いられてきた。現在のフェノール樹脂用途はエポキシ樹脂用前駆体と硬化剤およびフォトレジストなどの電子材料分野，建材，ボード，摩擦材，耐火物，鋳型材料，アブレーシブ材，ゴム配合，塗料，接着剤，炭素材，酸化防止剤などの一般工業分野まで広範囲に渡っている[1]。

　フェノール，クレゾール類やビスフェノール類などのフェノール類と，主にホルムアルデヒドなどのアルデヒド類との反応から得られるフェノール樹脂は，アルカリ触媒下でメチロール基などの官能基を生じる付加反応を主体として，熱および/または酸によって自硬化性を有するレゾール型と，フェノールユニットがメチレン橋で連結していく縮合反応を主体として，自身では硬化しないノボラック型に大きく分類され，触媒系（反応時pH）とアルデヒド/フェノールの種類とモル比によって作り分けられる[2]。表1にフェノールとホルムアルデヒドを原料として得ら

表1　レゾール樹脂とノボラック樹脂の比較

	ノボラック	レゾール
代表構造	（構造式）	（構造式）
For/Phenol	0.6～0.95（フェノール過剰）	1.0～3.0（ホルムアルデヒド過剰）
反応触媒	酸（蓚酸，塩酸，スルホン酸など）	アルカリ（NaOH，アンモニア，アミンなど）
熱官能基	殆ど存在しない	$-CH_2OH$, $-CH_2O\,CH_2-$基など
樹脂の分類	熱可塑性	熱硬化性
硬化方法	硬化剤（ヘキサメチレンテトラミン，エポキシ樹脂など）と加熱	加熱 and/or 酸硬化
別名称	二段法フェノール樹脂	一段法フェノール樹脂

*　Shigeki Inatomi　旭有機材工業㈱　技術顧問

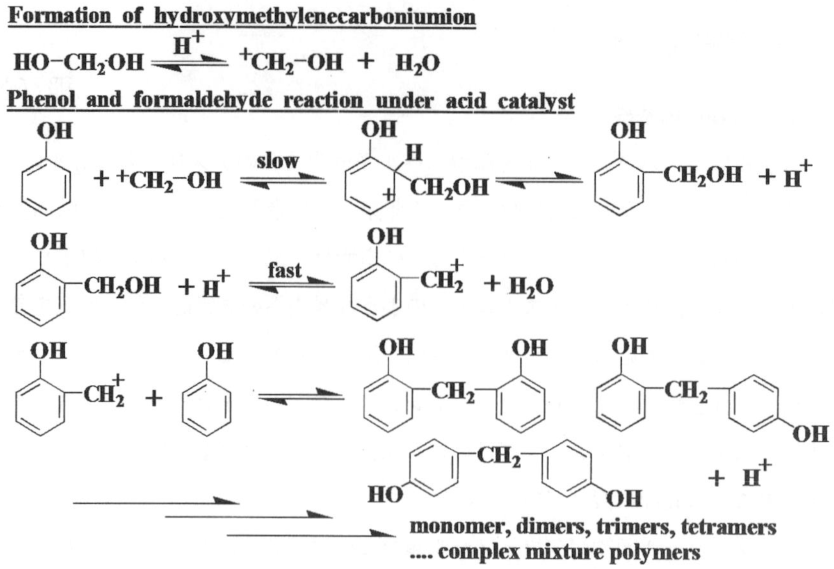
Formation of hydroxymethylenecarboniumion
HO−CH2OH
H+
+CH2−OH + H2O
Phenol and formaldehyde reaction under acid catalyst
OH
+ +CH2−OH
slow
CH2OH
CH2OH + H+
fast
CH2+
+ H2O
CH2
OH
HO
+ H+
monomer, dimers, trimers, tetramers
.... complex mixture polymers

図1　フェノール・ノボラック樹脂の生成メカニズム

れる，いわゆるストレート・フェノール樹脂の代表構造とその特徴を示した。

2.3.2　エポキシ樹脂原料および硬化剤としてのノボラック型フェノール樹脂

エポキシ樹脂分野におけるフェノール樹脂としては，多官能性樹脂の合成原料となるエポキシ樹脂前駆体，および，多官能性硬化剤として，その優れた耐熱性と剛性によりノボラック樹脂系が好んで使われ，レゾール樹脂系はあまり重要ではない。

図1にフェノールとホルムアルデヒドから得られる，ストレート・ノボラック樹脂の生成機構を示した。ホルムアルデヒド水和物のメチレングリコールから酸触媒によって生じたメチレンカルボニウムイオンがフェノールのオルソ/パラ位の3カ所をランダム（オルソ/パラ比≒1：1）に攻撃付加し，レゾールの基本構成成分であるメチロール体を中間的に生成する。メチロール体は即座にベンジルカチオンとなって，フェノールと反応して3種の構造異性体からなる2量体（ダイマー）のメチレンビスフェノールを生じる。ここで問題は生成物の官能性で，ダイマーの反応サイトは4カ所，トリマーでは5カ所，…と，オリゴマーのフェノールユニット数の増加と共に増加する。従って，メチレンカルボニウムイオンやベンジルカチオンは，フェノールモノマー以外の生成物をも好んで攻撃して逐次反応していくために，フェノールモノマーを残したままで幅広い分子量分布を有する複雑な混合物としての樹脂となる。

エポキシ樹脂分野で重要なビスフェノール型エポキシ樹脂の原料であるメチレンビスフェノール（BIP-F）は，フェノールノボラックのダイマーを主成分とするもので，ベンジルカチオンを

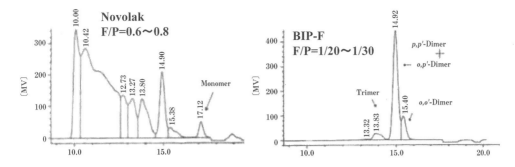

図2 ノボラック樹脂とビスフェノールFのGPCチャート比較
装置：東ソーHLC8020series，カラム：#1000＋#2000，温度：38℃，検出器：RI，Carrier：THF 1ml/min

フェノールと優先的に反応させるべく，フェノール大過剰の条件で作られた低分子量のノボラックに他ならない。いずれにしても，エポキシ樹脂分野向け用途では，反応終了時の未反応フェノールは徹底的に蒸留除去される。図2に一般的なノボラック樹脂とBIP-Fのゲル濾過クロマトグラフィー（GPC）分析チャートを比較して示した。

エポキシ樹脂分野ではフェノール類としてはフェノール・o-クレゾールなどのモノフェノール類，カテコール・レゾルシノールなどの多価フェノール類，ビスフェノールAなどのビスフェノール類，ナフトールなどの多環フェノール類も原料として用いられる。

一方，フェノール類を結合する橋架けユニットとしては，ホルムアルデヒドをメチレン・ドナーとして用いる場合が圧倒的に多いが，その他の脂肪族アルデヒドや芳香族アルデヒド，両族のジアルデヒドなども用いられる。後述するキシリレン結合を有するザイロック（ミレックス）樹脂やビフェニレンジメチレン結合を有する樹脂では，それぞれのジクロライドやジメタノール化合物，あるいはそのジアルコキシエーテルが原料であるが，攻撃種は対応するベンジルカチオンであり，反応機構はストレート・ノボラックの場合と同様である。さらにジシクロペンタジエンを架橋ユニットとする樹脂や，リモネンなどのテルペン類を用いる場合は，2重結合炭素のイオン的に安定な部位がカチオンとなり，フリーデル・クラフツ型の反応で樹脂化が進行する。

2.3.3 エポキシ樹脂とフェノール樹脂の反応

エポキシ樹脂とフェノール樹脂のモデル反応スキームを図3に示した[3]。エポキシ基と活性水素を有するフェノール性水酸基は1対1で反応するので，それぞれの当量を等しくなるように配合設計を行う。高い剛性，強度と十分な耐熱性を有する硬化物を得るには，エポキシ樹脂と硬化剤の双方が少なくとも二官能性以上であり，流動性を考慮しつつ，両者がさらに多官能性であることがさらに望ましい。

この反応で注目すべきことは，極性を有するフェノール性水酸基がエポキシ基との反応によっ

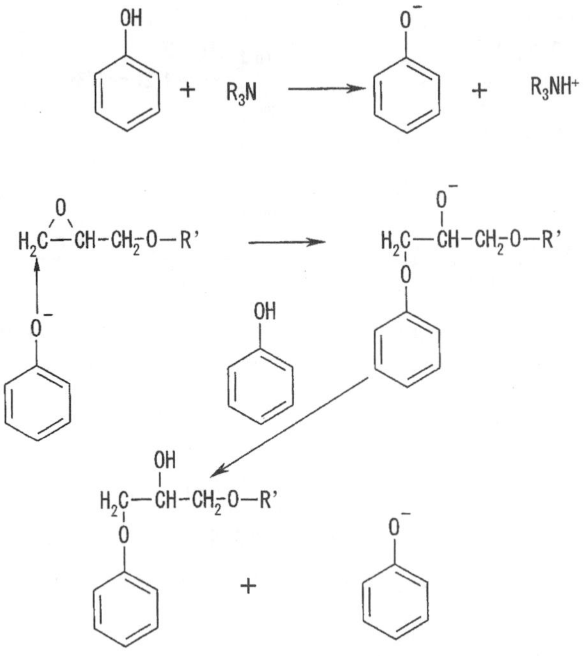

図3 エポキシ基とフェノール性水酸基の反応機構

てエーテル化される一方,エポキシ環が開いて新たな極性基としてアルコール性の水酸基が当量分生じることである。このアルコール性水酸基は,半導体封止材料で好んで用いられるシリカなどの無機フィラーとの接着性向上にはプラス面に働くものの,封止後の半導体パッケージの吸湿性と,これがクラック原因の一つとなる耐ハンダ浴性や,チップ内のアルミ配線腐食による動作不良にも大きく関与することになる。

硬化促進触媒としてはトリフェニルホスフィンなどの酸性物質,あるいは2-メチルイミダゾールなどのイミダゾール類などの塩基性物質が用いられる。硬化促進触媒は硬化特性と硬化物の物性に大きく影響を与えると同時に,封止後の金属配線腐食や吸湿などによる物性劣化,加水分解の促進などの問題も考慮して,注意深く選択される[4]。

2.3.4 フェノール樹脂系エポキシ硬化剤の適用分野

コストの問題や常温液状化が困難で粘性が高いなどの制約から,用途適用範囲は非常に優れた耐熱特性や長期信頼性を要求される半導体（IC）封止材の分野を中心に,プリント配線積層板や電気絶縁用粉体塗料などに限られている。

本項では高い耐熱性能と信頼性の要求からフェノール樹脂系硬化剤が独占的に使用され,同時に主剤のエポキシ樹脂側にも同じ要求から高性能のフェノール樹脂がその前駆体として使用され

第1章　半導体封止

表2　半導体封止材料の変遷

パッケージ	シリカフィラー	エポキシ樹脂	硬化剤	主要特性
ピン挿入型 1970年〜	破砕状溶融 〜120μm：70〜80%	o-クレゾールノボラック型	フェノールノボラック型	耐湿信頼性 低応力化
表面実装型 1990年〜	球状溶融 〜75μm：80〜90%	ビフェニル型 シクロペンタジエン型	キシリレン型	耐ハンダリフロー性 高密着性
エリアアレイ型 2000年〜	球状溶融 75〜10μm：80〜90%	多官能型 ビフェニル型 ナフトール型	キシリレン型	耐ハンダリフロー性 高密着性 低反り化・低粘度化
環境対応型 2000年〜	球状溶融 75〜10μm：80〜90%	ビフェニレンメチレン型	キシリレン型 ビフェニレンメチレン型	ノンハロゲン難燃性 耐鉛フリーハンダ浴性

てきた半導体封止材料に限定して述べる。

（1）半導体封止材料の進歩

半導体を外界から保護する封止材料には，極めて限定された分野にわずかにセラミックが用いられているが，圧倒的に樹脂封止が主流である。しかも，ポリイミド系などの高信頼性次世代材料もいくつか提案されて久しいが，成形サイクルなどの生産性，材料の扱い易さ，および長期信頼性などの面から，シリカフィラーを充填したエポキシ樹脂成形材料が現在も主流であり，この流れは簡単には変わらないとの見方が定着していると思われる。

半導体およびアセンブル技術の動向から，先端パッケージ用封止材料に要求される特性は多様化してきた。表2にパッケージ技術の発展に伴う封止材料の組成特性の変遷を，使用される代表的なエポキシ樹脂と硬化剤フェノール樹脂の種類とともに簡単にまとめた[5]。

初期の半導体封止材料として，溶融破砕状シリカをフィラーとして，エポキシ樹脂にはフェノール核のオルソ位に置換メチル基を有することでフェノールノボラック型よりも電気的特性に優れるo-クレゾールノボラック型に選定し，硬化剤側にフェノールノボラックを採用した基本設計が，1970年代には固まった。エポキシ樹脂主剤と硬化剤の両者を多官能として，高い耐熱性と長期信頼性を持たせる材料設計思想の誕生である。

1990年代に現れた表面実装型パッケージ用には無機フィラー充填率を上げるために，球状溶融シリカを用い，2,6-キシレノールの酸化カップリング反応で得られるビフェノールを原料とする融点105℃の結晶性で極めて低溶融粘性，かつ高靭性の硬化物を与える画期的なビフェニル型エポキシ樹脂（YX4000：ジャパンエポキシレジン社）を使用した，耐ハンダリフロー・クラック性に優れた封止材料が開発された。

高密度実装の進歩は続き，リードフレームを使わず半導体を直接基板上に実装する方法が提案

高機能デバイス封止技術と最先端材料

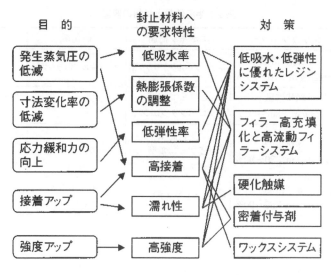

図4 耐吸湿ハンダリフロー性への取り組み

され，片面封止時の反りを低減するために多官能エポキシ樹脂を用いた従来にない高T_g（ガラス転移温度）の封止材料が提案された。このタイプの樹脂としてはフェノールとサリチルアルデヒドを反応して得られるトリスフェノール構造を有する樹脂にグリシジル基を導入したエポキシ当量の低いトリフェノール（トリフェニルメタン）型がその代表例である。

半導体の集積度の上昇によるチップサイズの大型化に伴って封止材は薄肉化し，ハンダリフロー時のクラック問題が深刻化，吸湿性と材料の線膨張率を下げるためにシリカ高充填の要求が益々高くなった。図4に耐吸湿ハンダリフロー性向上の取り組みについての技術マトリックスを示した[6]。

最密充填に近づけるための粒径分布の異なる球状シリカの組合せ手法の採用によって，フィラー充填率は90％にも達し，低反り性と耐リフロー性，および高流動性を同時に満足するビフェニル系エポキシ樹脂を使用した系が最先端の封止材料において主流を占めるに至った。

また，吸湿性を抑えるための樹脂構造からのアプローチとして，エポキシ当量を上げて架橋密度を下げることも有効であり，フェノール核間に嵩高いリンケージを導入する手法として，フェノールとキシレングリコール誘導体を反応して得られるザイロック（ミレックス樹脂：三井化学）などのキシリレン型，ジシクロペンタジエン型などの新規エポキシ樹脂が開発された。エポキシ当量を上げるための別のアプローチとして，耐熱性を下げずにフェノール核の分子量を上げる方法があり，ナフトールなどの縮合環を有する特殊フェノールモノマーを使ったエポキシ樹脂が設計された。この樹脂は封止材料中に含まれる有機物における芳香族環濃度も上がることから，難

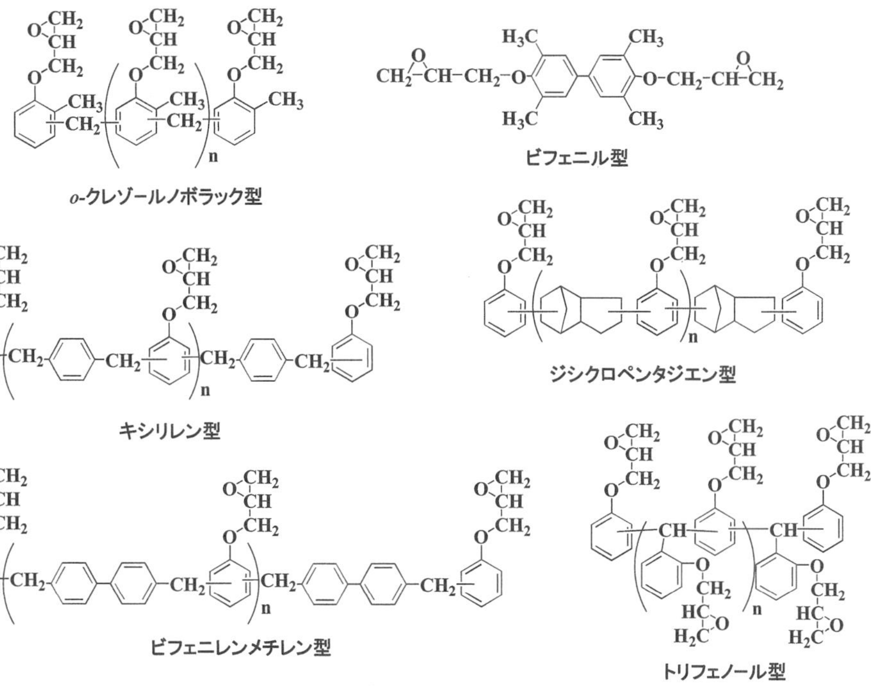

第1章 半導体封止

図5 半導体封止材料用エポキシ樹脂

燃性付与の面からも優れている。

さらに，これらの提案手法を複数組合せることでより高性能化が図られている。

近年では，環境的側面からの材料改良要求が，特に欧州で厳しくなり，三酸化アンチモンと臭素系難燃剤を使わないノンハロゲン難燃対応材料として，さらに芳香族環濃度の高いビフェニレンメチレン型のエポキシ樹脂が脚光を浴びている[7]。図5に主剤として用いられるエポキシ樹脂の化学的な構造を示した。

(2) 封止材用フェノール樹脂系エポキシ樹脂硬化剤の動向

新規な高性能エポキシ樹脂用の原料として開発された新規フェノール樹脂は，当然ながら高性能硬化剤として使用できる可能性を有しており，常に双方向での評価検討が行われてきた。2.3.4(1) 項の半導体封止エポキシ成形材料用の進歩に伴って，使用されるフェノール樹指系硬化剤も，単純な汎用ストレート・フェノールノボラック樹脂からの置き換えが進んでいる。

硬化剤としての新規フェノール樹脂の構造は，図5のエポキシ樹脂のグリシジルエーテル基を水酸基に置き換えたものであるので，紙面の都合上割愛する。

ジシクロペンタジエン型樹脂や，フェニレン構造を導入したキシリレン型（ザイロック型）のフェノール樹脂は疎水性と熱時低弾性率が特徴であるが，後者は硬化性が比較的良好であること

もあり,ビフェニル型のエポキシ樹脂との組合せで表面実装パッケージ用に広く使用されている。この流れに,キシリレンのフェニレンをビフェニレンに変更したビフェニレンメチレン型ノボラックがあり,さらに疎水性と熱時低弾性率化が図られている。トリフェノール型は同型のエポキシ樹脂との組合せで高T_gの耐熱性に極めて優れた硬化物が得られる[8]。

対応するエポキシ樹脂と同じ基本構造を有するフェノール樹脂硬化剤は,得られる硬化物の特徴も当然同じ傾向にあるが,当量を合わせるために,封止材料における使用量はエポキシ樹脂の半分程度となり,材料特性改良時の寄与率はエポキシ樹脂より低くならざるを得ない。また,フェノール樹脂はそのフリーな水酸基の分子間水素結合の影響で,同じ基本構造のエポキシ樹脂に比べ軟化点あるいは融点が上昇し溶融粘性が高くなり,成形材料化の加熱混練工程で溶融しにくいなど,エポキシ樹脂に比較すると作業性を悪化させる傾向が強くなる。同じ理由から,成形時の材料粘度も増大するためシリカ・フィラーの高充填化にはマイナスとなるケースもある。また,分子構造的に短いフェノール水酸基は,鎖長の長いエポキシ樹脂に比較して立体障害の影響を受けやすいため,置換基や基本骨格による硬化性低下の影響が大きいことも指摘されている。このため,実用化されている半導体封止剤用フェノール樹脂硬化剤の種類は,同用途の主剤エポキシ樹脂と比較してあまり多くないのが現状である[9]。

2.3.5 分子量分布狭分散ノボラック樹脂 PAPS シリーズ

旭有機材工業㈱が開発上市した,分子量分布が極めて狭分散化された任意の分子量を有するノボラック樹脂PAPSシリーズについて,以下に紹介する。

(1) 従来のフェノールノボラック樹脂と分子量分布狭分散手法

図2に示したように,酸触媒下に還流縮合反応で得られる一般的なノボラック樹脂は,幅広い分子量分布を持ち,低分子量成分から高分子量成分までを幅広く含有している。モノマーは減圧蒸留除去されるものの,低分子量成分,特にダイマーは比較的揮発性が高く,エポキシ樹脂分野では三次元架橋を妨げてリニアな分子構造を与える二官能性の成分として作用するため,硬化物の物性にも悪影響を与える。上記の問題を解決するために従来ノボラック樹脂からフェノール類ダイマーを薄膜蒸留法,溶剤抽出法や再沈殿法により除去すると,溶融状態の粘度が高くなり,流動性が損なわれる問題もあった。そこで,二官能成分を極力減らし,同時に流動性を悪化させる高分子量成分をも同時に減じた樹脂を得る方法として,メチロールフェノール化合物を原料とするステップワイズ法が提案され,具体的には図6に示した,o-クレゾールのジメチロール体を合成しておき同種または異種の過剰量のフェノール類と酸触媒下に反応させて三核体中心のノボラックを得る方法などが提案されている[10]。しかしながら,等モルアルカリ下でのメチロール体化反応から酸触媒反応への切り替えに伴う廃塩廃水,反応工程の複雑化,収率の問題など工業化は極めて困難であった。

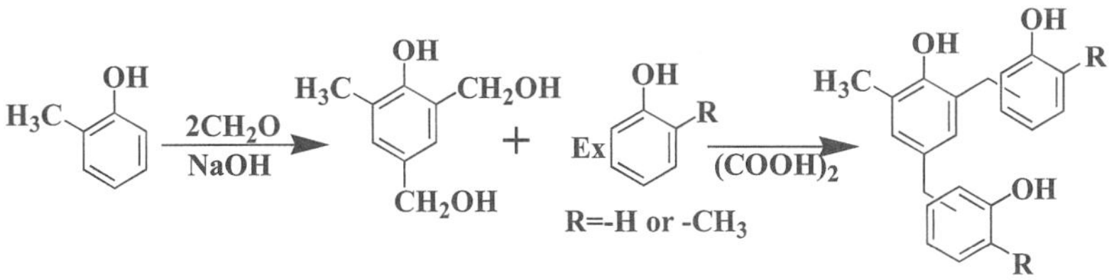

図6 ステップワイズ法特殊ノボラック

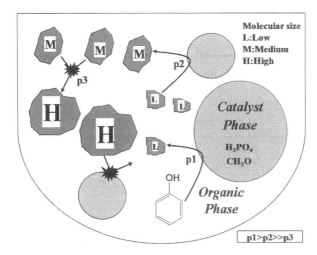

図7 PAPS（相間移動）反応の概念

(2) PAPS樹脂シリーズ

旭有機材工業㈱では，このような問題に鑑み検討を重ねてきた結果，大量の無機酸を用いて有機相（フェノール相）と触媒相とを分離させ，反応初期より不均一状態を作り，低分子量成分を優先的に相関移動させることにより，分子量分布が集約されたノボラック樹脂が容易に得られることを見出し，無機酸の中でもリン酸が特に有効であることに注目し，この反応をリン酸相分離反応，得られる樹脂をPAPS（Phenolic Advanced Polymer Synthesis）樹脂と名付けた。

リン酸相分離反応によるプロセスのイメージを図7に示す。本プロセスでは，フェノールモノマー類，続いてダイマー類，さらに低分子量体と逐次優先的に反応消費されていくため，反応終了時にアルデヒド類のみならずフェノールモノマー類までも樹脂転化率がほぼ100%となり，従来の製法で必要とされていた反応終了時の脱モノマー工程と回収工程が不要となる。また，本反応におけるフェノール類およびフェノール縮合物類の触媒相内外への溶出と抽出量に与えると予想される種々の反応条件（原料配合比，溶剤，温度，撹拌，原料チャージ法など）を制御することにより，得られるノボラック樹脂の分子量とその分布幅およびダイマー量のコントロールを可

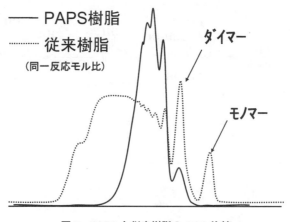

図8 PAPSと従来樹脂のGPC比較

表3 PAPSと従来樹脂の特性比較

	数平均分子量 Mn (−)	重量平均分子量 Mw (−)	分散度 Mw/Mn (−)	Dimer量 GPC面積 %	Ball & Ring法 軟化点 ℃	溶融粘度 at 150℃ Pa·s
PAPS樹脂	615	720	1.17	6	83	0.21
従来樹脂	631	2028	3.22	12	85	0.97

能にした[11, 12]。

図8に同一For/Phenol仕込みモル比でのPAPS樹脂と従来ノボラック樹脂のGPCチャートを表3にその樹脂特性を比較して示した。これらの結果から，PAPS樹脂は高分子量成分が少ないことによって，同じ軟化点の従来ノボラック樹脂と比較して低粘度化されて流動性に優れ，フィラーを高充填できる可能性が示唆される[13]。また，硬化物の耐熱性を阻害するダイマー成分も，除去操作を行うことなく，反応そのものによって十分に抑制されている。

さらに，図9に示したようにPAPS樹脂は従来樹脂よりも高いパラ配向性を示すこと，しかも，3置換フェノールユニットが非常に少なく，直線性の良い分子であることを，プロトンおよびC^{13}-NMR分析により明らかにした。その樹脂構造はメチレン鎖のパラ配向性が非常に高く，また分岐構造も少ないという，従来のノボラック樹脂とは際だって異なる特徴を有している。大雑把にいえば，パラ-パラ体のメチレンビスフェノールがメチレン鎖でリニアに繋がった構造といえる。従って，エポキシ樹脂の原料として用いた場合にはエピクロルヒドリンとの反応がスムーズに起こり，しかも，高分子量体が少ないのでエポキシ化時の副反応によるゲル化物生成も抑制される。また，硬化剤として用いた場合もフェノール水酸基が比較的立体障害を受けにくいの

第1章 半導体封止

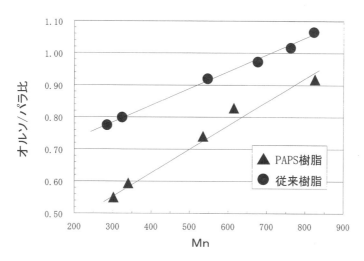

図9 PAPSと従来樹脂のフェノール核間結合様式比較

で，エポキシ基との反応にも比較的有利であるものと期待される。

2.3.6 まとめ

半導体封止技術の進歩は日進月歩であり，用いられるエポキシ樹脂の前駆体および硬化剤としての新規高性能フェノール樹脂の開発に対する期待は大きい。今後は性能面に加えて，環境負荷やリサイクル面からの要求も考慮した材料設計が，より重要になってくるものと思われる[14]。

特に，フェノール類の核間を繋ぐリンケージとしてホルムアルデヒド由来以外の構造を有し，性能面でも優れた新規ノボラック樹脂の提案に期待が寄せられている。

文　　献

1) A. Knop, L. A. Pilato, フェノール樹脂, ㈱プラスチック・エージ（1987）
2) 松本明博, フェノール樹脂の合成・硬化・強靭化および応用, ㈱アイ・ピー・シー, p.1（2000）
3) 長谷川喜一, 総説エポキシ樹脂, エポキシ樹脂技術協会, 基礎編Ⅰ, p.261（2003）
4) M. Ogata *et al., J. Appl. Polym Sci.,* **48**, 583（1993）
5) 中村正志, 松下電工技報, **54**(3), 13（2006）
6) 竹田敏郎, 総説エポキシ樹脂, エポキシ樹脂技術協会, 応用編Ⅰ, p.142（2003）
7) 竹田敏郎, 総説エポキシ樹脂, エポキシ樹脂技術協会, 応用編Ⅰ, p.142-143（2003）
8) 岡部勝彦ほか, 総説エポキシ樹脂, エポキシ樹脂技術協会, 基礎編Ⅰ, p.180-183（2003）

9) 竹田敏郎, 総説エポキシ樹脂, エポキシ樹脂技術協会, 応用編Ⅰ, p.144 (2003)
10) 荒川化学工業㈱, 特開平9-124759
11) 田上昇, 竹原聡, 篠原寛文, 横山源二, 稲冨茂樹, 科学と工業, **77**(10), 525 (2003)
12) 田上昇, 竹原聡, 篠原寛文, 横山源二, 稲冨茂樹, ネットワークポリマー, **25**(2), 28 (2004)
13) 旭有機材工業㈱, 特開 2005-097535
14) 岡部勝彦ほか, 総説エポキシ樹脂, エポキシ樹脂技術協会, 基礎編Ⅰ, p.184 (2003)

2.4 硬化促進剤

大橋賢治*

2.4.1 はじめに

エポキシ樹脂の硬化促進剤は，主にリン系と窒素系があり，図1のような化合物タイプが知られている。硬化促進剤がエポキシ樹脂組成物中に占める比率はわずかだが，用いる硬化促進剤のタイプの違いによる硬化特性への影響は大きく，硬化物の物性，信頼性などを変化させるため，使用場面によって使い分けがされている。このうち，「半導体封止」についてはリン系が用いられることが多い。その理由は硬化後の高い電気的信頼性[1,2]にある。一方，窒素系の硬化促進剤であるイミダゾール類を用いれば，高いガラス転移温度の硬化物が得られる[3]という特徴がある。

ここではリン系硬化促進剤を中心に，樹脂その他材料に対しての挙動について述べる。

2.4.2 半導体封止材料の構成と硬化促進剤の特徴

一般的な半導体封止材料の配合例を表1[4]に示す。

(1) リン系 ─┬─ 3級ホスフィン（トリフェニルホスフィンなど）
　　　　　　└─ 4級ホスホニウム塩（TPP-K など）

(2) 窒素系 ─┬─ DBU, DBN
　　　　　　├─ イミダゾール化合物
　　　　　　└─ ジシアンジアミド

図1　主な硬化促進剤の分類

表1　半導体封止材料の配合例

成分	配合比率（wt%）	種類，目的など
フィラー	70～85	シリカ，アルミナなど無機成分
エポキシ樹脂	10～15	ビスA型，クレゾノボ型，ビフェニル型など
硬化剤	5～7	フェノール樹脂系のほか，酸無水物など
難燃剤	1～4	Sb_2O_3や臭素化エポキシ樹脂など
硬化促進剤	＜1	有機リン系かイミダゾール系など
イオントラッピング剤	＜2	フィラーから出るα線のトラップ目的
カップリング剤	＜2	フィラーと樹脂のなじみをよくする目的
着色剤	＜1	真っ黒くしないと刻印できない
離型剤	＜1	金型から外すために不可欠（ワックス）

＊　Kenji Oohashi　北興化学工業㈱　化成品研究所　合成研究部　チームマネージャー

表2 リン系硬化とイミダゾール系硬化の相違

	硬化促進能力	硬化物耐熱性（T_g）	硬化物信頼性	潜在性
リン系	○	△	◎	△〜◎
イミダゾール系	◎	◎	○	△〜◎

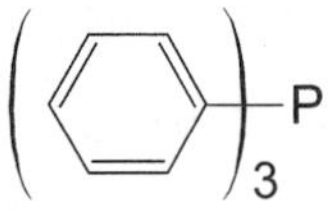

図2 トリフェニルホスフィン（TPP）

図3 エポキシ化合物とトリフェニルホスフィンとの反応

最近の封止材料は実際には30種類にも及ぶ成分から構成されており，硬化促進剤はその1成分に過ぎないが，添加しなければ硬化性は極めて遅く必須の成分である。主要な硬化促進剤であるリン系とイミダゾール系に関しての特性の比較を表2に示す。

これらは，一般的な傾向であり実際には様々な樹脂系や使用場面に応じての選択が必要である。

2.4.3 リン系硬化促進剤

(1) トリアリールホスフィン

代表的な化合物として，トリフェニルホスフィン（TPP）が挙げられる（図2）。トリフェニルホスフィンの用途は大半が有機合成のウィッティッヒ反応用であるが，硬化促進剤として有効であることも古くから知られている[5]。また，近年では促進能力の強いタイプとして，メチル基，メトキシ基などの置換基がついたタイプ[6] も検討されている。

エポキシ樹脂の硬化に関しては，イミダゾール系のようなエポキシ樹脂のみを硬化させる能力はなく，エポキシ樹脂にトリフェニルホスフィンのみを添加した場合は，図3のようにトリフェニルホスフィンが容易に酸化されてしまい，エポキシは同時にアリルエーテルとなる。トリアリールホスフィンが硬化促進剤として機能するのは，フェノール樹脂のような硬化剤との組み合わせの場合である。トリアリールホスフィンによる硬化促進は，自身の酸化との競争反応でもあり，ゲル化は速いが最終的な硬化力は強くない。

(2) テトラアリールホスホニウム化合物

ホスホニウム系硬化促進剤の代表例を表3に示す。

第1章 半導体封止

表3 ホスホニウム系硬化促進剤の構造

化学名	構造式
テトラフェニルホスホニウムテトラフェニルボレート（TPP-K）	$\left(\bigcirc\right)_4 P B \left(\bigcirc\right)_4$
テトラフェニルホスホニウムテトラパラメチルフェニルボレート（TPP-MK）	$\left(\bigcirc\right)_4 P B \left(\bigcirc-CH_3\right)_4$
テトラフェニルホスホニウムチオシアネート（TPP-SCN）	$\left(\bigcirc\right)_4 P^+ {}^-SCN$

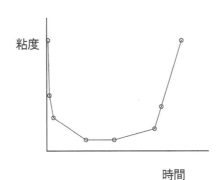

図4 鍋底型の反応

　ホスホニウム系はトリアリールホスフィン類と異なり自己酸化されないため，基本的には硬化力が強いが，アニオン部の変更により触媒活性は大幅に変わる。

① テトラフェニルホスホニウムテトラフェニルボレート（TPP-K）

　半導体封止材用として古くから知られている[7]。そのままでも硬化促進剤として機能するが，促進能力が弱いため，一般に硬化剤のフェノール樹脂と200℃程度で反応させてから使用されている[8〜10]。樹脂への溶解性は低い。

② テトラフェニルホスホニウムテトラパラメチルフェニルボレート（TPP-MK）

　TPP-MKはTPP-Kよりも樹脂への溶解性に優れ，毒性が高いベンゼンが出る心配もない[11]。また，TPP-Kとは異なり，硬化剤と反応させることなく潜在性硬化促進剤としても有効である[12]。

③ テトラフェニルホスホニウムチオシアネート（TPP-SCN）

　TPP-SCNは，硬化反応時の低粘度時間の長期化と一定温度に加熱後の急速硬化との両立が実

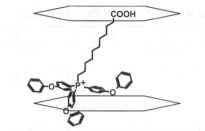

図5 ホスホニウム有機化クレイ

現可能(鍋底型の反応:図4)な硬化促進剤である[13]。また、ジシアンジアミド硬化の硬化促進剤としても有効である。

④ ホスホニウム有機化クレイ

新たな試みとして、低熱膨張、高T_gおよび難燃性の機能向上能力と硬化促進能力を併せ持ったフィラー兼硬化促進剤としてのホスホニウム有機化クレイの研究が進められている[14]。層状粘土の層間に存在するホスホニウムがエポキシ樹脂硬化促進剤として作用することによる、ハイブリッド材料としての機能付与が報告されている。

上記した機能向上と硬化促進能力は、粘土の層間拡張と樹脂へのホスホニウム有機化クレイの親和性が重要である。例えば図5に示す10-カルボキシデシルトリス(4-フェノキシフェニル)ホスホニウム-ベンゲルAを用いた場合は機能向上と硬化促進が確認されているが、テトラフェニルホスホニウム-ベンゲルAを用いた場合は、それらの効果は得られない。

図5のホスホニウム有機化クレイを樹脂全体に5.0あるいは7.0wt%添加した場合の熱膨張率の低減効果を図6に示す。別途、硬化促進剤としてTPPを添加した場合、機能向上は期待できない。

今後は、さらなる機能向上と実際的な使用場面の開発が期待される。

2.4.4 窒素系硬化促進剤

(1) イミダゾール系化合物[15]

2-エチル-4-メチルイミダゾール(2E4MZ)などのイミダゾール類(表4)は、エポキシ樹脂の硬化剤として用いられているが、硬化促進剤としても古くから知られており、フェノール樹脂や酸無水物、ジシアンジアミドの硬化促進剤として使用されている。

硬化促進剤として使用した場合は、有機リン系と比べて得られる硬化物のT_gが高い、硬化力が強いなどの特徴がある。また、リン系硬化促進剤と同様に置換基をアレンジすることにより触媒としての活性などを変化させることも可能である。

第1章 半導体封止

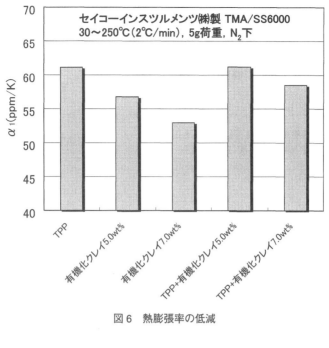

図6 熱膨張率の低減

表4 イミダゾール系硬化促進剤の構造

化学名	構造式
2-エチル-4-メチルイミダゾール（2E4MZ）	
1-(2-シアノエチル)-2-エチル-4-メチルイミダゾール（2E4MZ-CN）	
2,3-ジヒドロ-1H-ピロロ [1,2-a] ベンズイミダゾール（TBZ）	

　例えば，2E4MZ の1位をシアノエチル化（2E4MZ-CN）することにより，ポットライフの向上や硬化物の T_g が高くなる傾向が知られている。

　一方，一般にイミダゾール系硬化促進剤を用いた場合はエポキシ樹脂構造中に残存しているクロライドを引き抜き，信頼性に問題があるとの指摘もある。最近は，この欠点を改善したタイプ（TBZ）があり，硬化樹脂から抽出されるイオン性不純物量は，トリフェニルホスフィンを使用した場合と同程度とされている。

表5　DBU系硬化促進剤の構造

化学名	構造式
1,8-ジアザビシクロ［5.4.0］ウンデセン-7（DBU）	
1,5-ジアザビシクロ［4.3.0］ノネン-5-テトラフェニルボレート（DBN-K）	

(2) イミダゾール化合物の潜在化

ポットライフの改善のために，トリメリット酸やイソシアヌル酸との付加塩にして潜在性を付与したタイプが市販されている。また，2E4MZとフェニルグリシジルエーテルの1：1付加物の銅錯体が優れた潜在性を示すことが知られている[16]。その他，物理的な潜在化手法として，イミダゾール化合物とエポキシ樹脂のアダクトをイソシアネートの皮膜でカプセル化した「マイクロカプセル型硬化促進剤」が実用化されている[17]。

(3) DBU，DBN

DBUは有機合成反応の触媒として用いられるほか，ウレタンの硬化触媒，ゴム用架橋触媒，エポキシ樹脂の硬化促進剤としても有効である。エポキシ樹脂の硬化促進剤として使用した場合，得られる硬化物は電気的信頼性に優れている[18]。誘導体も多く市販されており，カルボン酸塩は無色透明硬化用に，フェノール樹脂塩は半導体封止材用に用いられている。またDBUより塩基性が高い類似化合物としてDBNがある。DBNはDBUよりもエポキシ樹脂の硬化促進能力が高く，またT_gの高い硬化物が得られる。DBNもフェノール樹脂塩が市販されているが，テトラフェニルボレート塩にして硬化促進作用を潜在化したタイプも知られている[19]（表5）。なお，DBUやDBNは常温で液体であるが，テトラフェニルボレート塩は固体（融点245℃）である。

2.4.5 硬化促進剤と他材料との相互作用

硬化促進剤の促進能力が使用場面により低下することがある。原因は，他材料と硬化促進剤が結合する場合が多い。特にトリフェニルホスフィンは，樹脂中の構造によっては付加する場合があり，またシリカフィラーの表面のほか，金属水酸化物とも結合し得る。その場合は活性が低下してしまい，使用に適さないケースもあるが，シリカフィラーの場合は表面をカップリング処理することにより，活性低下を抑えることが可能である[20]。

また樹脂との相性もありホスホニウム塩の場合，液状フェノール樹脂であるアリル型フェノール樹脂を硬化剤とした場合は，硬化挙動が一定しないケースがあり，2-アリルフェノール構造が

第 1 章　半導体封止

表 6　エポキシ樹脂硬化促進剤と金属材質の関係（表中数値はゲルタイム）

硬化促進剤		黄銅（Cu＋Zn）	Cu 板	Al 板
TPP-MK	0.3g	148	133	387
TPP	0.1g	120	153	136
EMZ-K	0.3g	132	142	288

【実験に用いた試料】
　液状エポキシ樹脂：エピコート 828（EE：188）ジャパンエポキシレジン㈱製
　酸無水物：MEH-700（メチルヘキサヒドロ無水フタル酸）新日本理化㈱製
【ゲルタイムの測定】
　上記配合に各硬化促進剤を加え，加熱均一化，冷却後に熱板法：150℃でゲルタイム（秒）を測定。また，熱板の上に Cu あるいは Al の板を置き，表面が 150℃になるように調整して同様にゲルタイムを測定。

EMZ-K　　　　　　　TPP-MK

ホスホニウム塩と反応すると考えられている[13]。

　そのほか，ボレート塩を使用した場合は金属アルミ上では活性が低下するが，ここではそのケースについて概説する。

　表 6 に示すように，TPP を使用した場合は黄銅上，銅上，アルミ上のいずれでもゲルタイム（秒）は大差ないが，ボレート塩の場合はアルミ上では大幅に硬化が遅くなる。同族元素であるアルミとホウ素で，なんらかの相互作用が生じているものと思われる。

　これらの例にあるように，材料同士の相性は試してみないとわからないことが多く，多成分を配合する樹脂組成物において材料を変更する場合は，様々な視点からの検証が必要である。

文　　　献

1) 石川欣造ほか，最新高分子材料・技術総覧，p.135，産業技術サービスセンター（1988）
2) ㈱日立製作所，特公平 6-48710
3) 池田雄一ほか，総説エポキシ樹脂 第 1 巻基礎編Ⅰ，p.151，エポキシ樹脂技術協会（2003）
4) 高須信孝，総説エポキシ樹脂 第 3 巻応用編Ⅰ，p.134，エポキシ樹脂技術協会（2003）
5) ザ・デクスター・コーポレーション，特公昭 47-14148
6) 京セラケミカル㈱，特許第 3842258

7) ㈱日立製作所，日立化成工業㈱，特公昭 53-13239
8) ㈱日立製作所，日立化成工業㈱，特公昭 56-45491
9) 東レ㈱，特開平 10-251383
10) 松下電工㈱，特開 2001-151863
11) 北興化学工業㈱，特開 2003-292581
12) 北興化学工業㈱，特開 2003-20326
13) 大橋賢治，エポキシ樹脂の配合設計と高機能化，p.70，サイエンス&テクノロジー（2008）
14) 齋藤恵司，長谷川喜一ほか，ネットワークポリマー，p.69，合成樹脂工業協会（2009）
15) 溝部昇，エポキシ樹脂の配合設計と高機能化，p.64，サイエンス&テクノロジー（2008）
16) John M. Barton *et al., Polymer Bulletin,* **33**, 347（1994）
17) 新井雄史ほか，*JETI*, **53**(9)，100（2005）
18) サンアプロ㈱ホームページ
19) 北興化学工業㈱，特開 2003-342354
20) 大橋賢治，最新半導体・LED における封止技術大全集，p.196，技術情報協会（2006）

3 液状封止材／アンダーフィル材

尾形正次*

3.1 はじめに

　液状封止材による半導体の樹脂封止は比較的安価な設備で行なうことができ，実装形態の多様化への対応が容易，少量多品種生産に向くなどの特徴がある。そのため，液状封止材は時計，電卓，カメラ，体温計などに組み込むモジュールやハイブリッドIC，ICカードなどの基板に搭載されたベアチップ（COB；Chip on Board）の封止に古くから用いられてきた[1]。ベアチップと基板の電気的接続にはワイヤボンディング，TAB（Tape Automated Bonding），フリップチップ接続の三方式がある。ワイヤボンディングおよびTAB方式では液状封止材をチップ表面および接合部にコートし，フリップチップ接続の場合はチップと基板の隙間に液状封止材をアンダーフィル材として含浸させチップおよび接合部の保護・補強を行なってきた。その後，半導体の高集積度化，高速化，高性能化，高密度実装化などが進むにつれベアチップ実装技術はパッケージ単体を製造する技術としても応用されるようになった。特にTAB方式は液晶表示パネル駆動用ICのパッケージTCP（Tape Carrier Package）の製造に広く用いられるようになった。また，最近はリードフレームの代わりにセラミックス，ガラス／エポキシ，ポリイミドなどの基板を用い，これにチップを搭載した各種CSP（Chip Size Package）や複数のチップを単一パッケージに搭載するSIP（System in Package），MCP（Multi-Chip Package），MCM（Multi-Chip Module）が開発されている[2]。さらに，再配線，端子形成を行なったウエハを直接樹脂封止し，それを個片化して得られるリアルチップサイズのウエハレベルCSPも開発されている[3]。液状封止材はこれらの新規パッケージにも適用範囲が拡大している（図1）。本節では最近の液状封止材の開発動向を紹介する。

3.2 液状封止材の基本組成

　液状封止材には熱硬化／熱可塑性，溶剤／無溶剤，一液／二液など様々なタイプがある。ベース樹脂は主流のエポキシ樹脂のほかにフェノール樹脂，シリコーン樹脂，ポリイミド樹脂などの熱硬化性樹脂，エポキシアクリレートのような紫外線硬化性樹脂，芳香族ポリアミド樹脂のような耐熱性の熱可塑性樹脂などが用いられている。表1に代表的なエポキシ樹脂系液状封止材の基本組成を示す。無溶剤タイプには通常樹脂成分として常温で液状のビスフェノールA型エポキシ樹脂やビスフェノールF型エポキシ樹脂が用いられる。硬化剤はこれまで無水酸系化合物が広く用いられてきたが，最近は耐湿性や耐リフロー性，反りなどの改善を目的として液状の芳香

---

*　Masatsugu Ogata　元 日立化成工業㈱　半導体材料事業部　副技師長

高機能デバイス封止技術と最先端材料

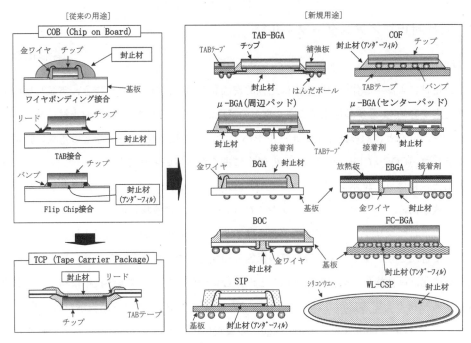

図1 液状封止材を用いる実装およびパッケージ形態

族アミンやフェノール樹脂も用いられている。溶剤タイプは使用する樹脂成分の粘度に余り制約がないため固形のエポキシ樹脂や硬化剤も用いられている。熱応力特性を改善するため可撓化剤として可撓性エポキシ樹脂やゴム粒子も用いられている。液状封止材は常温付近でも硬化反応が進行し易くポットライフが短いのが難点である。硬化反応の進行をできるだけ遅くするため潜在性硬化促進剤が使われるが，それでも十分なポットライフは得られていない。そのため冷凍保管および輸送が行なわれているが，解凍後は温度管理を厳密に行なう必要がある。液状封止材は固形封止材に比べると粘度が低いためにフィラの沈降がしばしば問題になる。フィラの沈降速度はフィラ粒径や封止材の粘度に大きく依存するため，フィラの平均粒径を細かくする，揺変性（チキソトロピック性）を付与するなどして沈降速度を遅くする工夫がなされている。そのほか液状封止材には必要に応じて界面活性剤，レベリング剤，消泡剤などを配合し濡れ広がり性やボイド，硬化物の外観などの改善が図られている。液状封止材はチップ一個当りの使用量が少なく，パッケージまたは製品として難燃性を満せば良い場合が多く，難燃性はさほど厳しく要求されない。難燃化が必要な場合は臭素化エポキシ樹脂，酸化アンチモン，金属水和物などの難燃化剤が使用される。

液状封止材の製造は通常擂潰機，ロール，プラネタリミキサーなどを用いて行なわれる。製品はシリンジやボトルに充填して提供される。封止方法にはキャスティング法，ポッティング法，

第1章　半導体封止

表1　液状封止材の基本組成

素材		化合物名	使用目的	重量%
エポキシ樹脂		ビスフェノールA型エポキシ樹脂 ビスフェノールF型エポキシ樹脂 ビスフェノールA/D型エポキシ樹脂 o-クレゾールノボラック型エポキシ樹脂 ビフェニル型エポキシ樹脂，ほか	成形性，電気，機械，熱的性質などの基本特性の付与	10～40
硬化剤		酸無水物，アミン，フェノールノボラック樹脂		
硬化促進剤		含窒素化合物，リン化合物，ほか	硬化反応の促進	＜1
可撓化剤		ブタジエン系ゴム，アクリル系ゴム，シリコーン系ゴム，柔軟性エポキシ樹脂，ほか	可撓性付与，弾性率の低減	＜5
充填剤（フィラ）		溶融シリカ，結晶性シリカ，アルミナ，ほか	熱膨張係数，熱伝導率，機械強度などの調整	60～90
カップリング剤		エポキシシラン，アミノシラン，チタネート，アルミキレート，ジルコアルミネート	樹脂／充填剤界面の濡れ，接着性の改良	＜1
難燃化剤		臭素化エポキシ樹脂，酸化アンチモン，金属水和物，ほか	難燃性の付与	＜1
着色剤		カーボンブラック，染料	着色（遮光性の付与）	＜1
その他	揺変性付与剤	無機微粒子，ポリカルボン酸アマイド，ほか	形状保持性，印刷性の付与	＜1
	イオン捕捉剤	アンチモン／ビスマスの含水酸化物，ほか	イオン性不純物の捕捉	＜1
	界面活性剤	変性ポリシロキサン，アクリル系共重合物，高沸点芳香族ケトン／エステル類，ほか	濡れ性の改善	＜1
	レベリング剤		硬化後の外観改善	＜1
	消泡剤		ボイド低減	＜1
	反応性希釈剤	アルキルモノ（またはジ）グリシジルエーテル，ほか	低粘度化	＜5
	溶剤	ガンマブチルラクトン，ジプロピレングリコールモノメチルエーテル，ほか	低粘度化	－

ディッピング法，ディスペンス法，印刷法など種々の方法があるが，ディスペンス法および印刷法が広く用いられている。

3.3　新規パッケージ用エポキシ樹脂系液状封止材の開発動向

　液状封止材はCOB, TCPから新規パッケージ（CSP）へと適用範囲が拡大している。ここでは，ワイヤボンディング，TAB，フリップチップ接合技術を用いた各種パッケージおよび樹脂封止型ウエハレベルCSP用液状封止材の開発動向を紹介する。

3.3.1 ワイヤボンディング型パッケージ用液状封止材

ワイヤボンディング型パッケージは基板に搭載したチップと基板の電極間を金ワイヤで接続したパッケージで既存のインフラをそのまま使えるため，BGA, Tape-BGA, EBGA, BOC（Board on Chip）など種々のパッケージがある。これらのパッケージは通常液状封止材を用いたディスペンス法や印刷法によって封止が行なわれている（生産量が増えると生産性が高い固形封止材を用いたトランスファ成形に移行することが多い）。基板はセラミックス，ガラス／エポキシ，ポリイミドなど様々な材料が用いられ，封止はチップが搭載された基板の片面のみが行なわれる。チップの多ピン化や大型化が進み，しかも，複数のチップを基板に並べて搭載し一括封止した後個片化する方式が広く採用されているため封止面積が広くなる傾向がある。さらに，環境対応の一環として鉛フリーはんだが採用されるようになり，リフロー温度が高くなっている。そのため封止材には封止作業性，形状保持性，ワイヤ下およびワイヤ間への充填性，接着性，低反り，高温耐リフロー性や耐湿性，耐熱衝撃性などがより厳しく要求されている。従来COB用オーバーコート材には無水酸硬化型エポキシ樹脂が広く用いられてきたが，耐湿性や高温耐リフロー性などが必ずしも十分ではなかった。そのため，最近は硬化剤として液状芳香族アミンやフェノール樹脂を用い材料，可撓性エポキシ樹脂やゴム粒子などの可撓化剤を用いた低弾性率材，球形フィラを高充填した低熱膨張率材など用途に応じて様々な材料が開発されている。表2に代表的な材料の特性例を，図2にアミンおよび無水酸硬化系材料のソルダレジストおよび感光性ポリイミドに対する耐湿接着性を示す。アミン硬化系材料は加湿（135℃/85% RH/200h）後も高い接着力を維持しているのに対し，無水酸硬化系材料は接着力の著しい低下が生じている。無水酸硬化系材料は硬化樹脂中のエステル結合が加水分解し易いため強度低下が起こると考えられる。

3.3.2 TAB型パッケージ用液状封止材

TAB技術を応用したパッケージには，TCPのほかにTAB-BGA，μ-BGAなどがある。ここではTCPおよびμ-BGA用液状封止材について述べる。

TCPはTABテープ（ポリイミド基板）のデバイスホール内に形成されたインナーリードとチップの電極を接続し，チップ表面と接合部を樹脂封止したもので多ピン，薄型対応のパッケージである。実装基板への搭載はアウターリードを一括ボンディングして行なわれる。リール to リール生産が可能で，時計，電卓，カメラなどに使用するICの実装に古くから用いられてきた。このTCPの封止は無溶剤タイプの無水酸硬化型エポキシ樹脂系液状封止材をディスペンス法で分厚く塗って行なわれてきた（図3 (a)）。その後，TCPはサーマルヘッドや液晶表示パネル用ドライバICのパッケージとして用いられるようになり，パネルの額縁面積を小さくするためチップがスリム化され，多ピン化にともなってリードの狭ピッチ化が進み，実装時にパッケージを折り曲げて装置に組み込むようになると，TCP用液状封止材には成膜性，含浸性，形状保持性

第1章 半導体封止

表2 ワイヤボンディング型パッケージ用液状封止材特性例

項目		単位	BGA/カード用	BOC用	EBGA/モジュール用	備考
基本組成	樹脂系	−	無水酸硬化型エポキシ	アミン硬化型エポキシ		−
	フィラ含有量	wt%	83	86	75	−
粘度（25℃）		Pa·s	52	103	20	E型粘度計
揺変性		−	1.0	1.5	0.95	粘度比 ($\eta_{2.5rpm}/\eta_{10rpm}$)
硬化条件	予備加熱	℃/min	60〜80/10〜30	120/60	100/60	−
	本硬化	℃/h	150/3	160/2.5	160/2.5	−
ガラス転移温度		℃	145	105	15	TMA
線膨張係数（$\alpha 1$）		ppm/℃	10	11	21	
弾性率		GPa	21	21	2.4	DMA
接着力	ソルダーレジスト	MPa	43	29	20	剪断接着力
	ポリイミド膜		41	31	18	
抽出液特性	Cl$^-$	ppm	1.0	3.0	3.5	純水による121℃/20h抽出液の特性
	pH	−	3.3	3.6	4.2	
	電気伝導度	μS/cm	61	120	40	

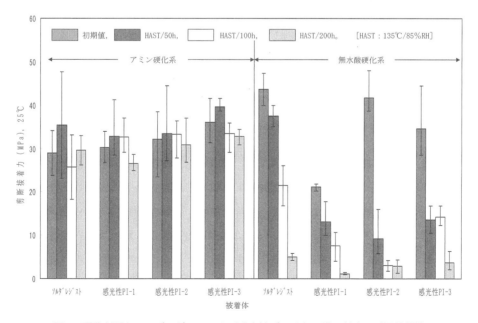

図2 硬化剤種とソルダレジストおよび感光性ポリイミド膜に対する耐湿接着性

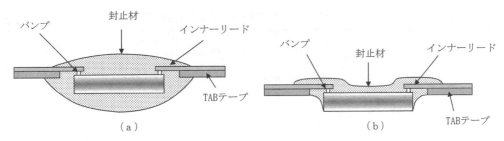

図3　TCP封止形態

表3　TCP用液状封止材の特性例

項目		単位	汎用タイプ	速乾／速硬化タイプ	備考
基本組成	樹脂系	-	フェノール樹脂硬化型エポキシ		-
	フィラ含有量	wt%	77	70	固形分中濃度
	溶剤含有量	wt%	21	15	-
粘度（25℃）		Pa·s	3.0	3.1	E型粘度計
揺変指数		-	1.15	1.14	粘度比（η_{2rpm}/η_{20rpm}）
硬化条件	予備硬化	℃/min	90〜110/15〜30	60/30	
	本硬化	℃/h	120/4 または 150/2	120/0.5	-
ガラス転移温度		℃	104	92	TMA
線膨張係数（$\alpha1$）		ppm/℃	19	24	
曲げ弾性率		GPa	12	12	JIS K-6911
接着力（ピール強度）		N/m	140	140	75μm ユーピレックス
抽出液特性	Cl^-	ppm	1.0	1.2	純水による100℃/20h 抽出液の特性
	pH	-	6.3	3.8	
	電気伝導度	μS/cm	40	40	

などの成形性，速乾速硬化性，折り曲げ実装性（接着性，強靭性），信頼性などがより厳しく要求されるようになった。そこで，固形封止材に用いられているフェノールノボラック樹脂硬化型エポキシ樹脂を有機溶剤に溶かしたものをベース樹脂として用いた溶剤タイプの液状封止材が開発された。これをディスペンス法でチップ表面および接合部に100μm前後の厚さに塗布（図3（b））することにより上記要求に応えることが可能になり，これが次第にTCP用液状封止材の主流になった。表3にTCP用液状封止材の特性例を示す。TCP用液状封止材はその後高信頼化のための様々な改良が加えられ，PDP（Plasma Display Panel）のドライバIC用TCPのほか，積層TCP型メモリモジュールやロジック，マイコンを搭載したTAB-BGAなどにも採用され

第1章 半導体封止

表4 μ-BGA用液状封止材の特性例

項目		単位	エポキシ系	シリコーン系	備考
フィラ含有量		wt%	70	0	−
粘度（25℃）		Pa·s	50	30	E型粘度計
揺変指数		−	1.61	−	粘度比（η_{2rpm}/η_{20rpm}）
硬化条件	予備加熱	℃/min	100/60	100/60	−
	本硬化	℃/h	150/3	150/0.5～1	−
ガラス転移温度		℃	−63/65	−109/−51	TMA（*−50～150℃の平均値）
線膨張係数（$\alpha 1$）*		ppm/℃	133	253	
弾性率		MPa	50	2	DMA
吸湿率		wt%	0.34	0.05	85℃/85%RH/168h
接着力	初期	N/m	1000	1000	75μmユーピレックスに対する90°ピール試験
	PCT/96h後		550	200	
抽出液特性	Cl⁻	ppm	< 10	3.3	純水による121℃/20h抽出液の特性
	pH	−	5.6	4.6	
	電気伝導度	μS/cm	110	11	

るようになった。

　μ-BGA（米国 TESSERA 社の登録商標）はチップとインターポーザを接着剤で接着し，チップ上の電極とインターポーザに形成されたリードをバンプを介して接続，接合部を樹脂封止する高速デバイス用のパッケージである[4]。実装基板への搭載はインターポーザの電極部に形成したバンプを介して行なわれる。このパッケージの特徴はチップとインターポーザの接着およびリード接合部の封止に超低弾性率の材料を用い，それによってチップと実装基板の熱膨張係数のミスマッチによって発生する応力を緩和して接続信頼性を高めようとするものである。接着剤および封止材にはシリコーン系材料が推奨されていた。このμ-BGAは，チップが大型化し，パッドが周辺配置からセンター配置になるとリードの温度サイクル寿命に問題が生じるようになった。応力解析の結果，シリコーン系封止材の熱膨張係数が大きい（270ppm/℃）ことが原因であり，接着剤および封止材の最適物性は弾性率が1GPa以下，熱膨張係数が200ppm/℃以下と推定された[5]。従来このような低弾性率エポキシ樹脂系封止材は存在しなかったが，逆海島構造，つまりゴム成分が形成する海層にエポキシ樹脂を島状に分散させた構造の樹脂およびこれをベース樹脂として用いた低弾性率液状封止材が開発された（表4）。開発材はシリコーン系封止材と比べると低温領域の弾性率は若干大きいが，通常のエポキシ樹脂系封止材に比べると極めて小さく，熱膨張係数はシリコーン系封止材の1/2以下である。同時に開発した非シリコーン系接着剤と組み

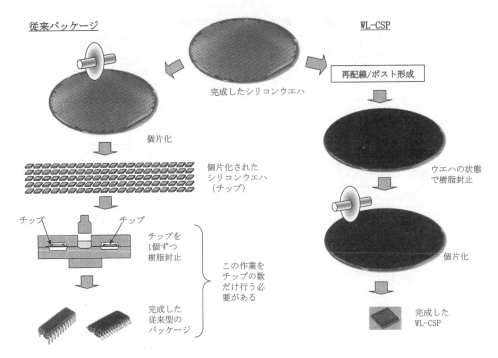

図4 従来型パッケージと樹脂封止型ウエハレベル CSP の製造プロセスの比較

合わせることによって，μ-BGA の耐温度サイクル性は大幅に改善され，耐はんだリフロー性や耐湿信頼性も良好なことが確認されている。

3.3.3 ウエハレベル CSP 用液状封止材

ウエハレベル CSP はその構造や製造法によって様々なタイプがあるが，回路を形成したウエハ表面に再配線，電極形成を行ない，必要に応じて樹脂封止および電極上にバンプ形成を行なった後個片化して得られるリアルチップサイズのパッケージである。個片化したチップを一個ずつ封止していた従来型パッケージに比べるとウエハの状態で封止を行なうので製造プロセスの大幅な合理化を図ることができる（図4）。ここでは携帯電話，腕時計，デジカメなどの電源 IC やフラッシュメモリ用に量産が行なわれている樹脂封止型ウエハレベル CSP に使用されている印刷タイプの液状封止材について紹介する。

現在ウエハレベル CSP は主に 8 インチウエハを使って生産が行なわれている。ウエハレベル CSP の最大の課題は封止材を硬化した後に発生するウエハの反りである。反りが大きいとウエハの搬送や封止後の各種作業に支障をきたす。この反りは封止材を硬化した後の封止材とウエハの熱収縮量のミスマッチによって発生する熱応力に起因する。この熱応力（σ）は近似的に次式で表される。

第1章　半導体封止

表5　ウエハレベルCSP用液状封止材の特性例

項目		単位	印刷封止用	備考
基本組成	樹脂系	−	アミン硬化型エポキシ	−
	可撓化剤	−	ゴム粒子	粒子径：0.1～3μm
	フィラ含有量	wt%	86	−
	溶剤含有量	wt%	4	−
粘度（25℃）		Pa・s	53	E型粘度計
揺変指数		−	1.0	粘度比（η_{1rpm}/η_{5rpm}）
硬化条件		℃/h	130/1＋180/3	
ガラス転移温度		℃	101/138	TMA/DMA
線膨張係数（α1)/(α2)		ppm/℃	7/37	TMA
弾性率（25℃）		GPa	15.7	DMA
接着力	Al箔	N/m	650	90°ピール強度
	ポリイミド膜	MPa	18	剪断接着力
抽出液特性	Cl^-	ppm	4.0	純水による121℃/20h抽出液の特性
	pH	−	3.4	
	電気伝導度	μS/cm	185	

$$\sigma = \int_{T_g}^{T} E(T)(\alpha_c(T) - \alpha_w(T))dT \tag{1}$$

ここで，$\alpha_c(T)$は封止材の熱膨張係数，$\alpha_w(T)$はウエハの熱膨張係数，E(T)は封止材の弾性率，T_gは封止材のガラス転移温度，Tは温度を示す。そのため，反りを小さくするには封止材の熱膨張量をシリコンウエハに合わせるか，封止材の弾性率およびガラス転移温度（T_g）を下げる必要がある。しかし，極端な低T_g化は封止材の耐熱性や耐リフロー性を低下させる恐れがあり，超低弾性率化はウエハを個片化する際のダイシング性，チップの保護機能や信頼性の確保に懸念がある。一方，フィラ高充填による封止材の低熱膨張率化にも限界があり封止材の熱収縮量をシリコンウエハに合わせることができない。現在はフィラ高充填による低熱膨張率化とゴム変性による低弾性率化および実害のない範囲での低T_g化を組み合わせた材料（表5）が実用化されているが，ウエハの大口径化に対応するためさらに反りが小さい材料の開発が進められている。

3.3.4　フリップチップ実装型パッケージ用アンダーフィル材

フリップチップ実装はチップの回路形成面を下に向け電極部に形成したバンプを介して基板と電気的接続を行なう実装方式である。配線長が短いため電気特性の向上が図れ，多ピン化対応

が容易で，実装密度が高いため，ロジック，マイコン，メモリなどを搭載したFC-BGA（Flip Chip BGA）や液晶表示パネル用ドライバICを搭載するCOF（Chip on FPC）などに採用されている。また，SIP（System in Package），MCM（Multi-Chip Module），MCP（Multi Chip Package）でも一部のチップをフリップチップ実装することがある。フリップチップ実装ではチップと接合部を保護，補強するため通常チップと基板の隙間にアンダーフィル材を含浸させている。含浸はチップの周辺にアンダーフィル材を滴下し毛細管現象により含浸させる方法が従来から採用されてきた。しかし，最近はトランスファ成形法やアンダーフィル材を基板表面に先に塗り付けまたは貼り付けておき，その上にチップを載せ，チップの接合とアンダーフィル材の硬化を同時に行なうNUF（Non-flow Under Fill）法が一部で実用化されている[6]。前述のウエハレベルCSPでは，ウエハの表面にアンダーフィル材をコートしてBステージ化し，分割したチップをマザーボードに実装する際アンダーフィル材を再溶融させチップの電気的接合とアンダーフィル材の硬化を同時に行なう方法も提案されている[7]。フリップチップ実装されたチップは基板と強固に接着されているため従来のはんだ接続した部品のように簡単にリワークすることができない。そこで，リペアが容易なリペアブルアンダーフィル材の開発も行なわれている[8]。このようにアンダーフィル方式は様々な展開を見せているが，ここではキャピラリフロー型のアンダーフィル材について紹介する。

キャピラリフロー型アンダーフィル材は狭い隙間に短時間で含浸し，ボイドやフィラ沈降がなく，各種基材との接着性が優れ，素子および接合部の信頼性を充分に確保できることが求められる。このようなアンダーフィル材には従来無水酸硬化型エポキシ樹脂が用いられてきた。しかし，最近は基板の多様化，チップサイズの大型化，多ピン化による狭ピッチ／狭ギャップ化，高集積度化や高性能化にともなう層間絶縁膜のlow K化などによりアンダーフィル材中に発生するボイド，硬化後の反りなどの改善や耐リフロー性，耐温度サイクル性などの向上がますます重要な課題になっている。そのためアンダーフィル材においても液状芳香族アミンやフェノール樹脂系硬化剤の使用，可撓性エポキシ樹脂やゴム粒子の配合，球形フィラの高充填などによる諸特性の改善が図られている（表6）。各種課題の中でアンダーフィル材の含浸速度（チップと基板の隙間に含浸し終わるまでの時間；t）は

$$t = 3\eta L^2 / h\gamma \cdot \cos\theta \qquad (2)$$

η：アンダーフィル材の粘度，L：含浸長，h：ギャップ，γ：表面張力，θ：表面張力

で表され，含浸時間を短くするためには粘度が低く，表面張力が大きく，接触角が小さい材料が好ましい。狭ピッチ／狭ギャップ化に対応するためフィラ粒子径は微細化の方向にあり，低熱膨

第1章 半導体封止

表6 各種アンダーフィル材の特性例

項目		単位	FC-BGA/CSP/WL-CSP用		COF用	備考
基本組成	樹脂硬化系	-	アミン硬化型エポキシ	無水酸硬化型エポキシ	無水酸硬化型エポキシ	-
	フィラ含有量	wt%	70 (1.0)	63 (4.0)	0	( )内平均粒径 μm
粘度（25℃）		Pa·s	6	12	0.6	E型粘度計
揺変指数		-	0.5	1.0	1.1	粘度比 (η_{2rpm}/η_{20rpm})
含浸温度		℃	90～130	70～110	130/5～10	
硬化条件		℃/h	165/2	150/3	150/2.5	-
ガラス転移温度		℃	120	150	118	TMA
線膨張係数（α1）		ppm/℃	27	30	82	
曲げ弾性率		GPa	11	13	3.4	JIS K-6911
接着力	ソルダレジスト	MPa	30	45	40	剪断接着強度
	ポリイミド膜		35	30	30	
抽出液特性	Cl⁻	ppm	1.2	1.0	3.8	純水による121℃/20h抽出液の特性
	pH	-	3.6	3.4	4.5	
	電気伝導度	μS/cm	98	65	50	

表7 アンダーフィル材の流動先端形状およびボイドに及ぼす界面活性剤の影響

界面活性剤	表面張力	流動先端形状	硬化後のボイド
無添加	37 dyn/cm	充填完了時間：80秒	多発
添加	18 dyn/cm	充填完了時間：110秒	ナシ

(注) 評価に用いたモデルパッケージ
チップ：20×26mm（石英ガラス）
アンダーフィル材
基板（石英ガラス）
バンプ
（チップ/基板間ギャップ：50μm）

張化のためフィラ配合量は増量する方向にある。そのため，アンダーフィル材の粘度は上昇傾向にあるが，フィラの粒度分布の調整や樹脂組成の改良によって粘度上昇を極力抑えている。一方，ボイドはアンダーフィル材中に含まれる揮発分や残存エア，基板の吸湿，アンダーフィル材の

表8 アンダーフィル直前の基板前処理とボイドの発生状況

UF材	アミン硬化型		無水酸硬化型	
ゲル化時間	20 min @ 150℃		6 min @ 150℃	
基板の前処理	120℃/2h + 30℃/60% RH/3h	120℃/2h	120℃/2h + 30℃/60% RH/3h	120℃/2h
硬化後の外観	ボイド		ボイド	

チップ：20×26mm 石英ガラス。基板：ガラス／エポキシ基板。ギャップ：50μm

濡れ性，流動先端の形状，塗布パターン，塗布量，硬化性，フラックス残渣など種々の要因が複雑に影響する。そのため揮発分の低減，残存エアの除去，含浸作業直前のチップおよび基板の乾燥，界面活性剤の配合による濡れ性の改善，硬化性の調整など様々な対策が行なわれている。表7にボイドにおよぼす界面活性剤の影響を示す。界面活性剤を配合すると流動先端のうねりが小さくなり，エアの巻き込みにより発生するボイドを大幅に低減することができる。しかし，界面活性剤を配合したアンダーフィル材は表面張力，接触角がともに小さくなり，表面張力低下の影響によって含浸時間は長くなる傾向にある。表8はアンダーフィル材を含浸する直前の基板の前処理条件とボイドの発生状況をモデルパッケージで検討した結果を示したものである。30℃/60％ RH/3h の比較的緩やかな加湿でもボイドが発生し易くなることが分かる。なお，アミン硬化系と無水酸硬化系を比較するとアミン硬化系のほうが基板の吸湿によってボイドが発生し易い傾向がある。無水酸硬化系の硬化促進剤を減らしてゲル化時間を長くするとボイドの発生が顕著になることからこれは両者の硬化性の違いが影響しているものと考えられる。

ところで，BGA や CSP などのエリアバンプ型パッケージはマザーボードに実装した状態で落下試験や熱衝撃試験を行なうとはんだ接合部に導通不良を生じることがある。そのため，必要に応じてパッケージとマザーボードの隙間に補強用の樹脂（アンダーフィル材）を含浸している。ベアチップの場合に比べるとギャップが大きく（数100μm），チップと直接接触しないため不純物などに関する要求はさほど厳しくはない。このようなアンダーフィル材は通常のアンダーフィル材と区別するため二次実装用アンダーフィル材（CSP補強材）と呼ばれている。

3.4 おわりに

　液状封止材はCOBからTCP，ベアチップ実装技術を用いた新規パッケージへと適用範囲を拡大してきた。半導体産業はこれまでパソコン，携帯電話などに牽引されてきたが，これからはデジタル家電，自動車，ロボット，医療機器などを中心とする巨大市場が牽引するといわれている。新規分野における半導体の実装およびパッケージング技術がどのようになるか定かではないが，液状封止材は成形性，硬化物物性，信頼性のさらなる改良を図ることによって半導体産業にさらなる貢献ができるものと思われる。

文　　献

1) 技術情報協会編，ベアチップ実装 最新技術開発と信頼性対策，技術情報協会，東京 (1990)
2) 春日寿夫，CSP/BGA技術，日刊工業新聞社 (1998)
3) ジェイスター㈱，ウエハレベルパッケージ市場動向調査レポート，No.071021-1 (2007.5)
4) 例えば，T. H. Di Stefano et al., μBGA for high performance applications, Proc. of Surface Mount International, p.212-215 (1994)
5) 富山ほか，DRAM用高信頼性CSP材料システム，日立化成テクニカルレポート，No.35, p.13-16 (2000-7)
6) H. Usui et al., Special Characteristic of Future Flip Chip Underfill Materials and Process, 2000 Electronic Components and Technology Conference, p.1661-1665 (2000)
7) S. H. Shi et al., Development of the Wafer Level Compression-flow Underfill Encapsulant, 1999 International Symposium on Advanced Package Materials, p.337-343 (1999)
8) 例えば，五十嵐一雅，リペアブル・アンダーフィル樹脂，日東技報，**40**(1), 21-24 (May, 2002)

4 In situ 生成型改質剤の利用による熱硬化性樹脂の強靱化

大山俊幸[*1], 高橋昭雄[*2]

4.1 はじめに

　エポキシ樹脂をはじめとする熱硬化性樹脂は，携帯電話などのモバイル機器やパーソナルコンピュータなどのエレクトロニクス部品に多用され，その機能向上に大きく貢献している。さらに最近，エレクトロニクス化が急速に進んでいる自動車への熱硬化性樹脂の用途展開が進んでおり，すでに 100 個に及ぶ ECU（Electronics Control Unit）が搭載され MEMS 技術を駆使したセンサーとともにその機能性を発揮している。一方，航空機や自動車の構造材料としては，炭素繊維で補強された熱硬化性樹脂が利用され低燃費化や炭酸ガス削減に大きく貢献しているが，自動車用途などへの応用においては，過酷な環境での長時間使用を可能とするための耐熱性に加えて，振動や急激な温度変化で加わるストレスに耐えうる強靱性が必要とされる。電子材料用途においても，封止材料用およびインターポーザー用熱硬化性樹脂には LSI チップとの熱膨張差によるストレスに耐えうる強靱性が強く要求されており[1]，さらに自動車用エレクトロニクス部品についても，やはり先に述べたような過酷な環境に耐えうる耐熱性や強靱性が必要とされる[2]。

　熱硬化性樹脂の強靱化については，改質剤添加によるエポキシ樹脂の強靱化が広く検討されており，カルボキシル基末端ブタジエンアクリロニトリルゴム（CTBN）などのエラストマーが有効な改質剤となることが知られている[3]。しかし，この改質系ではガラス転移温度（T_g）や弾性率が低下し，また高架橋型エポキシマトリックスの改質にはあまり有効ではない。強靱な熱可塑性ポリマーであるエンジニアリングプラスチック（エンプラ）を利用し，熱硬化性樹脂本来の優れた性質を保ちつつ靱性を付与する検討も行われており[4]，これまでにポリエーテルイミドやポリスルホンなどのエンプラをエポキシ樹脂の改質剤として利用することにより有効な改質結果が得られている。エンプラによる強靱化は共連続相構造や逆海島構造で達成される場合が多く，連続相を形成するエンプラ相の延性的な降伏により靱性が向上していると考えられる。

　一方，エポキシ樹脂やシアナート樹脂の強靱化において，N-フェニルマレイミド-スチレン交互コポリマー（PMS）が有効な改質剤となることが報告されている[5〜8]。PMS は N-フェニルマレイミド（PMI）とスチレン（St）とのラジカル共重合で合成されるポリマーであり，主鎖が炭素-炭素単結合であるにもかかわらず 200℃以上の高い T_g を有し，エポキシ樹脂やシアナート樹脂に無溶媒で熱溶解する。しかし，有効な改質のためには分子量の大きい改質剤を添加する必要があり添加量に限界がある。また，破壊靱性値の向上と引き換えに曲げ強度が低下するという問

[*1] Toshiyuki Oyama　横浜国立大学　大学院工学研究院　機能の創生部門　准教授
[*2] Akio Takahashi　横浜国立大学　大学院工学研究院　機能の創生部門　教授

題も有している。PMS系での強靱化は一般にμmレベルでの共連続相構造により実現され、このとき改質相での破断エネルギー吸収により破壊靱性値が向上すると推定されるが、マトリックス樹脂と改質剤の界面での相互作用が弱く、このことが機械的強度の低下に繋がっていると考えられる。

筆者らは、エポキシ樹脂やシアナート樹脂をマトリックス樹脂として、これらの樹脂の硬化反応時に改質剤であるビニルポリマー（PMSおよびその誘導体など）を in situ ラジカル重合させることにより、樹脂の強度などを損なわずに強靱化を達成できることを報告している。本手法においては、改質剤が重合する過程でマトリックス樹脂の硬化反応も進行するため、改質剤構造の適切な設計により、改質剤の分散性の大幅な向上および硬化物の諸物性の大きな改善が可能となる。また、マトリックス樹脂中で改質剤用モノマーを重合させるため、低粘度状態での注型・成形が溶媒を用いることなく可能となりプロセスが簡略化されるなど、実用面でも優位性が高いと期待される。本節では、in situ 重合改質剤を利用したエポキシ樹脂およびシアナート樹脂の強靱化について紹介する。

4.2 PMS系ポリマーの in situ 生成による強靱化
4.2.1 エポキシ樹脂の強靱化

ポリオキシエチレン（POE）は、エポキシ樹脂マトリックスと高い相溶性をもつポリマーであるため、PMS中に導入することにより樹脂-改質剤の相分離界面の相互作用の増大が期待できる。実際、POEを含むブロックコポリマーによるエポキシ樹脂の改質において、POEユニットがエポキシマトリックスと相容することが報告されている[9〜12]。筆者らは、PMSのモノマーであるPMIとStを、POEユニット含有高分子アゾ開始剤とともに酸無水物硬化エポキシ樹脂系に添加し、樹脂の硬化反応と同時にPMS-POEマルチブロックコポリマー（PMS-b-POE）を生成させる in situ 改質について検討を行っており、PMS系ポリマー添加改質系における欠点であった強靱化達成時の強度低下を抑制できることをすでに明らかにしている[13, 14]。しかし、エポキシマトリックス-改質剤間の相分離構造自体はμmレベルの相分離であり、in situ 重合法において期待される改質剤分散性の向上は達成されていなかった。そこで、PMSの側鎖としてPOEを有するグラフトコポリマー（PMS-g-POE）の in situ 生成による酸無水物硬化エポキシ樹脂（DGEBA/MHHPA）の改質について検討した（図1）[15]。POEを側鎖として導入することにより、POEがエポキシ樹脂マトリックスとより接触しやすくなり樹脂-改質剤間の相溶化が起こりやすくなると期待される。また、PMS-b-POEではPOE導入のために高分子アゾ開始剤を用いていたため、POEの導入量を増やすためには高分子アゾ開始剤の使用量を増やす必要があった。その結果、in situ 生成するPMS-b-POEの重合度が低下する懸念があったが、PMS-g-

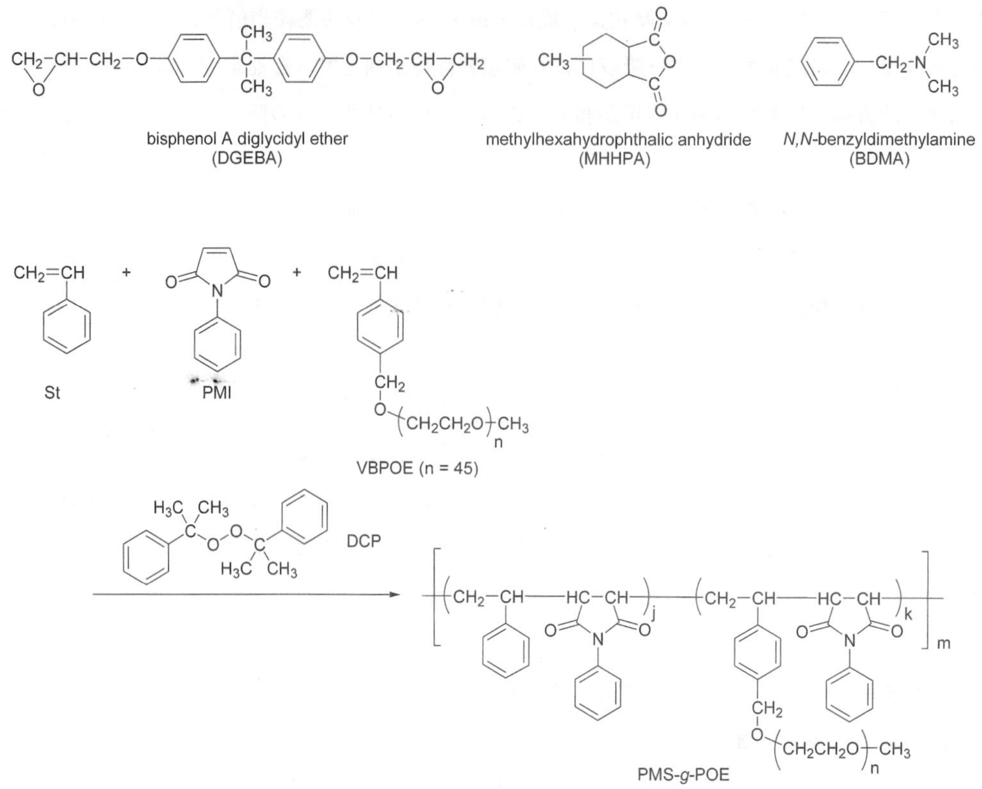

図1 エポキシ樹脂，PMS-*g*-POE モノマー，開始剤，および PMS-*g*-POE ポリマーの構造

POE の *in situ* 重合では開始剤量と独立に POE 含量を設定することが可能となる。

あらかじめ合成した PMS-*g*-POE（Mw = 5.0 × 10⁴, POE/PMS-*g*-POE = 28.6wt%）を改質剤として用いた系と，*in situ* 生成 PMS-*g*-POE を用いた系について比較した結果（表1），PMS-*g*-POE ポリマーを添加した系（P1～P3）では最も良い物性を示したのは 10wt%添加した P1 であり，K_{IC} の値は約 1.78 倍に向上した。一方，*in situ* 生成 PMS-*g*-POE による改質では K_{IC} の値は最大で 2.51 倍に向上し（D2），*in situ* 法による改質の有効性が示された。曲げ強度の低下はどちらの系でも小さかった。また，D2 を重水素化クロロホルムに 4 日間浸漬することにより抽出された成分の ¹H-NMR 測定を行ったところ，St, PMI, VBPOE のビニル基由来のシグナルは確認されず，PMS-*g*-POE の *in situ* 重合が十分に進行していることが確認された。また IR 測定による反応追跡により，PMS-*g*-POE の *in situ* ラジカル重合によってエポキシ樹脂の硬化反応が阻害されていないことが確認された。なお，*in situ* 生成 PMI/ベンジルメタクリレート（BzMA）/St 共重合体によるエポキシ樹脂の強靭化において K_{IC} が未改質樹脂の 2.5 倍にまで向上することが報告されているが[16]，この系では改質剤ポリマー中の PMI ユニットが仕込み量よりも少な

第 1 章　半導体封止

表 1　PMS-g-POE により改質されたエポキシ樹脂の物性[*1]

No.	改質剤		総量 (wt%)	K_{IC} (MN/m$^{3/2}$)	n[*4]	曲げ特性		n[*4]	T_g[*5] (℃)	破断伸び (%)	性状
	No.	POE / PMS-g-POE (wt%)				強度 (MPa)	弾性率 (MPa)				
Control	−		−	0.59 ± 0.03	5	144 ± 2.0	3051 ± 196	5	139	18.2	透明
P1	PMS-g-POE Mw=5.0×10^4	28.6[*3]	10	1.05 ± 0.07	5	134 ± 6.0	3120 ± 98	5	141	10.6	不透明
P2			12	0.71 ± 0.03	5	128 ± 5.0	3129 ± 59	5	143	9.2	不透明
P3[*2]			14	0.65 ± 0.02	5	83 ± 27.5	3031 ± 98	5	142	4.8	不透明
D1	in situ 生成 PMS-g-POE	30.0	14	1.35 ± 0.04	5	128 ± 2.6	2895 ± 85	5	136	24.3	透明
D2		30.0	16	1.48 ± 0.09	5	131 ± 1.4	3020 ± 48	5	137	21.6	透明
D3		30.0	18	1.07 ± 0.06	5	129 ± 1.2	2879 ± 34	5	138	13.6	不透明

*1　硬化条件：85℃/5h + 150℃/15h　　*2　硬化条件：85℃/5h + 100℃/6h + 150℃/15h
*3　^{1}H-NMR により算出　　*4　試験片本数　　*5　動的粘弾性測定

くなっており，樹脂中に未反応 PMI が残存していると考えられる。ポリマー添加型改質硬化物（P3）と in situ 生成型改質硬化物（D1）の動的粘弾性試験においては，ポリマー添加型の P3 では 110〜120℃付近に改質剤の T_g を表す α′ 緩和ピークが見られたが，in situ 型の D1 では明確な α′ 緩和ピークは見られなかった。また，in situ 型の改質硬化物の方が低い温度から貯蔵弾性率が低下し始めており，in situ 生成させた PMS-g-POE とエポキシ樹脂との相容性の向上が示された。

次に，in situ 生成 PMS-g-POE 中の POE 含量が改質剤添加硬化物の物性に及ぼす影響を調査した（図 2）。その結果，PMS-g-POE 中の POE 含量が増加するにつれて K_{IC} が大きく向上し，一方で曲げ強度の低下は抑制されることが明らかとなった。曲げ弾性率はやや低下する傾向にあったが，これは PMS-g-POE 中の POE 含量が増加することで PMS-g-POE の柔軟性が増すとともに，PMS-g-POE とエポキシマトリックスとの相容性が向上したためと思われる。

改質剤を添加した硬化物の破断面 SEM 観察の結果を図 3 に示すが，PMS-g-POE ポリマーを 14wt%添加した系は相分離の大きな相構造を示していた（図 3A）。一方，in situ 生成 PMS-g-POE 改質系（14wt%）は平均粒径が数百 nm の海島型相分離構造を示しており（図 3B），この結果から in situ 法適用によるマトリックス樹脂との相容性向上が改質硬化物の物性向上に寄与していると示唆される。

また，POE を含まない PMS を in situ 重合法により 16wt%添加した改質系は平均粒径が約 1 μm の海島構造を示した（図 3C）のに対し，同じ改質剤添加量でも POE を導入することにより，改質剤相の平均粒径は約 0.5 μm となり改質剤の分散性が向上した（図 3D）。さらに，POE 導入

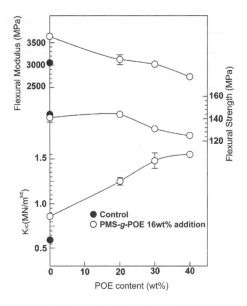

図2 *In situ* 生成 PMS-*g*-POE により改質したエポキシ樹脂における POE 含有量と諸物性との関係

量を POE/PMS-*g*-POE ＝ 30wt％以上とした *in situ* 型改質硬化物では明確な相分離は確認されなくなった（図 3E, 3F）。これらの結果は，POE 含量の増加が改質剤とエポキシマトリックスとの相容性を向上させ，そのことが改質硬化物の物性向上に寄与していることを示唆している。なお，*in situ* 生成法を用いた PMS による酸無水物硬化エポキシ樹脂の強靭化が Sung らにより報告されており[17]，改質硬化物の機械的強度の低下なしで K_{IC} 換算で約 70％の靭性向上が示されているが，これは *in situ* 法で生成した PMS の分子量の違いなどによるものと推定される。

SEM 観察において明確な相分離が確認できなかった系について，TEM により詳細な観察を行った結果，PMS-*g*-POE 中の POE 含量が 30wt％の系（改質剤総量：16wt％）では 100 〜 200nm サイズの改質剤相のエポキシマトリックスへの分散が確認され（図 4A），PMS-*g*-POE 中の POE 含量を 40wt％にすることにより，さらなる分散性の向上（数十 nm）が確認された（図 4B）。従来の PMS ポリマー添加による改質では，改質剤が数十〜数百 μm の連続相構造を形成したときに曲げ強度の低下を伴いつつ靭性が大きく向上することが示されているが[5, 8, 18]，*in situ* 生成 PMS-*g*-POE による改質ではナノレベルでの相構造形成とマトリックス／改質剤界面の接着性の向上により改質相での破断エネルギー吸収がより有効に行われ，その結果として曲げ強度の低下を抑制しつつ靭性の向上がなされたものと推測される。

以上の結果から，PMS への POE グラフト鎖の導入と PMS-*g*-POE の *in situ* 重合とを併用することにより，改質剤の分散性およびマトリックス／改質剤界面の接着性を向上させ，強度低下

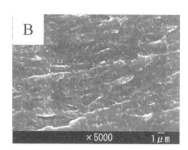

P3（表1）　　　　　　　　　　　　D1（表1）

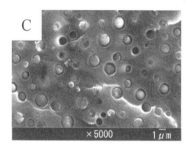
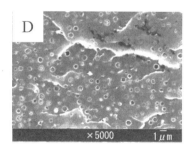

POE / PMS-*g*-POE : 0 wt% (PMS)
K_{IC}: 0.86 MN / m$^{3/2}$
曲げ強度：141 MPa

POE / PMS-*g*-POE : 20 wt%
K_{IC}: 1.25 MN / m$^{3/2}$
曲げ強度：144 MPa

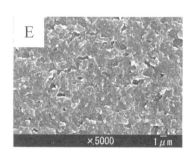

POE / PMS-*g*-POE : 30 wt%
K_{IC}: 1.48 MN / m$^{3/2}$
曲げ強度：131 MPa

POE / PMS-*g*-POE : 40 wt%
K_{IC}: 1.55 MN / m$^{3/2}$
曲げ強度 125 MPa

図3　*In situ* 生成 PMS および PMS-*g*-POE により改質したエポキシ樹脂の破断面 SEM 画像
（A）別途重合した PMS-*g*-POE を 14wt%添加（P3（表1））
（B）*In situ* 生成 PMS-*g*-POE を 14wt%添加（D1（表1））
（C）～（F）*In situ* 生成 PMS-*g*-POE を 16wt%添加（POE/PMS-*g*-POE = 0 wt%（C），20 wt%（D），30 wt%（E），40 wt%（F））

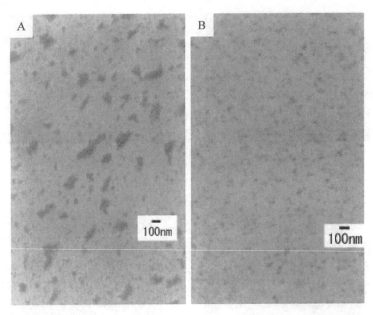

図4 *In situ* 生成 PMS-*g*-POE により改質したエポキシ樹脂の TEM 画像（倍率：× 20000）
PMS-*g*-POE を 16wt%添加，POE/PMS-*g*-POE = 30 wt%（A），40 wt%（B）

を抑制しつつ破壊靭性を大きく改善できることが明らかとなった。

4.2.2 シアナート樹脂の強靭化

シアナート樹脂は一分子中に2個以上のシアナート基を有する化合物であり，加熱により3個のシアナート基がトリアジン環構造を形成しながら架橋反応が進行し硬化物となる。シアナート樹脂は熱的・機械的・電気的性質に優れており，また吸水性も低いため，高性能熱硬化性樹脂として利用されているが，靭性の向上が強く求められている。シアナート樹脂の改質においてもPMSが有効であることが明らかにされているが，エポキシ樹脂の改質の場合と同じく，靭性の向上に伴い強度が低下する問題点があった[6, 19]。

シアナート樹脂の硬化反応はラジカル的な過程ではなく，またシアナート樹脂系には強い求核性を持つ化合物が含まれていないため，PMS系ポリマーをシアナート樹脂硬化系中で *in situ* 重合させることにより，強度の低下を抑制しつつシアナート樹脂の強靭化を達成できると期待される。よって，ビスフェノールAジシアナート（BADCY）硬化系中でのPMSおよびジビニルベンゼン（DVB）架橋PMS（PMSD）の *in situ* 重合による改質について検討した（図5）[20]。また，POE側鎖を有するポリエチレングリコールメチルエーテルメタクリレート（PEGMEMA）との *in situ* 共重合体（PMS-*co*-PEGMEMA および PMSD-*co*-PEGMEMA）による POE 側鎖導入の効果についても検討した（図5）[20]。

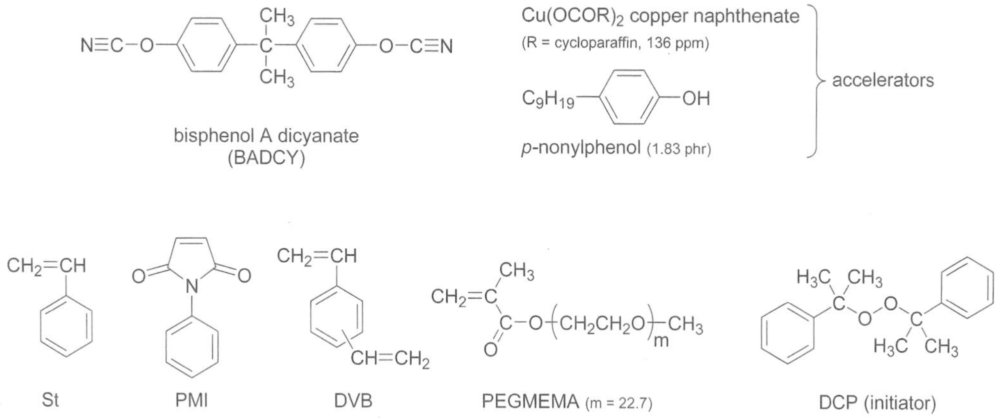

第1章 半導体封止

図5 シアナート樹脂，硬化促進剤，改質剤モノマーおよび開始剤の構造

表2 *In situ* 生成 PMSD により改質したシアナート樹脂の物性[*1]

No.	改質剤 (PMI+St+DVB) (wt%)	DVB[*2] (mol%)	K_{IC} (MN/m$^{3/2}$)	n[*3]	曲げ特性 強度 (kgf/mm^2)	弾性率 (kgf/mm^2)	n[*3]	T_g[*4] (℃)	性状
Control	−	−	0.65 ± 0.05	9	16.7 ± 0.2	297 ± 14	9	271	透明
CPS 1	10.0	0	0.87 ± 0.05	5	13.7 ± 0.8	352 ± 10	5	281	半透明
CPSD 1	10.0	2.0	0.88 ± 0.02	6	14.4 ± 1.3	342 ± 8	5	281	透明
CPSD 4	10.0	3.0	1.15 ± 0.03	6	17.6 ± 0.2	314 ± 6	5	280	透明
CPSD 2	10.0	5.0	1.15 ± 0.02	6	17.0 ± 1.0	342 ± 8	5	283	透明
CPSD 3	10.0	10.0	0.99 ± 0.03	6	18.5 ± 0.8	346 ± 8	6	282	透明

*1 硬化条件：85℃/3h + 100℃/4h + 150℃/1h + 177℃/3h + 210℃/1h + 250℃/2h，開始剤：DCP
*2 全モノマーに対する mol% *3 試験片本数 *4 動的粘弾性測定

PMS および PMSD の *in situ* 生成による効果について検討した結果を表2に示すが，架橋剤 DVB を添加しない系では改質効果はほとんど見られなかった。しかし，DVB 添加量が 3mol% 以上に増加すると K_{IC}，曲げ強度ともに向上し，K_{IC} は未改質系の1.77倍となり，曲げ強度も未改質系の値を上回った。硬化物破断面の SEM 観察を行ったところ，DVB 未添加系（CPS1（表2））では粒径が数μm程度の海島型相分離構造を有していたのに対して，DVB 3mol%添加系（CPSD4（表2））では明確な相分離構造が見られなくなった。これは，架橋剤添加により IPN 化が促進され PMSD のマトリックスへの分散性が向上したためであると考えられる。

次に，（PMI + St + DVB）/（シアナート樹脂 + PMI + St + DVB）= 10wt% に固定し，PEGMEMA 導入の効果を検討した。DVB 未添加系および DVB 5mol% 添加系における，

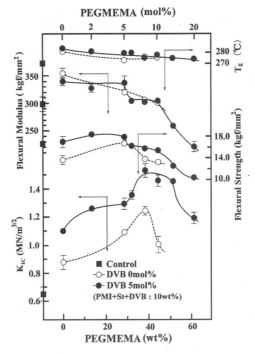

図6 *In situ* 生成 PMS-*co*-PEGMEMA および PMSD-*co*-PEGMEMA により改質したシアナート樹脂における PEGMEMA 含有量と諸物性との関係
(PMI + St + DVB)/(シアナート樹脂 + PMI + St + DVB) = 10wt%, PEGMEMA (wt%) は PEGMEMA/(St + PMI + DVB + PEGMEMA) により算出, PEGMEMA (mol%) は St + PMI + DVB に対しての mol%

PEGMEMA (m = 22.7) 添加量変化に伴う改質硬化物の諸物性の変化の結果を図6に示す。その結果, POE 鎖の割合が増加するとともに破壊靭性値が増大し, 特に架橋剤 DVB を 5mol% 添加した系では未改質系と比較して最大 2.35 倍 (K_{IC} = 1.53 MN/m$^{3/2}$) となった。このとき曲げ強度の低下はほとんど見られず (未改質系の 95%), 曲げ弾性率と T_g は未改質系をやや上回る値であり, シアナート樹脂の優れた熱的・機械的特性を維持したまま強靭性を大幅に向上できることが示された。また, *in situ* 生成 PMS-*co*-PEGMEMA および PMSD-*co*-PEGMEMA 添加改質硬化物の破断面の SEM 観察結果を図7に示すが, DVB 未添加系では共連続相構造が見られるのに対し, DVB を添加した系では明確な相分離構造が観測されなくなった。最も改質効果が見られた系 (図7C) の TEM 観察を行ったところ, 数 nm～数十 nm の改質剤がシアナートマトリックスに分散した相構造が観測された。また, 観測された改質剤の量は添加した量と比較して少なく, DVB 添加による IPN 化と POE による相溶性向上により, 改質剤がかなりの程度マトリックスに溶け込んでいることが示唆された。

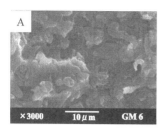 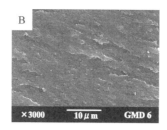 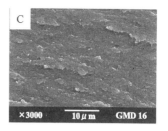

A
DVB 0 mol%
PEGMEMA 8 mol%
K_{IC}: 1.24 MN/$m^{3/2}$
曲げ強度: 13.8 kgf/mm^2

B
DVB 5 mol%
PEGMEMA 2 mol%
K_{IC}: 1.29 MN/$m^{3/2}$
曲げ強度: 18.0 kgf/mm^2

C
DVB 5 mol%
PEGMEMA 8 mol%
K_{IC}: 1.53 MN/$m^{3/2}$
曲げ強度: 15.8 kgf/mm^2

図7 *In situ* 生成 PMS-*co*-PEGMEMA および PMSD-*co*-PEGMEMA により改質したエポキシ樹脂の破断面 SEM 画像

(PMI + St + DVB)／(シアナート樹脂 + PMI + St + DVB) = 10wt%

以上の結果より，本系における強度低下の抑制は主に架橋による IPN 化の促進と改質剤分散性の向上に起因していると考えられる。一方，破壊靭性の改善については，架橋構造の形成も寄与しているが，側鎖 POE によるマトリックス-界面の接着性向上の効果がより大きいと推測される。

4.3 ポリベンジルメタクリレートの *in situ* 生成によるエポキシ樹脂の強靭化

前項で示したように，PMS 系ポリマーの *in situ* 生成による改質はシアナート樹脂や酸無水物硬化エポキシ樹脂の強靭化に非常に有効であった。しかし，アミン硬化エポキシ樹脂では PMS 系ポリマーの *in situ* 重合法により強靭化を達成することはできなかった。これは，PMS の生長反応において St/PMI が電荷移動錯体を形成しながら重合が進行すること，および PMI が求核剤によるマイケル付加反応などを受けやすい化合物であることが原因であると考えられる。そこで，アミン硬化系エポキシ樹脂に対して *in situ* 重合法を適用するため，電荷移動錯体を形成することなく重合し，かつエポキシ樹脂との相溶性が高すぎないポリマーを探索した結果，架橋ポリベンジルメタクリレート（PBzMA）が *in situ* 重合法に適していることを見出した[21]。BzMA を *in situ* 生成コポリマーの一成分としてエポキシ樹脂の改質に利用した例はあるが[16]，PBzMA 自体を改質剤として利用した例は筆者らの知る限りこれまでに存在しない。

In situ 生成 PBzMA を用いた芳香族アミン硬化エポキシ樹脂（DGEBA/DDS）の強靭化について検討した（図 8）。その結果を表 3 に示すが，いずれの系においても曲げ弾性率は未改質系を大きく上回る値を示し，曲げ強度も未改質系と同等，あるいはやや上回る値を示した。破壊靭性値（K_{IC}）については，架橋剤（EGDMA）未添加系ではほとんど変化が見られなかった

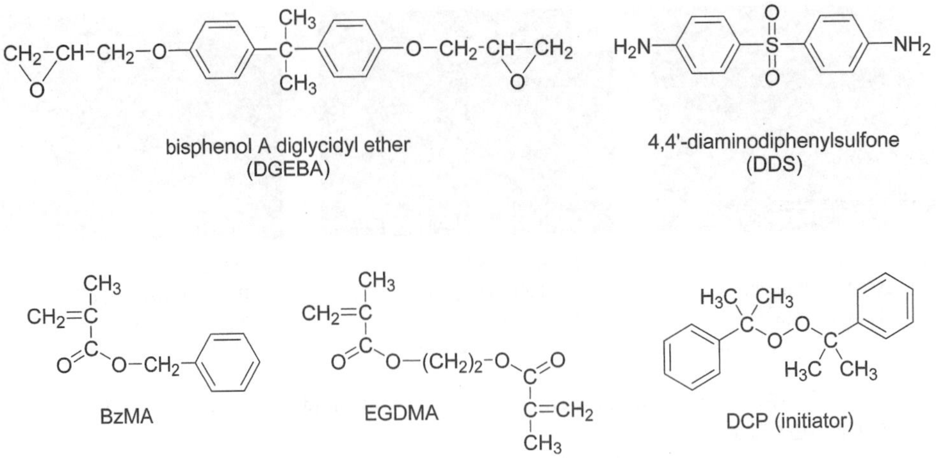

図8 エポキシ樹脂,BzMA,EGDMA および開始剤の構造

表3 In situ 生成 PBzMA により改質したエポキシ樹脂の物性[*1]

| No. | 改質剤(BzMA + EGDMA) | | K_{IC} (MN/m$^{3/2}$) | n[*5] | 曲げ特性 | | n[*5] | T_g[*6] (℃) | 性状 |
	総量[*3] (wt%)	EGDMA[*4] (mol%)			強度 (kgf/mm^2)	弾性率 (kgf/mm^2)			
Control[*2]	−	−	0.84 ± 0.02	5	14.7 ± 0.3	308 ± 10	10	215	透明
IEB1	10	−	1.04 ± 0.04	5	15.0 ± 0.3	357 ± 14	6	180	不透明
IEBD7	10	3.0	1.24 ± 0.02	6	14.8 ± 0.4	355 ± 11	4	174	不透明
IEBD1	10	5.0	1.30 ± 0.04	6	13.5 ± 0.8	371 ± 16	5	185	不透明
IEBD4	10	10.0	1.23 ± 0.05	6	15.8 ± 0.6	390 ± 13	5	185	不透明
IEBD5	10	20.0	1.12 ± 0.06	6	16.3 ± 0.3	381 ± 14	6	187	不透明

[*1] 硬化条件:120℃/1h + 150℃/3h + 220℃/5h [*2] 硬化条件:120℃/1h + 220℃/5h [*3] 改質剤/(DGEBA + DDS + 改質剤) [*4] EGDMA/(BzMA + EGDMA) [*5] 試験片本数 [*6] 動的粘弾性測定

が,EGDMA を添加することにより大きく向上し,改質剤 10wt%添加系では未改質系の 1.55 倍(IEBD1(表3)),改質剤 14wt%添加系では未改質系の 1.70 倍にまで向上した。なお,別途合成した PBzMA ポリマーを添加した改質硬化物においてはマクロスコピックな相分離が観測され,このことからも in situ 重合法の有用性が確認できる。

架橋改質硬化物の動的粘弾性を測定したところ,架橋剤である EGDMA の添加量が増大するとともに,α 緩和ピーク,α′ 緩和ピークがそれぞれ低温側および高温側にシフトし,架橋剤添加による相溶性の向上が明らかとなった。また,幅広い α′ 緩和ピークが 50〜70℃付近に観測されたが,室温付近に緩和ピークが存在する場合,力学的エネルギーの熱エネルギーへの変換に

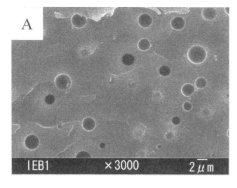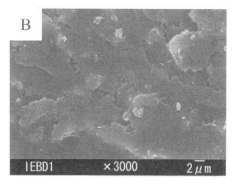

図 9　*In situ* 生成 PBzMA により改質したエポキシ樹脂の破断面 SEM 画像
　(A) 架橋剤 EGDMA なし（IEB1（表 3））
　(B) 架橋剤 EGDMA 5.0 mol%（IEBD1（表 3））

より塑性変形ゾーンが拡大され靭性が向上することが報告されており[22,23]，本系では α′ 緩和も強靭化に寄与している可能性が考えられる。

　改質硬化物の破断面 SEM 観察の結果を図 9 に示すが，架橋剤 EGDMA 未添加系では海島型相分離構造が見られるのに対し（図 9A），架橋剤添加系では明確な相分離構造が見られなくなり（図 9B），動的粘弾性試験の結果とも一致している。しかし，TEM による観察では架橋剤添加系においても数 μm 程度の相分離構造が見られたため，相溶性向上は主にマトリックス–改質剤の界面で起こっているものと推測される。

　また，フェノールノボラックを硬化剤として用いたフェノール硬化エポキシ樹脂の強靭化についても検討したところ，*in situ* 生成 PBzMA が 14wt% 含まれる系において，曲げ強度の低下なしで K_{IC} が未改質系の 1.47 倍にまで向上し，*in situ* 重合法の有用性が示された。このときの破断面 SEM 観察においては，粒径 1 μm 程度の海島型相分離構造が観測された。また，フェノール硬化エポキシ樹脂系では，アミン硬化系とは異なり架橋剤 EGDMA の添加により K_{IC} および曲げ強度は低下することが明らかとなった。

4.4　おわりに

　本節では，PMS をはじめとしたビニルポリマー型改質剤の *in situ* 生成による熱硬化性樹脂の強靭化について最近の成果を紹介した。あらかじめ合成した PMS 系ポリマーを熱硬化性樹脂に添加した場合には共連続相構造形成によって強靭化が達成されていたが，破壊靭性値の向上とともに強度低下が観測されていた。それに対して，*in situ* 重合法を利用すれば，樹脂／改質剤系の適切な選択により，改質剤の分散性の向上とそれに伴う強靭性の向上および強度・弾性率などの維持・向上が実現できることが明らかとなった。特に，改質剤の *in situ* 重合時に架橋剤や POE

を共存させることにより，架橋剤によるIPN化の促進やPOEによる相分離界面の接着性向上と *in situ* 重合法との相乗効果によって，非常に優れた物性を示す改質樹脂が得られることが示された。また，架橋PBzMAの *in situ* 生成により，PMS系ポリマーでは不可能であったアミン硬化エポキシ樹脂やフェノール硬化エポキシ樹脂の強靱化も可能となった。さらに，本節では詳細には触れなかったが，改質剤ポリマーを別途合成するプロセスが省略できることや，熱硬化性樹脂と改質剤との混合の際の粘度低下を実現できることも *in situ* 重合法の利点である。

現在のところ， *in situ* 重合法を用いた改質においても μm レベルの相分離が見られる系と nm レベルの相分離が実現できる系とが存在するが，溶解度パラメータを参考にした改質剤の分子設計などにより， *in situ* 生成改質剤の nm レベルでの相分離と，それに基づく高い強靱性および熱的・機械的物性を備えた改質樹脂の実現を目指していく。また，樹脂硬化反応／改質剤重合反応の詳細な解析に基づく硬化条件の適切な選択についても検討を進めていく予定である[15]。これまでに得られた結果は熱硬化性樹脂と改質剤からなる比較的単純な系についてのものであったが，フィラーが存在する複合材料では単純な樹脂／改質剤系とは異なった相分離挙動をとる可能性があるため，より実際の使用状態に近い条件下での改質も検討し[7, 24]，本手法を実用に耐えうる技術へと高めたいと考えている。

文　　献

1) Y. Kurita, S. Matsui, N. Takahashi, K. Soejima, M. Komuro, M. Itou, C. Kakegawa, M. Kawano, Y. Egawa, Y. Saeki, H. Kikuchi, O. Kato, A. Yanagisawa, T. Mitsuhashi, M. Ishino, K. Shibata, S. Uchiyama, J. Yamada, H. Ikeda, Proceedings of 57th Electronic Components and Technology Conference, 821（2007）
2) 松橋肇，"カーエレクトロニクスの鍵を握るパッケージング技術"，マイクロ接合委員会資料 MJ-533-2008, 1-6（2008）
3) 越智光一，原田美由紀，総説エポキシ樹脂：第2巻（友井正男，中村吉伸，原一郎，鎌形一夫編），第2章，2.1節，エポキシ樹脂技術協会（2003）
4) 飯島孝雄，総説エポキシ樹脂：第2巻（友井正男，中村吉伸，原一郎，鎌形一夫編），第2章，2.2節，エポキシ樹脂技術協会（2003）
5) 飯島孝雄，友井正男，ネットワークポリマー, **18**, 85（1997）
6) T. Iijima, T. Maeda, M. Tomoi, *Polym. Int.,* **50**, 290（2001）
7) 友井正男，ネットワークポリマー, **20**, 97（1999）
8) T. Iijima, W. Fukuda, M. Tomoi, M. Aiba, *Polym. Int.,* **42**, 57（1997）
9) J. Mijovic, M. Shen, J. W. Sy, *Macromolecules*, **33**, 5235（2000）

10) R. B. Grubbs, J. M. Dean, M. E. Broz, F. S. Bates, *Macromolecules,* **33**, 9522 (2000)
11) Q. Guo, R. Thomann, W. Gronski, *Macromolecules,* **35**, 3133 (2002)
12) P. Sun, Q. Dang, B. Li, T. Chen, Y. Wang, H. Lin, Q. Jin, D. Ding, A. C. Shi, *Macromolecules,* **38**, 5654 (2005)
13) 菅原大亮，武山秀一，飯島孝雄，大山俊幸，友井正男，高分子論文集，**63**, 720 (2006)
14) 菅原大亮，大山俊幸，友井正男，マテリアルステージ，11月号, 46 (2006)
15) 三角潤，大山俊幸，高橋昭雄，高分子論文集，**65**, 562 (2008)
16) K. Miura, H. Ito, H. Fujioka, *Polymer,* **42**, 9223 (2001)
17) P. H. Sung, W. L. Chao, Y. Y. Chen, *Polym. Eng. Sci.,* **38**, 605 (1998)
18) T. Iijima, N. Arai, K. Takematu, W. Fukuda, M. Tomoi, *Eur. Polym. J.,* **28**, 1539 (1992)
19) T. Iijima, T. Maeda, M. Tomoi, *J. Appl. Polym. Sci.,* **74**, 2931 (1999)
20) 杉裕紀，大山俊幸，飯島孝雄，友井正男，ネットワークポリマー講演討論会講演要旨集，**56**, 133 (2006)
21) 篠崎裕樹，大山俊幸，高橋昭雄，高分子論文集，**6**, 217 (2009)
22) M. Ochi, T. Shiba, H. Takeuchi, M. Yoshizumi, *Polymer,* **30**, 1079 (1989)
23) M. Ochi, K. Ikegami, S. Ueda, K. Kotera, *J. Appl. Polym. Sci.,* **54**, 1893 (1994)
24) H. Takeyama, T. Oyama, T. Iijima, M. Tomoi, M. Kato, *J. Network Polym. Jpn.,* **27**, 77 (2006)

5 反応誘起型相分離材料を用いたダイボンディングフィルム

稲田禎一*

5.1 はじめに

ダイボンディングフィルムは図1のような半導体パッケージの中で，シリコン半導体チップと支持体（基板，リードフレーム，テープなど）の間の接着に使用されるフィルム状接着剤である。半導体ウエハを正方形に切り分けて（さいの目に切る：Dice），チップを作ることから半導体チップはダイ（Die）と呼ばれており，ダイと支持体の接着（ボンディング）に使用されることから，ダイボンディングフィルムと呼ばれている（あるいはダイアタッチフィルム，略してDAFなどと呼ばれることもある）。本節では，ダイボンディングフィルムの必要特性と材料設計の例について述べる。

5.2 高密度実装の動向とダイボンディングフィルムの必要特性

近年，パーソナルコンピュータ，携帯電話，デジタルカメラなどを中心に実装の高密度化の要求が著しく，図2に示すように従来のリードフレームタイプから，より高密度化が図れる接続端子をパッケージ下部に配列したCSP（Chip Size Package），チップを多段に積層したスタックドCSPへと変化している[1, 2]。それに応じて，チップの厚さも図2に示す通り，従来の300μm程度から50μm以下まで大幅に減少している。このように半導体チップを多段積層することで，パッケージの外形は同じでも，機能や記憶容量を数倍にも増やすことができる。そのため，スタックドCSPは携帯オーディオに使用されるフラッシュメモリーなどの用途で多用されている。

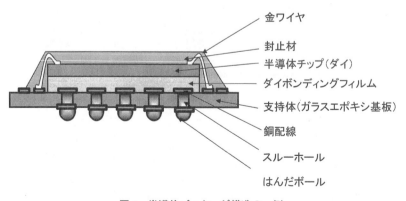

図1　半導体パッケージ構造の一例

---

*　Teiichi Inada　日立化成工業㈱　先端材料開発研究所　主任研究員

第1章 半導体封止

また,メモリーだけでなく,種々の機能を持つ半導体チップを積層することでシステムとしての機能を持たせたシステムインパッケージなども注目されている。

極薄チップを多段に積み重ねた半導体パッケージでは,その要求特性はより厳しくなる。例えば,極薄チップをn段に積み重ねた半導体パッケージではダイボンディングフィルム枚数もn枚になるため,1層あたりの接着不良率がx%であるとパッケージの良品率y%は

$$y = ((100-x)/100)^n \times 100 \tag{1}$$

となる。従って,ダイボンディングフィルムの接着不良率をほぼ0%に近づけない限り,半導体パッケージの良品率は大きくならない。また,図3にこれらの半導体パッケージを組み立てる工程を示す。表面にパターン形成したウエハの裏面にダイボンディングフィルムをラミネートした後,ダイシングテープを貼り合せてからウエハを所望のチップサイズにダイシングする。その後,

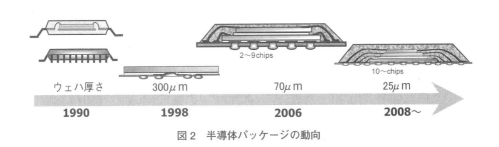

図2 半導体パッケージの動向

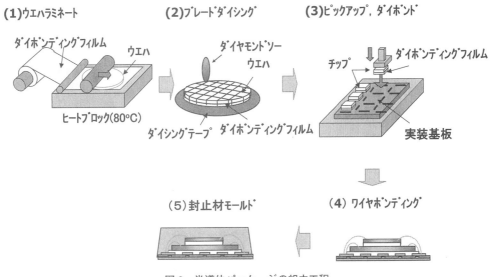

図3 半導体パッケージの組立工程

高機能デバイス封止技術と最先端材料

フィルム付のチップをピックアップし，基板にダイボンドする工程，ワイヤボンディング，封止などの工程を経てパッケージは完成する。組み立てプロセスの中でダイボンディングフィルムに求められる必要特性のうち，代表的なものを挙げると以下のような特性がある。

① 80℃以下でのウエハへのラミネート（仮貼り）が可能であること。
② ブレードダイシング時にチップやフィルムにバリが生じないこと。
③ 半導体チップをダイシングテープから剥離する（ピックアップ）時にチップが破損しない低い荷重でチップを実装基板に貼付けできること。
④ 半導体パッケージを配線基板に接続する際に，あらかじめ印刷したはんだペーストを溶融して接続する工程（はんだリフロー工程）があるが，その工程中で剥離やふくれを生じないこと。
⑤ チップと実装基板間の熱膨張係数の差を吸収できること。

他にもフィルムの平滑性，長期安定性，加工性など様々な必要特性があり，1枚のフィルムでこれらを都合よく満足させることは難しい。さらに，チップ多段化の方法やパッケージの形態により，ダイボンディングフィルムの厚さや流動性，弾性率の要求特性は大きく異なる。ダイシング方法も従来のブレードダイシングから，レーザーダイシングなど種々の方式が提案されており，それらに対応可能なダイボンディングフィルムが求められている。

このように，ダイボンディングフィルムへの要求はパッケージ構造や用途により千差万別である。これらの用途に対応して既にポリイミド系[3〜5]，シリコーン系，アクリルポリマー／エポキシ樹脂系など種々のダイボンディングフィルムが開発されている。

つまり，千差万別の用途毎に種々の材料が開発されているという状況であるが，本節では，上の①〜⑤の必要特性を満たすために必要な，基幹となる技術について論じることにしたい（実際には，用途毎に，その都度一から材料開発をスタートすることはなく，基幹となる技術を組み合わせて，タイムリーに開発するというのが実装材料開発の常道であると思う。従って，多様な材料群を紹介するよりも，基幹技術を説明することが最も理解の助けになると考える）。

基幹となる技術としては以下のような技術が挙げられる。

① **応力緩和性（柔軟性）**

チップと実装基板の熱膨張係数の差を吸収し，熱応力に起因するチップのそりを低減するため，弾性率が1000MPa以下であること。

② **耐熱性**

表面実装時のリフロー工程においてパッケージクラックが発生しないこと。特に従来の鉛すず共晶はんだから鉛フリーはんだへの転換が進められており，鉛フリーはんだ付け工程に対応可能な265℃での耐リフロー性レベル1，または2を満足すること。

③ プロセス適合性

現在の半導体パッケージは複雑な構造になっており，その組み立てプロセス，条件も極めてマージンが狭いものになっている。そのため，未硬化状態での樹脂の流動性，弾性率，タックなどが組み立てプロセスに適合するように調整されていることが必要である。一方，半導体メーカーが新しい構造の半導体パッケージを開発する場合に，それに使用するダイボンディングフィルムの特性を十分予測することは難しく，実際に使用した結果から，流動性，弾性率などの必要特性を見いだしてゆくことが多い（接着性や耐熱性は基本的に高ければ高いほど良いので，あらかじめ性能向上の検討を行えるが，流動性，弾性率は構造や製造装置により，丁度よい範囲があるため，あらかじめ準備することは難しい）。従って，同一の材料系で，組成比を変更するなどして，流動性，弾性率を2けた以上変更できる設計自由度を有することが好ましい。

以上の三つの基幹技術について，筆者の関わるアクリルポリマー／エポキシ樹脂系ダイボンディングフィルム[6〜13]を例に話を進める。

5.3 ダイボンディングフィルムの柔軟性

柔軟なアクリルポリマーと耐熱エポキシ樹脂の混合系において，エポキシ樹脂の架橋反応による相分離構造形成を検討した。このような材料系は反応により相構造が誘起されるので，反応誘起型相分離材料[14, 15]と呼ばれる。熱硬化性樹脂のモノマーは，多くの熱可塑性高分子と相溶する。これらの一相状態にある系を熱硬化させるとFlory-Huggins理論[16, 17]から予測されるように，熱硬化性樹脂の分子量増大にともない相図の二相域が拡大し相溶域が減る。実際に架橋性官能基を共重合したアクリルポリマー（重量平均分子量：約80万）とエポキシ樹脂（ビスフェノールA型2官能エポキシ樹脂およびクレゾールノボラック型多官能エポキシ樹脂）およびフェノールノボラック系硬化剤，硬化促進剤からなるフィルムを作製し，硬化反応前後の相構造を調べた。図4に示すように硬化前（Bステージ）はエポキシ樹脂および硬化剤がアクリルポリマー中にほぼ均一に溶解した状態であり，一方，硬化後（Cステージ）は明確な相分離構造を形成した。

次に，このフィルムについて硬化前後の弾性率の温度依存性を測定した結果を図5に示す。Bステージフィルムの弾性率は100℃付近で1MPa以下に低下している。これは，エポキシ樹脂および硬化剤がアクリルポリマーと相溶し，エポキシ樹脂が可塑剤として作用しているためと推測される。一方，Cステージの弾性率はアクリルポリマーの軟化点である40℃付近で急激に低下するが，60〜250℃までの広い温度範囲で30〜100MPa程度の値を維持している。また，エポキシ樹脂のT_gである170℃付近ではわずかな弾性率の低下しか見られない。一般的に相分離材料の弾性率には海相の寄与が大きいことから，硬化後フィルムは，アクリルポリマーが海相であり，その中にエポキシ樹脂および硬化剤からなる島相が多量に分散する相分離構造を形成したと

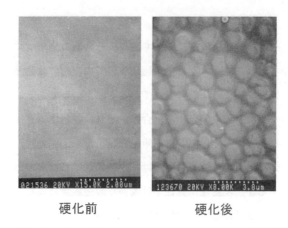

硬化前　　　　　　　硬化後

図4　エポキシ樹脂／アクリルポリマーからなるポリマーアロイの硬化前後のSEM写真

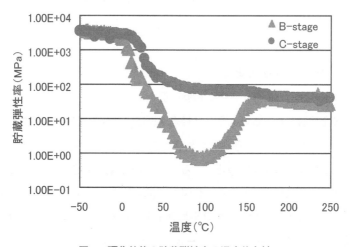

図5　硬化前後の貯蔵弾性率の温度依存性

考えられる。なお，量が少ない場合でも，アクリルポリマーが海相を形成する理由については，分子量が大きく絡み合いが多いアクリルポリマー中でエポキシ樹脂の相分離が起こる際，アクリルポリマーが島相になるためにはその絡み合いや架橋網目を切断しなくてはならず，島になりにくいためと考えている。従来はエポキシ樹脂が海でゴム相が島状に分散する相構造が多く検討されていたが，この材料は全く逆の構造であり，「逆海島構造」と言えよう。このような特異的な構造のフィルムはエポキシ樹脂相が耐熱補強材の役割を果たしながらも，網状に分散した柔軟なアクリルポリマー相が応力緩和性を発現するため，柔軟で耐熱性のある材料になりうる。また，未硬化状態ではエポキシ樹脂は可塑材やタッキファイヤとして働くため，その量の変更により流動性，粘着性などを数十〜百倍にも及ぶ範囲で調整可能である。

第1章　半導体封止

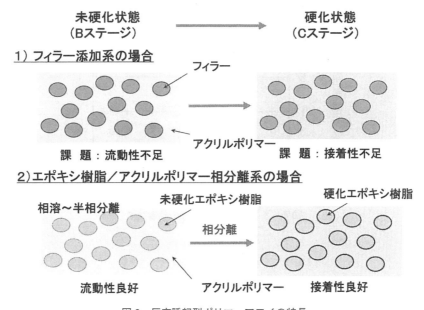

図6　反応誘起型ポリマーアロイの特長

　以上まとめると，アクリルポリマーとエポキシ樹脂からなる反応誘起型ポリマーアロイは以下の利点を有する。

① 硬化前は，相溶～半相溶の状態となり低分子量のエポキシ樹脂によってフィルムのタック性や柔らかさといった要求特性を満たし，硬化後はエポキシ樹脂が島相に相分離することで，補強材の役割を果たすため耐熱性や耐剥離性に優れた高信頼性フィルムが実現できると考えられる。

② 図6に示すようにアクリルポリマーに無機フィラーを補強材として添加した場合と比べると，Bステージ（半硬化状態）の流動性に優れ，Cステージ（完全硬化状態）での耐熱性は同等以上であると期待される。

③ アクリルポリマーを用いることで，エポキシ樹脂のみの場合と比べてフィルムのしなやかさが大幅に増し，加工がしやすくなる。

④ エポキシ樹脂の硬化収縮がアクリルポリマー相の変形により吸収されるため，そりが発生しにくい。

5.4　ダイボンディングフィルムの耐熱性 [18, 19]

　上記のフィルムの耐熱性をさらに向上させるため，架橋性アクリルポリマーとエポキシ樹脂からなるポリマーアロイにミクロンからナノサイズの異なる粒径のシリカをフィラーとしてそれ

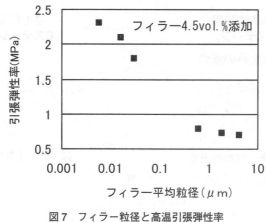

図7 フィラー粒径と高温引張弾性率

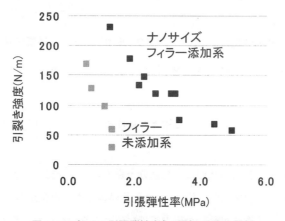

図8 240℃での引張弾性率と引裂き強度の関係

ぞれ添加した系について検討した結果を紹介する。シリカを同量（4.5vol.%）添加した場合の硬化後のフィルムの240℃の高温弾性率を図7に示す。フィラー未添加の場合の弾性率0.5MPaに対して，フィラー粒径が0.8μm以上の場合にはほとんど弾性率が向上しないのに対して，0.02μm以下では弾性率の向上効果が大きいことがわかる。ナノサイズフィラー添加時に認められる高温弾性率の向上効果は，フィラー／樹脂界面の表面効果によって樹脂鎖がフィラー表面に吸着され，高い弾性率を示す拘束樹脂層が形成されたためと解釈できる。さらに，ナノサイズフィラーの添加量を0または4.5vol.%とし，エポキシ樹脂／アクリルポリマー比を6：4～3：7に変更し，またイミダゾール化合物種，添加量を変更することで架橋密度を調整した各種フィルム硬化物の高温弾性率および引裂き強さの関係を調べた。図8に示すように，フィラー添加系は，フィラー未添加系と同様に弾性率の上昇とともに引裂き強さが低下する傾向を示すが，未添加系に

第1章　半導体封止

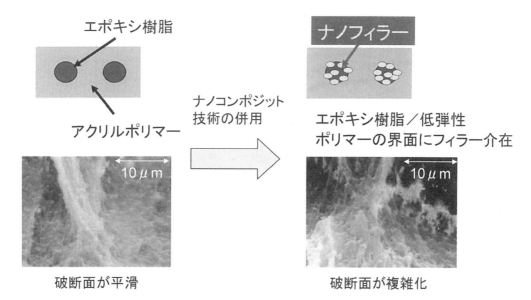

図9　ナノコンポジット技術の効果

表1　パッケージの信頼性評価結果

分類	項目	開発フィルム
組み立てプロセス	ウエハラミネート性（80℃）	良好
	ブレードダイシング性	良好
	チップピックアップ性	良好
耐リフロー性	JEDEC規格，265℃ 3回	レベル1
耐温度サイクル性	−55℃〜125℃	1000サイクル以上
耐PCT性	121℃，100％RH，剥離観察	168h以上

比べて高水準で推移することがわかる。このフィラー添加系の接着性向上効果を高温引裂き試験後の凝集破壊面を観察することによって確認した。図9から明らかなように，フィラー未添加系に比べて，フィラー添加系は凝集破壊面の凹凸が複雑であり，凝集破壊面に島相界面の露出がほとんど見られなかった。このことから，ナノサイズフィラー添加により海相／島相界面の補強機構が働き，その結果引裂き強度が向上しているものと推測している。開発した新規なフィラー含有フィルム（HS-230）の一般特性を表1に示す。開発品は従来品に比べて熱分解温度，T_g，吸湿率は同等であるが，室温および240℃での引裂き強度が著しく向上している。

　前述のエポキシ樹脂／アクリルポリマーからなる反応誘起型ポリマーアロイにナノサイズフィラーを添加したフィルムの中で，硬化前後の流動性，接着性に優れるフィルム（厚さ25

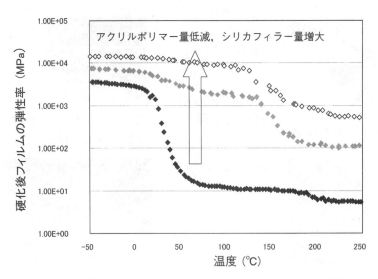

図10 異なる量のアクリルポリマー,フィラーを含むフィルムの弾性率

μm)について,組み立てプロセスにおける各種作業性および信頼性を評価した。結果を表1に示す。低温でのラミネート性およびダイシング性が良好であり,耐リフロー性についてもPbフリーはんだ実装に対応した265℃での高温リフロー試験においてJEDEC(Joint Electron Device Engineering Council)で規定される最高規格であるレベル1(吸湿条件：85℃/85% RH, 168時間)を満足している。以上の結果から,このフィルムはスタックドCSPに適用可能である。

5.5 ダイボンディングフィルムのプロセス適合性[20]

エポキシ樹脂をベースとし,種々の量のアクリルポリマー(5～70vol.%),シリカフィラー(5～70vol.%)などを添加したポリマーアロイフィルムを作製し,Cステージ状態の貯蔵弾性率の温度依存性を調べた。図10から,100℃付近の貯蔵弾性率は最大と最小で1000倍程度の幅があることがわかる。また,一方,種々のBステージフィルムの100℃の溶融粘度を図11, 12に示す。フィルム中のアクリルポリマー比率が増大するにつれて急激に粘度が増大する一方,アクリルポリマー比率30%の系にシリカフィラーを添加した場合には,粘度が上昇することがわかる。

次に,フィラーを含まないフィルム中のエポキシ樹脂および硬化剤の比率を変化させた場合の弾性率,粘度の相関関係を図13,アクリルポリマー比率30%の系でシリカフィラーの含有量を変化させた場合の弾性率,粘度の相関関係を図14に示す。弾性率を変更すると,粘度も同時に変化するというようにそれぞれが相関関係を有しながら同時に変化している。しかし傾向は全く逆であるので,原理的には,表2のようにこれらの効果を足し合わせることで,弾性率を大きくする一方,粘度の変化はアクリルポリマー低減による低減効果とフィラー添加による増大効果を

第1章 半導体封止

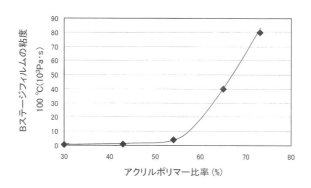

図11 Bステージフィルムの粘度(シリカフィラー非含有)

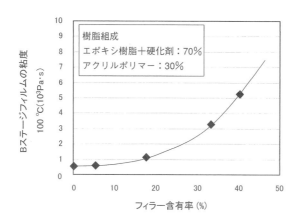

図12 Bステージフィルムの粘度

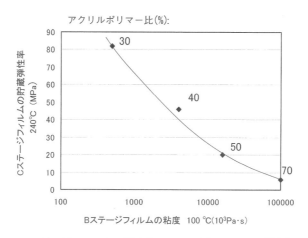

図13 Bステージフィルムの粘度とCステージフィルムの弾性率の関係

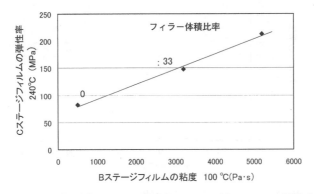

図14　Bステージフィルムの粘度とCステージフィルムの関係式

表2　材料の添加量と特性の関係

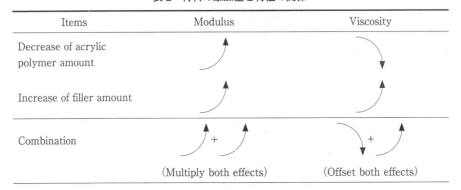

組み合わせて，変化しないように変更することが可能である。

　フィルムのB，Cステージの物性を大幅に変更でき，また，図13，14のように連動させることなく，個別に調整することができれば，種々の要求に応じたフィルムを短期間に開発することが可能になると考える。しかし，場合により10種以上の材料，必要特性について，このような組み合わせを検討することは非常に困難である。そこで，異なる材料の組み合わせを考慮した線形計画法を考案し適用している。

　詳細は文献[20]を参照願うが，エポキシ樹脂，触媒などの素材の配合量と流動性，弾性率などの特性の相関を見いだし，図15のように表示することで，多くの組成と特性との相関を把握可能であることを確認している。ここで，$n = m$で正則の場合は組成-特性相関行列の逆行列を求めれば，必要特性からおおよその組成を算出することが可能である。$n \neq m$の場合や正則でない場合には，ムーアペンローズの一般逆行列[10]を求めれば，同様に組成を算出できる。また，素材の組み合わせが幾通りかあり，さらにその中で配合量を最適化する場合には，図16のような

第1章 半導体封止

Properties　　　Matrix that show correlation between properties and material's parameter　　　Material's parameter

$$\begin{pmatrix} P1 \\ P2 \\ \vdots \\ Pm \end{pmatrix} = \begin{pmatrix} A11 & A12 & \cdots & A1n \\ A21 & A22 & \cdots & A2n \\ \vdots & \vdots & & \vdots \\ Am1 & Am2 & \cdots & Amn \end{pmatrix} \begin{pmatrix} C1 \\ C2 \\ C3 \\ \\ Cn \end{pmatrix}$$

図15　組成と特性との関係を表す式

Properties　　　Matrix that show correlation between properties and material's parameter　　　Material's parameter and combination parameter

$$\begin{pmatrix} P1 \\ P2 \\ \vdots \\ Pm \end{pmatrix} = \begin{pmatrix} A11 & A12 & \cdots & A1n \\ A21 & A22 & \cdots & A2n \\ \vdots & \vdots & & \vdots \\ Am1 & Am2 & \cdots & Amn \end{pmatrix} \begin{pmatrix} k1 & C1 \\ k2 & C2 \\ k3 & C3 \\ \vdots & \vdots \\ kn & Cn \end{pmatrix}$$

図16　組成と特性との関係を表す式（組み合わせを考慮した場合）

材料の組み合わせを考慮することが必要である。材料の組み合わせパラメータ kn は材料 n を使用する場合には1，使用しない場合には0とする。例えば組成として4成分から成る場合には ${}_nC_4$ 通り（通常はエポキシ樹脂 a 種類，フィラー b 種類，ポリマ c 種類の中から1種を選別することが多く，その場合は a・b・c 通り）について対応する組成パラメータ Cn 量を変更し，目標とする物性値を満たす範囲があるかを調べることで，最適なエポキシ樹脂，フィラーなどの組み合わせおよびその量の範囲を調べることが可能である。また，材料費などの項目を特性パラメータと同等に扱うことも可能であり，価格範囲を限定した材料選定などにも役立つほか，植物由来原料の比率や毒性などの環境適合性に関わるパラメータも同時に計算可能である。

　なお，本手法は線形の関係でシミュレーションを行っているため場合により誤差が大きい点などの課題があるが，非線形計画法などの解析手法を用いれば解決可能であると考えている。

5.6 ダイシング・ダイボンディング一体型フィルム [21, 22]

チップの多段積層化が進むにつれて，ウエハ搬送性の確保といった新たな課題を解決することが急務となっている。ダイボンディングフィルム付のチップをピックアップし，基板にダイボンドするプロセスにおいて，ダイボンディングフィルムとダイシングテープの2度のラミネート工程は工数を増加させるだけでなく，特に薄ウエハの場合，工程間のウエハ搬送時にウエハダメージ（割れ，欠け）を生じやすいといった欠点を有していた。

そこで，これらの課題解決のため，熱硬化型ダイボンディングフィルムとダイシングテープの組み合わせによるダイシング・ダイボンディング（以下，DC・DBと略す）一体型テープが重要になっている。このテープを使用することで，これまで，ウエハにダイボンディングフィルムとダイシングテープをそれぞれ貼付していたのが，1回の貼付で済むため，工程が簡略になり，一旦ラミネートした後はウエハリングにウエハおよびテープを固定した状態となるため，ウエハの搬送性が向上する。結果として，ラミネート工程でのウエハの破損が少なくなる。

一体型フィルムにはダイボンディングフィルムとUV反応型あるいは感圧型のダイシングテープを積層したものや，UV反応型ダイボンディングフィルムがダイシングテープの粘着材層を兼ねるタイプのものがある。UV反応型ダイシングテープとダイボンディングフィルムとを積層した製品としては，古河電気工業㈱と日立化成工業㈱が共同開発したダイシング・ダイボンディング一体型テープ「ハイアタッチFHシリーズ」があり，既に幅広く使用されている。

5.7 おわりに

フラッシュメモリーなどの半導体素子による記憶媒体の発展に応じて，ダイボンディングフィルムへの要求は，今後，ますます高度化，多様化すると予想される。例えば，ダイボンディング温度の低温化への対応，低応力化，耐リフロー性の要求レベルの高度化などが挙げられる。また，極薄シリコンウエハを使用した半導体パッケージの用途では，硬化前のプロセス適合性と硬化後の信頼性を両立することがますます重要になる。また，パッケージの小型，薄型化に対応してダイボンディングフィルムの薄膜化が急務である。薄膜化した場合，一般的には接着性や応力緩和性は低下する傾向があるが，反応誘起相分離の機構をより精密に制御することで，ぬれ性，耐熱性などを向上させた研究も行われている [23～25]。

要素技術の開発と，それらを組み合わせ，最適化するための材料設計手法の整備が今後とも重要であるのは間違いない。

第1章　半導体封止

文　　献

1) 山本和徳, 日本ゴム協会誌, **79**, 35 (2006)
2) 傳田精一, 電子材料, p.55 (2004-5)
3) 武田信司, 増子崇, 湯佐正己, 宮寺康夫, 日立化成テクニカルレポート, **24**, 25 (1995)
4) 加藤利彦, 諏訪修, 藤井真二郎, 山崎充夫, 増子崇, 日立化成テクニカルレポート, **43**, 25 (2004)
5) 増子崇, 武田信司, ネットワークポリマー, **25**, 181 (2004)
6) 稲田禎一, 日本ゴム協会誌, **79**, 393-397 (2006-8)
7) 稲田禎一, エレクトロニクス実装学会誌, **11**(7), 484-490 (2008)
8) 岩倉哲郎, 科学と工業, **82**, 37-42 (2008-6)
9) 稲田禎一, 日立化成テクニカルレポート, **52**, 7-12 (2009)
10) 松崎隆行, 2005 半導体材料技術大全集, 電子ジャーナル (2005/6)
11) 稲田禎一, 松崎隆行, 総説エポキシ樹脂 最近の進歩Ⅰ, エポキシ樹脂技術協会編, p.322-329 (2009)
12) 島田靖, 栗谷弘之, 稲田禎一, 富山健男, 細川羊一, 日立化成テクニカルレポート, **33**, 17 (1999)
13) 岩倉哲郎, 井上隆, 精密高分子技術, シーエムシー出版, p.102-109 (2004)
14) T. Inoue, *Prog. Polym. Sci.,* **20**, 119 (1995)
15) K. Yamanaka, T. Inoue, *Polymer,* **30**, 662 (1989)
16) P. J. Flory, *J. Chem. Phys.,* **9**, 660 (1941)
17) M. L. Huggins, *J. Chem. Phys.,* **9**, 440 (1941)
18) 稲田禎一, 畠山恵一, 松崎隆行, ネットワークポリマー, **25**, 13 (2004)
19) 稲田禎一, 岩倉哲郎, 畠山恵一, 松崎隆行, ネットワークポリマー, **26**, 18 (2005)
20) 稲田禎一, ネットワークポリマー, **30**, 2-9 (2009)
21) 松崎隆行, 稲田禎一, 畠山恵一, 日立化成テクニカルレポート, **46**, 39 (2006)
22) 松崎隆行, 宇留野道生, コンバーテック, **63**(8), 62-64 (2003)
23) T. Iwakura T. Inada, M. Kader, T. Inoue, *E-Journal of Soft Materials,* **2**, 13 (2006-6)
24) 宮内一浩, 岩倉哲郎, 井上隆, ネットワークポリマー, **28**, 48 (2007)
25) 郷豊, 青山佳敬, 井上隆, 陣内浩司, 高原淳, ネットワークポリマー, **29**, 31 (2008)

6 封止フィルムの機能と用途

岩倉哲郎[*1]，稲田禎一[*2]

6.1 はじめに

　半導体パッケージの薄型化や形状複雑化に伴い，従来主流であった固形封止材ではカバーしきれない用途が増えている。これまでにも，液状封止材，粉体状の封止材など固形（タブレット型）以外の封止材はあったが，最近ではフィルム状の封止材（封止フィルム）の検討が進んでいる。封止材には，絶縁性，耐熱性，耐湿性，保護性，レーザーマーキング性など封止材の一般特性の他，用途により，低硬化収縮性，柔軟性，非流動性，電磁波シールド性など多様な特性が要求される。封止フィルムは固形封止材や液状封止材に比べて，低硬化収縮，低流動などの特長があるので，必然，極薄型パッケージや中空構造パッケージのような新規特性が必要な用途でのニーズが大きくなる。本節では封止フィルムに関して概説する。

6.2 封止フィルムのベース技術

　封止フィルムは，①硬化前は，しなやかで取り扱い性に優れたフィルムであり，②硬化後は従来の封止材と同程度の保護，絶縁，耐熱性能を有することが必要である。用途によっては，さらに低硬化収縮性，柔軟性，非流動性，電磁波シールド性など多様な特性が要求される。したがって単一の材料では相反する特性を同時に発揮することは難しく，ポリマーアロイ化，コンポジット化による特性の両立が重要となっている。

　熱硬化性樹脂の耐熱性を維持しながら脆性を補うことを目的に，古くから熱硬化系ポリマーアロイの研究が行われている[1〜5]。われわれは，硬化反応によって相分離構造を誘発するポリマーアロイとして，エポキシ樹脂／アクリルゴムからなる反応誘起型相分離樹脂系に注目して検討を進め，図1に示すような半導体パッケージのチップ接着用フィルム（ダイボンディングフィルム）

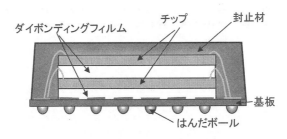

図1　半導体パッケージ構造の例

　＊1　Tetsuro Iwakura　日立化成工業㈱　先端材料開発研究所　研究員
　＊2　Teiichi Inada　日立化成工業㈱　先端材料開発研究所　主任研究員

第 1 章　半導体封止

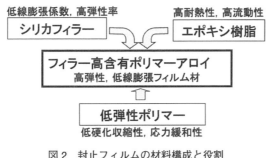

図2　封止フィルムの材料構成と役割

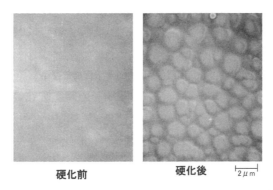

図3　エポキシ樹脂／アクリルゴムからなるポリマーアロイの硬化前後の SEM 写真

を開発した[6〜17]。このダイボンディングフィルムにフィラーを高充てんするとフィルムの高弾性化ならびに低線膨張化が期待できる。一方で可とう性の低下が懸念されるが，樹脂改質，フィラーの粒度分布制御により可とう性を維持することが可能になった。このように高弾性化，低線膨張化を両立しながら，可とう性を維持することで，封止フィルムを開発した[18, 19]。

6.3　構成材料と微細構造

封止フィルムは，フィラーを高含有したポリマーアロイで図2に示す材料構成からなる。それぞれの構成成分が耐熱性，応力緩和性，低熱膨張性などの特性発現に寄与するため，封止材としての必要特性を満足している。このようなフィルムの材料設計について，実例をもとに述べる。

樹脂成分として，架橋性アクリルゴム，エポキシ樹脂及び硬化剤，また，フィラーとしてはシリカを用いた。まず，①エポキシ樹脂及び硬化剤合わせて63質量％と②アクリルゴム37質量％からなるフィルム（フィラー未添加）の相構造と流動特性を調べた。フィルム表面の走査型電子顕微鏡（SEM）写真を図3に示す。硬化前では明確な相分離構造が見られず，エポキシ樹脂及び硬化剤はアクリルゴムと相溶していると考えられる。一方，170℃ × 1h 硬化後のフィルムの

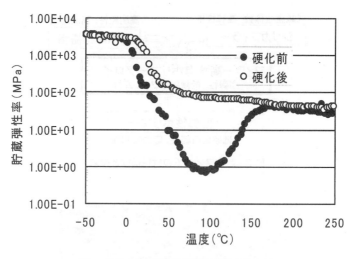

図4　硬化前後の貯蔵弾性率の温度依存性

表面には直径1μm程度のほぼ円形の島が隙間なく敷き詰められたような特徴的な相分離構造が観察された。次に，このフィルムについて硬化前後の弾性率の温度依存性を調べた結果を図4に示す。硬化前フィルムの弾性率は90℃付近で1MPa以下に低下している。この低下は，エポキシ樹脂及び硬化剤がアクリルゴムと相溶しているため，エポキシ樹脂が可塑剤として作用しているためと推測される。一方，硬化後の弾性率はアクリルゴムの軟化点である40℃付近で急激に低下するが，60～250℃までの広い温度範囲で30～100MPa程度の値を維持している。相分離したエポキシ樹脂の島相が硬化することによりフィラー的役割を果たしているためと考えられる。このように，この系は，エポキシ樹脂の硬化前では，アクリルゴム中にエポキシ樹脂が溶解するために，柔軟性，流動性に優れる。一方，硬化後では，柔らかいアクリルゴムの海相に，硬く耐熱性に優れるエポキシ樹脂が島相で存在する"逆海島構造"のために，優れた応力緩和性と耐熱性を有すると考えられる。

6.4　封止フィルムの特徴

エポキシ樹脂／アクリルゴムの比率を変更する，さらに，フィラーを添加することで，流動性及び硬化後の弾性率を幅広く制御できると考えられる。まず，フィラーを高充てんさせたフィルムの断面のSEM写真を図5に示す。適度に広い粒度分布を持った球状溶融シリカを用いたことで，フィルム内にフィラーが高充てんされていることがわかる。このフィラー高充てんフィルムは，フィラー未添加フィルムと同様に，室温での可とう性を有し，フィルムとしての取り扱い性に優れている。さらに80℃以上では適度の粘着性を有するためラミネート（貼り合わせ）が容

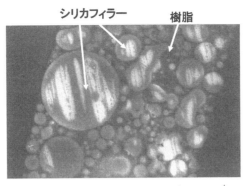

図5 フィラー高充てん系の断面SEM写真

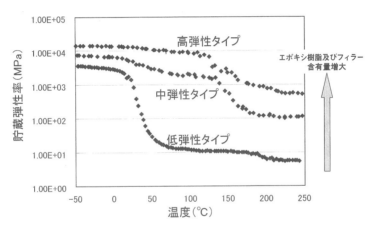

図6 硬化フィルムの貯蔵弾性率の温度依存性

易である。

アクリルゴムの比率及びフィラーの添加量を変更したフィルムを作製し，硬化後の貯蔵弾性率の温度依存性を調べた（図6）。図6に示したようにエポキシ樹脂及びフィラーをともに多く含むフィルムは弾性率が高くなり，エポキシ樹脂／アクリルゴムにフィラーを添加したシンプルな系ながら貯蔵弾性率を室温では10倍，100℃では1000倍，250℃では100倍程度の幅で調整することが可能である。エポキシ樹脂／アクリルゴム系の硬化物は前述の"逆海島構造"を形成するため，室温域にアクリルゴム，高温域（150〜180℃）にはエポキシ樹脂の各相のガラス転移温度（T_g）に由来する弾性率の低下が見られる。アクリルゴムが多い低弾性タイプのフィルムではアクリルゴムのT_g付近の弾性率低下が大きい。一方，エポキシ樹脂及びフィラー含有量の多い高弾性タイプのフィルムでは，室温付近の弾性率の低下はわずかで150℃付近のエポキシ樹脂

高機能デバイス封止技術と最先端材料

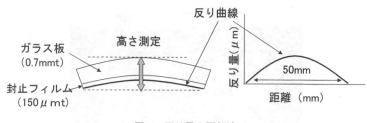

図7 反り量の評価法

の T_g 由来の弾性率低下がはっきり見られる。この結果からアクリルゴム添加硬化がわずかに過ぎないように見えるが，後述するように，硬化反り量の低減には大きく関与している。つまり，少量のアクリルゴムが逆海島構造の海相を形成することで，封止材に必要な高い弾性率を維持しながら，一方，応力緩和により低反り化を図るという役割を演じているのである。

エポキシ樹脂／アクリルゴム系は硬化後に図3に示すような特徴的な相分離構造を形成する。その構造ゆえ，エポキシ樹脂の硬化収縮にともなって発生する応力を海相のアクリルゴムが緩和し，硬化後の反り量が小さいという特長を有する。そこで，フィラーを高充てんしたフィルムにおいても硬化反り量が小さい特長を確認するため，図6の高弾性タイプのフィルム，ならびに，このアクリルゴムを他のポリマーに置き換えたフィルムを作製し，硬化反り量を比較した。比較ポリマーには硬化後の相分離構造がエポキシ樹脂／アクリルゴム系と異なるように，①エポキシ樹脂との相溶性に優れ硬化後に明確な相分離構造を形成しないフェノキシ樹脂，ならびに，②硬化後もエポキシ樹脂内にゴム成分が分散した海島構造で，アクリルゴム系の"逆海島構造"と異なる構造を形成する粒子状シリコーンゴムを選定した。なお，それぞれのフィルムの反り量は，50mm角のガラス板（厚さ0.7mm）の片面にフィルム（厚さ150μm）を80℃で貼り合わせ，170℃で1h硬化したサンプルの高さを図7に示したように測定した。

比較結果を図8に示すが，アクリルゴム系フィルムの反り量は40μm程度であった。一方，アクリルゴム系に比べてフェノキシ樹脂系及び粒子状シリコーンゴム系は反り量が大きく，フェノキシ樹脂系では3倍以上の反り量を示した。フェノキシ樹脂系は，硬化により明確な相分離構造が形成されず，また，フェノキシ樹脂そのものの応力緩和性も低いことからアクリルゴム系に比べて3倍以上の反り量を示したと考えられる。また，粒子状シリコーンゴム系は相分離構造を示すために，フェノキシ樹脂系に比べ応力緩和性が高く，反り量も低い。しかし，その相分離構造は，柔軟なシリコーンゴムが島相としてエポキシ樹脂中に分散した状態であり，エポキシ樹脂の硬化収縮にともない発生する内部応力を島相が緩和するものの，海相が硬いエポキシ樹脂のため応力緩和に限度がある。一方，アクリルゴム系は柔軟なアクリルゴムの海相がエポキシ樹脂の硬化収縮により発生する応力源の島相を包み込むように硬化する"逆海島構造"であり，粒子状

第 1 章　半導体封止

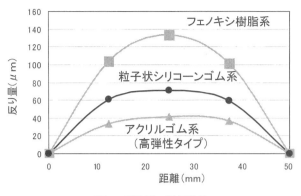

図 8　反り量の評価結果

表 1　開発フィルムの物性

物性		単位	開発フィルム
弾性率	25℃	MPa	13000
	150℃		2300
	250℃		500
線膨張係数（α）		ppm/℃	13（−50〜140℃）
ガラス転移温度（T_g）*		℃	150

＊　エポキシ樹脂に由来

シリコーンゴム系に比べ応力緩和性に優れ，フィルムの反り量が小さくなったと考えられる。さらに，粒子状シリコーンゴム系は，エポキシ樹脂中にゴム相が分散する相分離構造のため，打ち抜き加工時にクラックを生じやすいこともわかった。

以上のように，本検討のエポキシ樹脂／アクリルゴム系は，高弾性化，低線膨張化のためにフィラーを高充てん化しても，硬化前フィルムの可とう性の保持が可能であり，さらに，硬化時の反りが小さいという特長を有することが明らかである。

6.5　封止フィルムとしての実用特性

エポキシ樹脂／アクリルゴム系のフィラー高充てんフィルムを封止用途への適用を試みた結果を述べる。表1に，エポキシ樹脂及びフィラー含有量の多い高弾性フィルムをベースに開発したフィルムの硬化後の弾性率，ガラス転移温度，線膨張係数を示した。このフィルムは，高い弾性率と低い線膨張係数を示す。さらに，フィルムの充てん性について図9に示すプレス工程での評価も行った結果，硬化前フィルムを適切な圧力でプレスをすることで，過剰な樹脂のしみ出しやボイドがなくチップを封止できた。さらに，この封止品を170℃×1h硬化後，チップごとに個

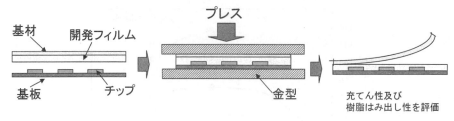

図9　プレス工程での評価法

片化したサンプルについてはんだ耐熱性を評価したところ，フィルムはく離などの異常がなく，信頼性も良好であることがわかった。このことから，本フィルムは封止フィルムとしての応用が可能である。

　この技術をベースに開発した低弾性，中弾性，高弾性タイプの封止フィルムのラインアップを表2に示す。これらの封止フィルムは，硬化前は，しなやかで取り扱い性に優れ，低温（80℃以下）でラミネートが行える。また，硬化後は優れた接着性や信頼性を有し封止材としての基本的な性能を備えている。また，低弾性，中弾性，高弾性タイプの三種類があることで，用途により使い分けが可能である。さらに，膜厚にも幅広く対応しており，最も薄いものは10μm，厚いものでは多層積層することで数百μmまで対応可能である。

　新規パッケージで応力緩和とチップ保護を両立したい場合，応力緩和に着目すれば低弾性タイプのフィルムが良いし，チップ保護に着目すれば高弾性タイプのフィルムが好ましい。そのため実施の使用条件などで，その折り合いをつける必要がある。このような場合には，低弾性，中弾性，高弾性タイプの三種類のフィルム，及びそれらの厚さ変更品を評価することで，その中で要求に合致するものを見いだすことができる。また，場合によっては，これらの積層体，中間的な特性を有するフィルムなども作製可能である。両立が難しい特性に対しては，バランスが良い点をいかに効率的に見いだすかが重要であるが，そのような場合には，封止フィルムのラインアップが揃っていることが大変役に立つ。特に同一の材料系で，図6に示したように幅広く材料特性を変更できることは新規パッケージへの要求に合致するフィルムを探索する際に有効である。

　また，図10に封止フィルム（中弾性タイプ）のレーザーマーキング性の評価結果を示す。黒色の封止フィルムでは，通常の固形封止材と同様に鮮明なマーキングが可能である。黒色顔料を加えない白色フィルムではマーキングできないことから，レーザーマーキング用途では黒色の封止フィルムが推奨される。しかしながら，用途によりマーキングが必要ない場合もあり，白色のものが使用される場合もある。

　封止フィルムはBステージ状態（未硬化〜半硬化状態）で供給され，これを基板，モジュール，チップやウエハなどに貼り付け，あるいは充てんした後，150〜180℃程度で熱硬化するこ

第1章　半導体封止

表2　封止フィルムのラインアップ

分類	特性	単位	低弾性タイプ	中弾性タイプ	高弾性タイプ	備考
フィルム外観	色		黒色	黒色	黒色	−
	膜厚	μm	25	25	100	
貼付作業性	80℃ラミネート性	−	良好	良好	可	ゴムロールラミネーター使用
	170℃硬化後発泡	−	無	無	無	170℃，1h後
吸水特性	吸水率	％	0.7	0.5	0.3	85℃/85%RH，48h後の重量変化
接着特性	対PIQピール強度	N/chip	1.6	1.1	2.9	5mm角チップ引き剥がし（260℃）
	対Alピール強度	N/m	630	650	700	30μm厚アルミ箔90°ピール，25℃
	対レジストピール強度	N/m	700	600	550	太陽インキ AUS-5 90°ピール，25℃
機械特性	反り	mm	0	0	0.8	5inchウエハ，25℃
	弾性率　25℃ 　　　　150℃ 　　　　250℃	MPa	4000 10 6	5000 550 110	13000 2300 500	動的粘弾性測定
	線膨張係数（α）	ppm/℃	79(−50～30℃)， 101(30～250℃)	45(−50～30℃)， 80(30～250℃)	13(−50～140℃)， 49(140～250℃)	熱機械分析，引っ張り法
	ガラス転移温度（T_g）	℃	35，180	35，180	150	動的粘弾性測定，tanδピーク
信頼性	耐PCT性	−	異常なし	異常なし	異常なし	121℃/2atm，168h後
	はんだ耐熱性	−	フクレ剥離なし	フクレ剥離なし	フクレ剥離なし	85℃/85%RH，48h後，265℃，1分処理
レーザーマーキング性	照射強度5.0J	−	良好	良好	良好	−

※本資料は実測値であり，保証値ではない

とで強固な膜を形成する。このBステージ状態についてもエポキシ樹脂／アクリルゴムにフィラーを充てんしたフィルムは，様々な流動設計が可能である。このため，基板，モジュール，チップやウエハなどの多様な形態に応じて，最適なフィルムが供給できる。例として，三種類のBステージ状態のフィルムの流動性を比較した結果を図11に示す。フィルムAは，エポキシ樹脂及びフィラーを多く含有したフィルムである。フィルムBは，フィルムAと同等の粘度に調整したフィルムで，フィルムAに比べてエポキシ樹脂の比率及びフィラー含有量ともに減らした。さらに，フィルムCは，フィルムBに比べてアクリルゴムの比率を高くしている。フィルムA，

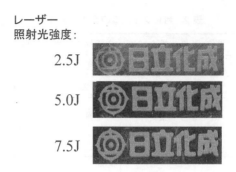

図10 レーザーマーキング試験結果（黒色フィルム）

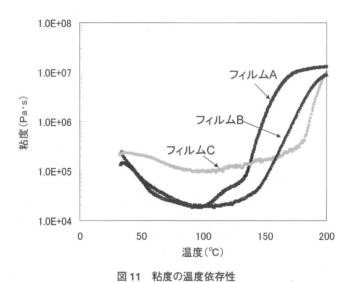

図11 粘度の温度依存性

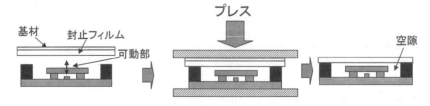

図12 MEMSデバイスパッケージの封止例

Bでは一旦100℃程度で粘度が低下し，この時点で基板の凹凸を充てんする。その後，温度上昇に伴いエポキシ樹脂の架橋反応が進み，粘度上昇，硬化が進行する。一方で，図12に示したようなMEMS（Micro Electro Mechanical Systems）の用途では可動部を持つため，可動部の保護のため中空封止構造のパッケージが求められる。その場合，100℃の粘度低下が少ないフィル

ムCを使用することで,中空部分の空隙を確保できる。しかし,これも温度や圧力などの製造条件,ギャップの大きさなど,パッケージの諸元によるので必ずしも,フィルムCならば,空隙確保が可能でフィルムA,Bは不可能というわけではない。むしろ,重要なのは粘度の異なる製品のラインアップがあり,パッケージ形態やプロセスに合わせて選択できるという自由度があることである。

また,フィルム材料の利点として,多層化により応力緩和性と保護性の両立をとること,あるいは流動性と過大なしみ出し防止などを両立することも可能であり,種々の検討が行われている。

このほかにナノ相分離した新規な材料をベースにした透明なフィルム[20]もあり,ディスプレイや照明,光学部品などの用途での検討が進んでいる。

以上のように封止フィルムは,単に封止材が薄くなったというだけでなく,多層化やプロセス変更により,新規な用途やプロセスに対応できるので,潜在的な可能性を秘めていると思われる。

6.6 おわりに

エポキシ樹脂／アクリルゴムからなる反応誘起型相分離樹脂系にシリカフィラーを高充てんした封止フィルムは,可とう性に優れるフィルムであり,かつ硬化反りが小さく,また,硬化物は低熱膨張,高弾性などの特長を有する。この封止フィルムは従来の固形封止材と同様の特性を持っているが,一方で,ユーザーには固形封止材を用いた製造設備が完備しており,さらに固形封止材にはコスト的なメリットや長年使用されてきたことに対する安心感があるため,これらに対抗することはなかなか難しい。しかしながら,特殊半導体パッケージ用途など,固形封止材ではカバーできない用途が増えてきており,封止フィルムでの適用が始まっている。今後も,そのような用途での展開を図りたい。

文 献

1) A. M. Willner, Ph. D. Thesis, "Toughening an Epoxy Resin by an Elastomeric Second Phase", Massachusetts Institute of Technology (1968)
2) S. Kunz-Douglass, P. Beaumont, M. F. Ashby, *J. Mater.Sci.,* **15**, 1109 (1980)
3) A. F. Yee, R. A. Pearson, *J. Mater. Sci.,* **21**, 2462 (1986)
4) K. Yamanaka, T. Inoue, *Polymer,* **30**, 662 (1989)
5) T. Inoue, *Prog. Polym. Sci.,* **20**, 119 (1995)
6) 稲田禎一,畠山恵一,松崎隆行,ネットワークポリマー,**25**, 13 (2004)

7) 稲田禎一, 岩倉哲郎, 畠山恵一, 松崎隆行, ネットワークポリマー, **26**, 18（2005）
8) 稲田禎一, エレクトロニクス実装学会誌, **11**(7), 484（2008）
9) 稲田禎一, 岩倉哲郎, 富山健男, 住谷圭二, 松崎隆行, 日立化成テクニカルレポート, **47**, 15（2006）
10) 稲田禎一, ネットワークポリマー, **30**, 2（2009）
11) 岩倉哲郎, 稲田禎一, 機能材料, **22**(11), 21（2002）
12) 稲田禎一, 日本ゴム協会誌, **79**, 393（2006）
13) 岩倉哲郎, 科学と工業, **82**, 37（2008）
14) 稲田禎一, 日立化成テクニカルレポート, **52**, 7（2009）
15) 稲田禎一, 松崎隆行, ダイボンディングフィルム及び一体型フィルム, 総説エポキシ樹脂最近の進歩Ⅰ, エポキシ樹脂技術協会編, p.322-329（2009）
16) 岩倉哲郎, 井上隆, 反応誘起相分解による熱硬化系アロイの構造制御, 精密高分子技術, シーエムシー出版, p.102-109（2004）
17) 郷豊, 宮内一浩, 井上隆, 精密高分子の基礎と実用化技術, シーエムシー出版, p.258-263（2008）
18) 岩倉哲郎, 稲田禎一, 第58回ネットワークポリマー講演討論会講演要旨集, p.81-84（2008/10）
19) 岩倉哲郎, 稲田禎一, 精密ネットワークポリマー研究会, 第2回若手シンポジウム予稿集（2009/3）
20) T. Iwakura, T. Inada, M. Kader, T. Inoue, *e-Journal of Soft Materials,* **2**, 13（2006）

7 カーエレクトロニクス用封止材料

武井信二[*1]，高橋良和[*2]

7.1 はじめに

　自動車のエレクトロニクス化は急速に進展しており，電源系や点火系などのエンジン制御の他，動力性能及び環境性能両立化のため，様々な機器制御のエレクトロニクス化が進められている。こうした要求に応えるため半導体デバイスの高機能化が進められてきたが，デバイスの搭載位置がエンジン周辺に移行し限られた空間に高密度実装する必要性とより厳しい使用環境での品質保証のため，デバイス実装技術が近年重視されている。

　一般的に実装技術は配線基板への部品搭載に関する技術であるが，ここではデバイスの樹脂封止について述べる。一般的な家電製品やモバイル製品と異なり，自動車の厳しい環境下における高信頼性を保証するためには，材料面からも様々な工夫を要する。高信頼性と同時に成形作業性，低コスト化といった相反する特性を両立化させる必要があり，トレードオフの関係を同時に満足するためのいくつかの解決手法と先端封止樹脂材料の動向について述べる。

7.2 半導体パッケージ，樹脂材料，封止方法の動向

　図1に，半導体パッケージ及び樹脂材料に求められる特性の変遷を示す。樹脂封止の黎明期においては多くの課題を抱えていたが，とりわけ樹脂中の不純物による回路上のアルミ配線腐食が大きな課題であった。トランスファー成形用として用いられる樹脂は，熱硬化性のエポキシ樹脂が用いられるが，樹脂製法上の理由からNa^+，Cl^-などのイオン性不純物を多く含み，また，樹

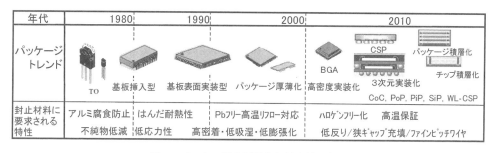

図1　パッケージ市場動向と封止材の変遷

---

*1　Shinji Takei　富士電機アドバンストテクノロジー㈱　生産技術センター　生産技術研究所　樹脂材料グループ　主任研究員

*2　Yoshikazu Takahashi　富士電機デバイステクノロジー㈱　電子デバイス研究所　副所長

高機能デバイス封止技術と最先端材料

表1 樹脂成形方法の比較

項目	トランスファー成形	印刷・ディスペンス封止	圧縮成形
樹脂形態	固形	液状	粉末・液状
高密度実装対応	△	○	○〜◎
薄型化	△〜×	○	◎
狭ピッチ長ワイヤ	△	○	○
大面積	△	○	○
密着性・ボイド	○	△	◎
生産性	◎	×	◎
初期投資	△〜×	○	△〜×

脂の特性上，水分の浸入は避けられず，さらに高密着化，低応力化技術も十分ではなかったため界面剥離も生じ易く，アルミ腐食を招く3つの条件（不純物，水，隙間）が重なり，耐湿信頼性寿命は短いものであった。その後，材料の精製技術向上により樹脂中の不純物濃度は飛躍的に改善され，アルミ腐食の問題はなくなり，車載製品の品質保証可能なレベルとなった。

1980年代に入るとはんだゴテによる電子部品の基板はんだ付から赤外線リフローによる同時一括はんだ付実装がされるようになり，パッケージのはんだ耐熱性向上が大きな課題となった。1990年代では，鉛フリーはんだ導入に伴う高温リフロー実装保証のため，さらなるはんだ耐熱性が必要となり，高密着性，低応力化による素子への応力低減／界面剥離応力低減，無機フィラ高充填化技術による低吸水化，疎水性材料の開発など時代を追って進歩を遂げた。

近年では半導体パッケージは，高密度実装化に伴い，小型，薄型，ファインピッチ，多ピン化が急速に進んでおり，新たな課題に対しブレークスルー技術が要求されている。

樹脂封止の方法に関しては，トランスファー成形法が主流を占めているが，新たな課題に対する解決策の1つとして印刷・ディスペンス封止，圧縮成形法などが今後増えるものと思われる。表1に，各種成形方法の比較を示す。

こうした樹脂封止方法は，先端パッケージの抱える課題に対し，樹脂材料側では改善困難な課題に対し有効な方法であるが，封止材料は溶融流動性，硬化性，離型性，密着性，コストなど高度にバランスさせる必要があり，樹脂材料冗長設計にも役立っている。

封止樹脂に要求される特性は，図2に示すBGAパッケージ動向に対し，今後，封止樹脂に求められる特性と改良手法，背反事項を表2に示す。成形性（樹脂充填過程でのボイド，ワイヤ変形など）や作業性（金型汚れ，金型離型不良），さらには硬化後の離型過程，熱収縮過程におけるパッケージ変形によるチップクラックなどの問題が発生し，その解決には各樹脂特性がトレー

第1章　半導体封止

図2　BGA COC パッケージの動向

表2　封止樹脂材に要求される技術課題

封止材の技術動向	パッケージ・材料動向	樹脂改良手法	背反事項
ワイヤ流れ	ワイヤの細線化 ワイヤ間隔狭ピッチ化 Cu ワイヤ化	低粘度化	ボイド増加
ボイド	FC 狭ギャップ化	表面張力，圧力伝達性	高粘度化
未充填	FC 狭ギャップ化	低粘度（構造粘性） 圧力伝達性	ボイド増加
パッケージ反り	PKG 薄型化	T_g 適正化，低収縮	高弾性，応力増加
はんだ耐熱性	高密着，低吸水	低粘度，フィラ高充填化 低 T_g 化，疎水化	高弾性，応力増加， チップ表面損傷
高温保証	175℃以上の高温保証 （SiC は 200℃以上）	高 T_g 化	応力増，絶縁性低下
環境性	ハロゲンフリー化	代替難燃フィラ，難燃樹脂	応力増加，コスト up

ドオフの関係にあることが多く，両立化させるには総合的なバランスを考慮した設計が必要である。

7.3　樹脂に要求される特性

半導体パッケージに要求される特性は，より薄型，小型化，高耐熱化の動向に伴い，封止材料にさらなる高性能化とそれに伴う克服すべき背反事項もより大きな課題となっている。封止材に求められる特性と背反となる課題の解決方法について述べる。

7.3.1　低粘度化

ワイヤの細線化，狭ピッチ，多ピン化，長ループ化が進むにつれ，写真1と写真2に示すように，トランスファー成形の樹脂流動時のワイヤ変形が問題となる。ワイヤが溶融樹脂から受ける抗力 D の一般式（1）から樹脂の粘度 η に比例，流速 V の2乗に比例して増加すると考えられ，ワイヤ変形低減化のためには，樹脂の低粘度化，流速制御可能な成形方法，流動距離の短い圧縮成形法などが検討される。

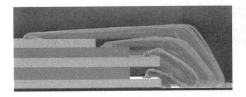
写真1 素子積層型高密度多ピンパッケージのワイヤ接続事例

写真2 素子／インターポーザー基板間狭ピッチ／長ループワイヤ接続事例

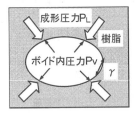

P_V：ボイド内圧力
P_L：成形圧力
γ：樹脂／ボイド界面張力
m：ボイド体積の表面積に対する比
　　（半径Rの球体と仮定した場合 $m=R/3$）

図3 樹脂中ボイドの成長・縮小モデル

$$D = \kappa \cdot Cd \cdot \rho \cdot V^2 \cdot S \tag{1}$$

　κ：定数　Cd：抗力係数　ρ：樹脂密度（樹脂粘度ηに比例）　V：流速
　S：ワイヤ投影面積

一方パッケージの小型・薄型化が進み，ワイヤを用いない Flip-Chip（FC）接合化が今後増えるものと思われるが，樹脂封止空間が小さくなる方向にあり，狭ギャップへの樹脂充填は，次の式（2）で表され[1,2]，ワイヤ不要となっても同様に低粘度化が必要である。

$$Z^2 = W \gamma t \cos\theta / 3\eta \tag{2}$$

　Z：t 時間後の樹脂の侵入深さ　W：溝の深さ　γ：樹脂の表面張力　η：樹脂の粘度
　θ：樹脂の接触角

7.3.2 ボイド低減化

封止樹脂の低粘度化に伴い，成形中に表面張力も低下，流動中のエアの巻き込みや揮発成分が追い出され難くなり，樹脂中にボイドが増加傾向にある。さらに FC 実装などの狭ギャップ化が進むにつれ，今まで問題視されなかった微小ボイドも問題となる可能性がある。樹脂中にボイドが残留するかは，図3に示すボイド内圧力 P_V と成形圧力 P_L と表面張力 γ によって，次式（3）で表される[3]。式（3）はボイドが成長するか，圧縮されて小さくなるかの境界を示す。

$$P_V - P_L = \gamma/m \tag{3}$$

$$\text{ボイド成長条件}: P_V > P_L + \gamma/m \tag{4}$$

$$\text{ボイド縮小条件}: P_V < P_L + \gamma/m \tag{5}$$

式（3）からわかるように，ボイドを縮小させるためには，樹脂の表面張力，成形圧力を高めることが必要である。樹脂の表面張力は粘度と関係しており低粘度化に伴い表面張力も低下しエアの巻き込みボイドが増加し易くなる。表面張力低下を防ぐには界面活性剤の添加が有効であるが，密着性の低下を伴うことがあり，適切な界面活性剤の選択が重要となる。

もう1つの方法として，成形圧力を高めてボイドを圧減することも有効である。しかし，圧力を高めても流動距離が長い場合，樹脂の圧力伝達性が低下してボイドが潰れ難くなる現象がある。

一方，先端封止材では，吸水率や成形収縮率を小さくすることを目的として樹脂中のフィラ含有率を高める方向にあり，硬質のフィラ量が多くなるにつれ金型界面での摩擦抵抗・圧力損失が大きくなり成形圧力が一層伝わり難くなる傾向にある。また，樹脂流動空間の狭ギャップ化で樹脂の流動抵抗が高くなり，P_Lが小さくなり，ボイド増加の加速要因となっている。このような課題を解決するために，流動距離の短い圧縮成形法が今後増えるものと考えられる。

ここでは，流動距離の長い従来のトランスファー成形法で，先端材を適用する場合の改善方法について述べる。フィラ高充填樹脂の場合，流動抵抗を小さくすること及び樹脂中の圧力伝達性の低下を小さくすることに留意する必要がある。フィラを微細化することで摩擦抵抗は小さくなるが，フィラ凝集力が強くなり，樹脂粘度が上昇する背反現象が生じる。また微細化して比表面積が大きくなるとチキソ性（非ニュートン流体，擬塑性流体）が強くなり，圧力伝達性が低下する。良好な圧力伝達性を示すニュートン流体に近づける必要がある。

フィラの粒度分布を適正化することで，圧力損失，圧力伝達性を改善した事例を示す。写真3と写真4は，スパイラルフロー金型を利用して成形圧負荷後のボイド残留状態を比較したものである。実験に用いた樹脂は硬化による影響を避けるため硬化促進剤を減らしたものを用いた。写真3の改良前のチキソ性の強い樹脂では樹脂流路末端領域でボイドの残留が見られるのに対し，写真4のフィラ粒度分布を適正化し，低圧力損失・低チキソ化した樹脂の場合，末端まで圧力が伝わり，ボイドが消滅している。

7.3.3 フィラによるチップ表面損傷

今後，樹脂のさらなる低膨張化，低収縮化（低反り），低吸水化のためフィラの高充填化が主流となると考えられるが，写真5に示すようなチップ表面に損傷を与える事例も出てきており，

高機能デバイス封止技術と最先端材料

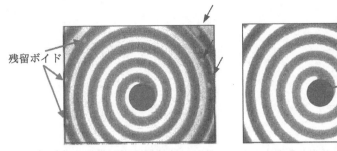

写真3 残留ボイドの樹脂流動距離依存性　　写真4 圧力伝達性を改良した樹脂のボイド改善事例

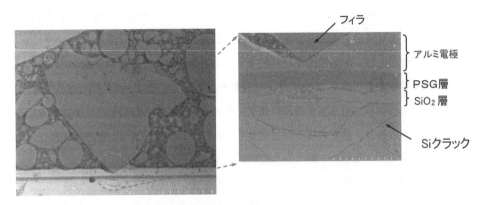

写真5 充填フィラによるチップ損傷事例

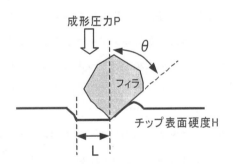

図4 接触表面に損傷を与える粉体特性パラメータ

留意する必要がある。樹脂が高圧・高速で金型内に注入されると，充填材として硬質なフィラがチップ表面に損傷を与える場合がある。損傷は切削，亀裂，疲労などがあり，充填材が水平に作用すれば切削，垂直に作用すれば亀裂，疲労破壊に至る。図4にフィラ粉体による表面損傷のイメージ図を示す。

フィラの切削による磨耗量Wは式（6）で表される[4]。チップ損傷を防ぐには，フィラの球状

化（cot θ 小），微細化，軟質化が有効である。成形圧力 P の低減は，密着力低下，ボイド増加などマイナス要因の影響が大きい。

フィラの軟質化は，ハロゲンフリー化のための難燃代替材として軟質の水酸化アルミフィラを充填材として適用するケースが増えるものと考えられ，チップ損傷を防ぐためにも有効である。

$$W = PL \cot \theta / \pi H \tag{6}$$

P：成形圧力　L：フィラの切削移動距離　θ：フィラ先端角 2θ　H：被損傷部の硬さ

7.3.4　密着性

樹脂の密着性（対 Si チップや金属フレーム）に関しては，樹脂設計上様々な特性に配慮を要する特性であり，大きく分けて次の4項目について留意する必要がある。

① 被着体との濡れ（接触面積増大，機械的接着（投錨・嵌合効果））
② 被着体との物理的分子間力による吸着的接着（接触面積が多いほど増大）
③ 接合界面での剥離応力低減
④ 連続成形における金型汚れ，離型性

界面密着性改善のための第1ステップとして，被着体表面への樹脂の濡れが重要である。被着体表面は微視的に見れば凹凸があり，V溝空孔部分に樹脂が流れ込んで硬化することで接合する。空隙への樹脂の浸入は式（2）で示され，樹脂の粘度低減化が有効である。樹脂の低粘度化は，分子量分布を持つオルソクレゾール型エポキシ樹脂から分子量分布を持たない構造のビフェニル型エポキシ樹脂が開発され，飛躍的に密着性が改善された。約 1/10 に低粘度化されたことで冗長設計が可能となり，シリカフィラの高充填化が可能となり，低吸水化が図られた。また，このビフェニル型エポキシ樹脂は架橋密度が低いという特徴があり，このため架橋部分の親水基（-OH 基）濃度が低く低吸水性を示し，防湿梱包フリーで車載用半導体製品として製品保証が可能となっている。①〜③をバランスよく満足するエポキシ樹脂としてのビフェニル型エポキシ樹脂は，現在も先端材として使用されている。この実用化にあたっては④が背反事項として大きな課題であったが，ワックス添加技術によって改善されている。そこでは，ワックスの組成，微細分散化により，密着性と離型性の両立化が可能になってきた。

7.3.5　接着性と離型性を両立化させるワックス技術

本来，封止樹脂の密着性と離型性という特性はトレードオフの関係にあり，両立させることは通常困難であるが，金型表面に析出し易いワックスと析出し難いワックスをブレンド，金型表面には繰り返しモールドされるが，Si チップや金属フレームには1回のみモールドであることを利用して両立化を図ることが可能となる。ワックスの種類は数百種類にのぼるが，大きく分けて

高機能デバイス封止技術と最先端材料

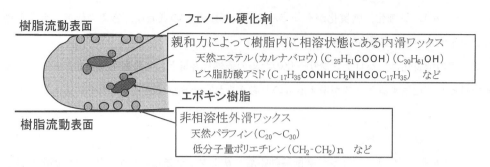

図5 相溶性・非相溶性ワックスの樹脂内挙動の違い

樹脂と相溶性のある内滑ワックスと相溶性のない外滑ワックスに分類される。

① **外滑性ワックス**

エポキシ樹脂（エポキシ基）と親和性のある極性基を持たず，樹脂流動中に金型表面に析出し易い性質のワックスで，金型との摩擦抵抗が少なくなり樹脂の流動性が向上。

② **内滑性ワックス**

エポキシ基と親和性のある極性基を持ち，樹脂流動中は樹脂内のエポキシ基に捕捉され，硬化反応の進行とともにエポキシ基濃度が低下，樹脂中に安定して存在できなくなり，界面に移動，析出するワックス。

図5に，相溶性内滑ワックスと非相溶性外滑ワックスの働きの違いを示す。図中の分子式中の太字で表記した部分が極性基で，極性とその強弱によりエポキシ樹脂及びフェノール硬化剤樹脂との親和力により相溶する。

極性基を持たない低分子量ポリエチレンワックスは樹脂との相溶性がなく，樹脂の流動中に金型表面に析出して離型性が向上するが，多量に添加するとチップやフレームとの接着性が低下する。

一方，カルナバロウに代表される天然ワックスは樹脂と相溶性のある内滑ワックスで，樹脂の硬化反応が進行するにつれ，エポキシ基やフェノール水酸基に引き寄せられていたワックスが樹脂から離脱，流動が停止して，Siチップや金属フレームと樹脂の接着が完了後に金型界面に移動するため樹脂とチップやフレームとの接着が阻害されることはない。

金型表面の場合は，外滑ワックスがない部分を補間する形で内滑ワックスが析出，繰り返しモールド毎にワックスが補給され，安定した離型性が得られるようになる。ただし，ワックスは長時間高温放置されると次第に酸化，劣化するため連続成形には限界がある。

また，ワックスの均一分散化混練技術も必要で，図6のように不均一にワックスが存在する場合，安定した密着性，離型性が得られず，製品の品質にも影響する。図7のようにワックスの微

第1章　半導体封止

図6　不均一ワックスの樹脂内分布イメージ

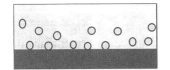

図7　微細均一されたワックスの樹脂内分布イメージ

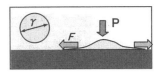

図8　ワックスの濡れ広がりの概念図

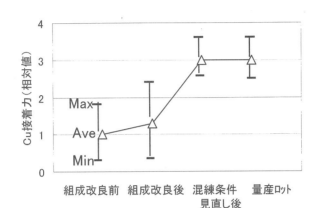

図9　ワックス組成・混練条件による密着性変化

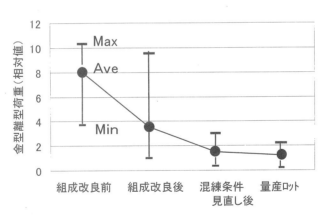

図10　ワックス組成・混練条件による離型性変化

細高分散化技術が要求される。高分散化混練化手法を用いた場合のCuフレームとの密着性，及び金型離型性の変化を図9と10に示す。ワックスの混練方法見直しにより密着性，離型性ともにバラツキが小さくなり安定した密着性，離型性が得られるようになる。

さらに成形圧力を大きくすることにより安定した密着性，離型性が得られる。成形圧力P，界面張力F，ワックスの表面張力γとすると，図8のようにP＋F＞γのとき濡れ広がり，離型

高機能デバイス封止技術と最先端材料

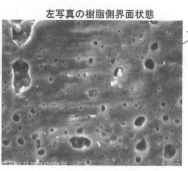

写真6 ワックスによるマイクロボイド,界面濡れ密着低下事例

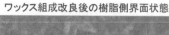
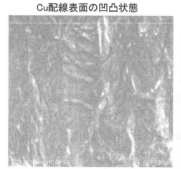

写真7 ワックス改良によるボイド,密着改善事例

性が向上するが,ワックスのγを小さくするとマイクロボイドが発生し易くなる現象が見られる。

写真6は,ワックスを含むモールド樹脂を用いて圧縮成形によってCu配線めっき部分(写真6左側)を封止し,封止後,樹脂側界面(写真6右側)をSEM観察したものである。数μmレベルのマイクロボイドが多数見られる。

写真7は,ワックスの表面張力,添加量の見直しを図り,最適化した場合の樹脂とCu配線の界面の状態を示す。マイクロボイドは消滅し,Cu配線めっき表面の微小な凹凸も樹脂側に見られ,樹脂の濡れ密着性も改善されていることを示している。この結果,JEDECレベル1のはんだ耐熱保証が可能となり,車載製品に適用可能な信頼性確保も可能となっている。

7.4 次世代高耐熱性エポキシ樹脂
7.4.1 現行樹脂その他問題点

低粘度,高密着,低吸湿性樹脂としてビフェニル型エポキシ樹脂が多く使用されているが,架橋密度が低いが故に,ガラス転移温度(T_g)が低くなる特性を持つ。パワー半導体における高

第1章　半導体封止

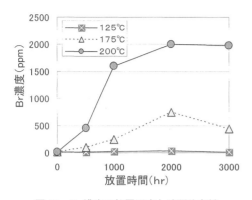

図11　Br濃度の放置温度と時間依存性

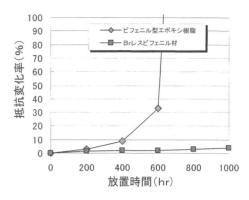

図12　Br有無ビフェニル系モールド樹脂の高温放置ワイヤ接合抵抗の変化

電圧印加系デバイスでは150℃での高温放置印加保証が必要となり，T_g が130℃付近のビフェニル樹脂では，T_g を超える温度領域で不純物濃度が増加し，様々な不良が発生するケースがある。図11に，放置温度によって樹脂中の不純物濃度（Br）が増加する様子を示す。T_g 付近の温度（125℃）では放置時間によってBr増加は見られないが，T_g を超える温度領域では，高分子鎖の熱振動が大きくなりBrが遊離，温度上昇・放置時間に伴い濃度が増加する。遊離したBrは，Auワイヤとアルミパッド間の金属間化合物の生成を促し，接合劣化を引き起こす。図12はブロム化エポキシを使用せず，ハロゲンフリー化したビフェニル樹脂を175℃雰囲気中に放置，Auワイヤ接合状態（電気抵抗）の経時変化を示す。Brフリー化されたことで接合劣化が見られなくなっている。

　難燃剤として使用されているブロム化エポキシは，ダイオキシン発生の疑いがあり環境問題からフリー化が進められているが，信頼性の面からも必要であり，特に高電圧で使用されるパワーデバイスの場合，不純物低減，高 T_g 化が車載用としての品質を確保するためには重要である。MOSトランジスタの場合，高湿電圧印加により電荷が発生，電気特性が不安定になる場合がある。チップの微細化の進行とともにゲート酸化膜が薄く，ゲート電極に印加される電界強度は大きくなる傾向にあり，外部からの不純物，水分の影響を受け易くなっている[5]。車載製品レベルの品質確保のためには，ハロゲンを含む不純物低減化及び高 T_g 化が望ましい。

7.4.2　高 T_g 樹脂の開発

　車載用電子部品が搭載される制御ユニットはエンジンルーム内に移行しており，高耐熱性の要求が高まっている。従来150℃であった保証温度が175℃を超える温度での品質保証が将来的には要求されている。エポキシ樹脂硬化物の耐熱性を向上させるには，通常その硬化物の架橋密度を高める方法が一般的である。そのためには樹脂中のエポキシ濃度を高める必要がある。図13

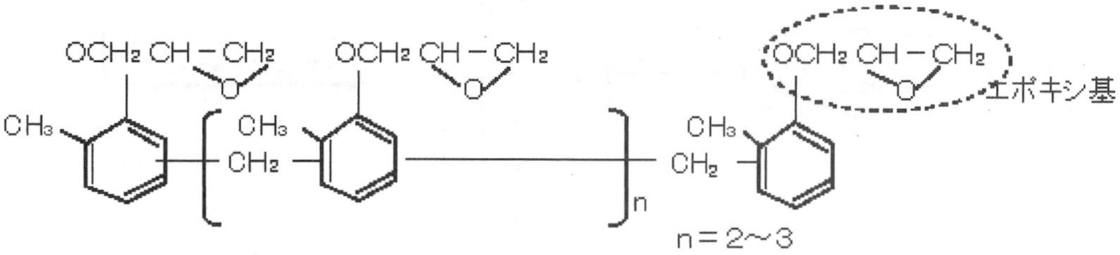

図13 汎用OCN型エポキシ樹脂の分子構造

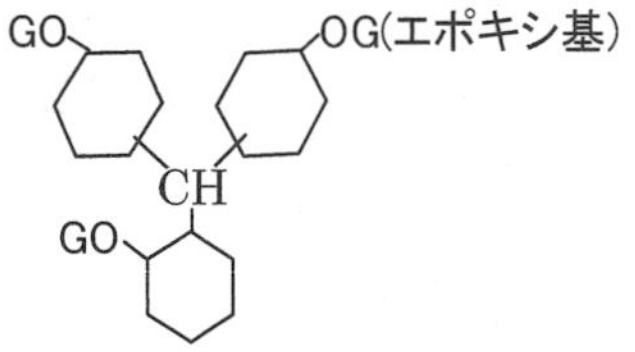

図14 三官能エポキシ樹脂の分子構造

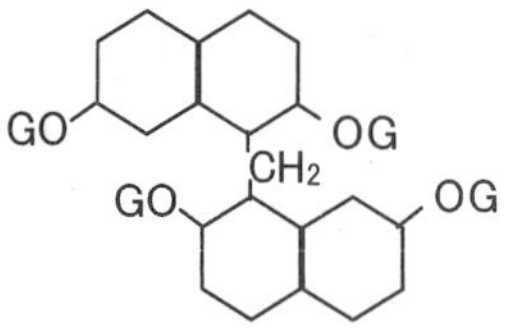

図15 四官能エポキシ樹脂の分子構造

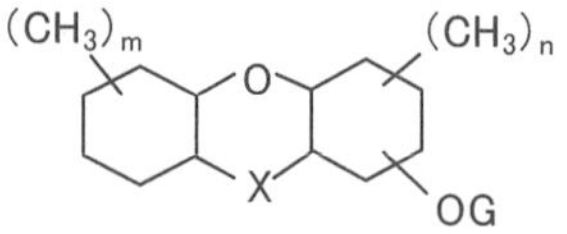

図16 非多官能型高耐熱エポキシ樹脂

に示す汎用エポキシ樹脂であるオルソクレゾールノボラック型エポキシ樹脂は繰り返し単位中に1個のエポキシ基を持ち，並列にエポキシ基が並んだ構造を持つ。この場合，並列に並んだ構造のため，立体障害があり，硬化剤であるフェノール樹脂と全て架橋反応できず，T_gは165℃前後に止まる。さらに高T_g化のためには，立体障害による未反応エポキシを低減させるため図14や図15に示す多官能樹脂が開発され，T_gは200〜230℃になっている。最新の多官能型エポキシ樹脂では250℃を超えるT_gを持つものも開発されている。

しかし，多官能エポキシ樹脂は，エポキシ基に起因する2級水酸基（-OH基が結合している炭素原子に2個の炭素原子が結合しているもの）を硬化物中に多く含み，半導体封止材料に求められる低吸水性や低誘電性といった特性や高T_gのため低応力性が十分でない場合がある。低吸水性，低誘電特性に優れ，かつ高耐熱性と難燃性を具備したエポキシ材として図16に示すような芳香環上の隣接する2箇所の置換位置において，炭素原子（X）または酸素原子（O）を介して2つの芳香環が結合した芳香族多環骨格を持つエポキシ樹脂を構造中に導入することにより，剛直かつ対称な構造となり，耐熱性が高く，またエポキシ基濃度が低くても芳香族含有率が高まることから，耐湿性，誘電特性に優れ，かつ難燃フィラ添加を必要としないハロゲンフリーの難燃効果も期待できる樹脂として開発が進められている[6]。

7.5 おわりに

ここ数年，ポストSiデバイスとしてSiCデバイスの開発が活発化している。画期的な省エネ

第1章　半導体封止

技術として注目され，すでに4インチ単結晶SiC基板が販売され，1kV，数10A級のショットキーダイオードが入手可能となり，次世代の車載用パワーデバイスとしても期待されている。SiCデバイスの特性を生かすためには，デバイスに直接接触する周辺材料のさらなる高耐熱，高放熱，高絶縁性が要求され，上記で述べてきた樹脂に要求される特性と品質信頼性などのトレードオフの克服すべきハードルはさらに高まることが予想される。新たなブレークスルーとなる新材料，新技術開発が進められている。

文　　献

1) 日本材料科学編，先端材料シリーズ「接着と材料」，裳華房（1996）
2) J. J. Bikerman, The Science of Adhesive Joints, Academic Press（1968）
3) 高久明，多田尚，「複合材料をつくる」，高分子学会編，共立出版（1995）
4) 橋本健次，「粉粒体による磨耗対策技術」，アイピーシー出版
5) 大日方浩二 "先端LSIにおけるNBTIの故障物理と評価", *REAJ*, **29**(4), 206（2007）
6) DIC㈱，特開 2008-274297

第2章 LED封止

1 LEDと封止材料の特性

越部 茂*

1.1 はじめに

発光ダイオード＝LED（Light Emitting Diode）は個別半導体及び光半導体に属する製品であり，超小型及び低電力消費型＝省エネルギー型の光源という特徴を有している。近年，これらの長所を活かして，カラー表示装置用光源及び照明用光源などへの用途展開の期待が年々高まっている。本節では，この注目話題であるLED及びLED用封止材料の開発経緯，現状の問題及び今後の対策などについて解説する。

1.2 LEDの発光原理

LEDは20世紀初めに発光原理が提案されたPN型化合物半導体であり，P領域からの正孔（＋）とN領域からの電子（－）が接合領域にて結合することにより発光する（図1）。LED素子の製法は，サファイア基板の上に化合物層及び電極層を形成した後，個片＝素子に切断するのが一般的である（図2）。半導体レーザ＝LD（Laser Diode）は，特定方向に光を出射する点で，全方向に光

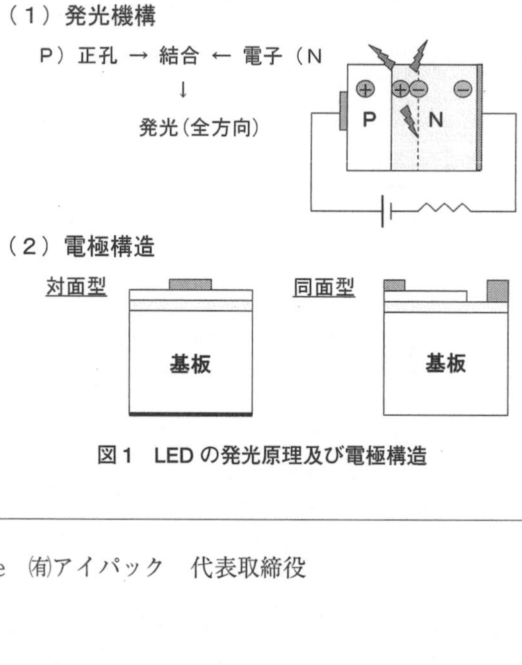

図1 LEDの発光原理及び電極構造

＊ Shigeru Koshibe ㈲アイパック 代表取締役

第 2 章　LED 封止

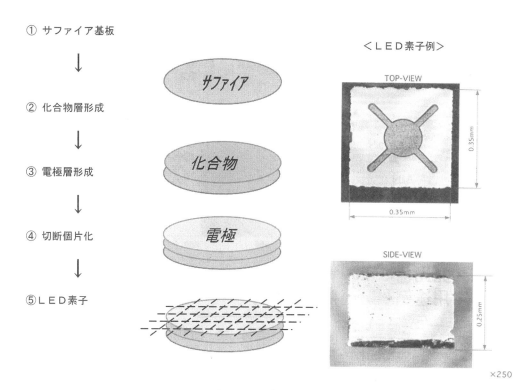

① サファイア基板
↓
② 化合物層形成
↓
③ 電極層形成
↓
④ 切断個片化
↓
⑤ LED素子

図2　LED素子の製法

を放つ LED とは異なる。LED の発光色は LED を構成する化合物の種類により決まる（図3）。LED が発する光は通常の光線と同じ性質を持ち，光透過性物質中は通過できるが，光遮蔽性物質中は進めない。また，光透過性物質中でも屈折率の異なる素材間の界面では，反射，屈折，散乱などの現象を起こし進路が変わる。

1.3　LED の開発経緯

実用的な製品としては，1960 年代に赤色 LED 及び黄緑色 LED，1970 年代に黄色 LED が商品化された。最近になり，青色 LED（1993 年）そして高輝度緑色 LED（1995 年）が開発された（表1）。LED の開発経緯は，次のように三つの段階に大別することができる。

（1）　LED 誕生

市販品として初めて登場した製品は赤色 LED である。この当時は，発光ダイオードが一般的名称であり，懐中型電気製品（例：乾電池型ラジオ）の表示灯などで使用が開始された。LED はフィラメント型電球に比べて小型で低電力という特徴を有しており，開発当初から現在まで携帯型電子機器の光源として利用されている。

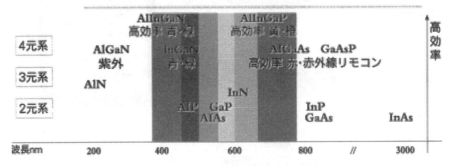

図3　LEDの発光色と用途
化合物の種類・組合せにより発光波長が変わる

表1　LEDの開発経緯

1962 赤色LEDの開発	→ LEDの実用化
1993 青色LEDの開発	
1995 緑色LEDの開発	→ LEDカラー表示
1996 白色LEDの開発	→ 低輝度照明への応用
1997 国際採択；CO_2↓	→ 省エネ光源への期待
2003 発光効率；40lm/w	⇒ 高輝度照明への応用

※既存照明用光源の効率（lm/w）：電球≦10，CRT≦40，蛍光灯〜100

(2) LEDカラー表示

1990年代になり青色LED及び高輝度緑色LEDが開発され，LEDによる「光の3原色（赤，緑，青）」の発色が可能となった。現在では，LEDを用いて多種多様なカラー表示装置が製品化されている（例：鉄道車両内の案内表示）。青色LED開発時の話題（特許技術の対価裁判）は，今や一昔前となり人々の記憶から薄れている[1]。

(3) LED照明

LEDの照明用途への展開が活発になっている。例えば，携帯型機器や薄型機器の背景灯用光

第2章　LED封止

（1）液晶表示装置

（2）液晶表示装置用背景灯

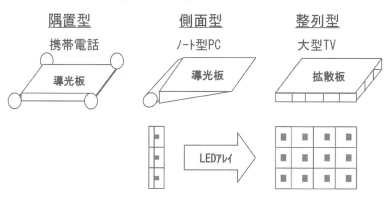

図4　液晶表示装置及びその背景灯

源に使用されている（図4）。LED＝低電力消費に焦点を当て，「地球温暖化防止に役立つ省エネルギー型照明」との宣伝も目立ってきた。照明用LEDは「白色LED」と呼ばれ，そのエネルギー変換効率は電球や陰極線＝CRT（Cathode Ray Tube）を超え蛍光灯に並ぶ領域となっている（図5）。

1.4　LEDの用途展開

LEDは，軽薄短小，低電力消費，長寿命などの長所を活用し様々な分野で使用されている。LEDの用途としては，灯火，表示，照明，通信があり，これらの具体的製品例を図6に示した。

① 灯火

LEDは，合図や標識などの光源（例：自動車の指示灯・停止灯）に使用されている。最近，

(1) 発光効率

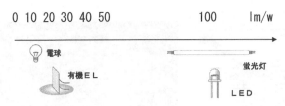

(2) 技術予測

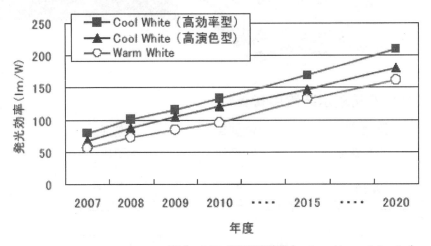

(出典：LED 照明推進協議会，http://www.led.or.jp/)

図5　LED の発光効率及び技術予測

LED 信号機を見る機会が多くなっている。LED 採用の大きな理由は長寿命＝低交換頻度である。

② 表示

　LED は，乗物の案内表示や家電類の計器表示に使用されている。最近では，屋外の大型表示画面にも LED が進出している。これらは，LED の軽薄短小という長所を活かした用途である。

③ 照明

　白色 LED は様々な照明用光源として使用され，将来性のある市場として高輝度照明機器への展開が期待されている[2]（図7）。この白色 LED に関しては 1.6 項で更に詳しく説明を行う。

④ 通信

　LED は，通信分野でも使用されている。例えば，家電製品のリモコン用光源がある。最近では，ブルーレイ方式 DVD 用光源として青色 LED が使用されている。

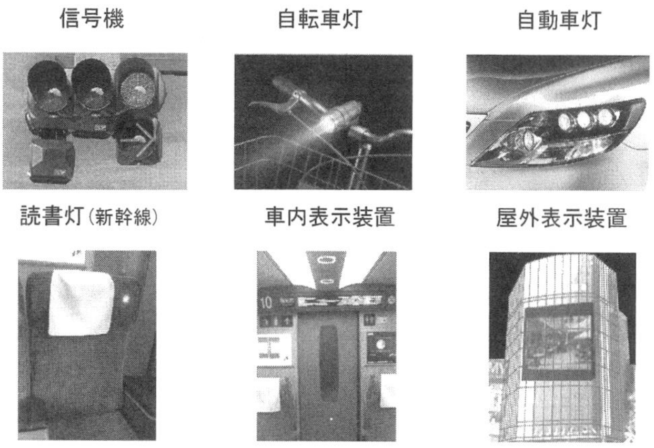

第 2 章　LED 封止

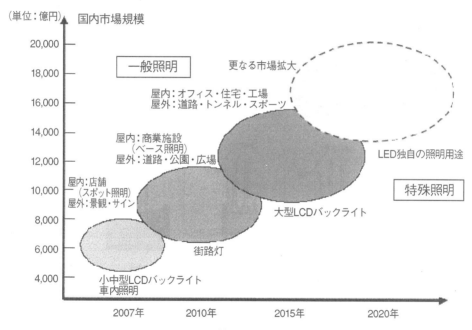

図6　LED の具体的製品例

図7　LED 照明の市場予測
（出典：LED 照明推進協議会，http://www.led.or.jp/）

1.5　LED の封止技術

1.5.1　LED の封止方法

　LED 素子を保護する封止方法として，気密封止及び樹脂封止がある[3]。気密封止は中空容器（金属，セラミックなど）の中に LED 素子を，樹脂封止は LED 素子を樹脂材料の中に，封入す

119

表2　LED封止の実状

(1) 発光波長と封止方法
　　・可視光　；樹脂封止（エポキシ系）
　　・近紫外光；樹脂封止（シリコーン系）
　　・紫外光　；気密封止
(2) 発熱量と封止方法
　　・低発熱　；樹脂封止（エポキシ系）
　　・中発熱　；樹脂封止（シリコーン系）
　　・高発熱　；気密封止
＋基板搭載方法の変化
　　挿入〜表面実装：半田耐熱性
　　　　　　　　　　温度↑（鉛フリー）
⇒開発要求：高性能LED用封止材料
　　　　　　耐熱性・光透過性など

移送成形法	注型法		浸漬法	滴下法
	（キャスティング）	（ポッティング）		
粉末材料をタブレットにし，予熱後素子をセットした金型で封入成形する。	型わくの中に素子をセットし，液状樹脂を注入した後加熱硬化させる。	樹脂ケースに素子をセットし，液状樹脂を注入した後加熱硬化させる。	素子を樹脂液に浸漬し，素子表面に樹脂を付着させた後加熱硬化させる。	素子に液状樹脂を滴下し，加熱硬化させる。

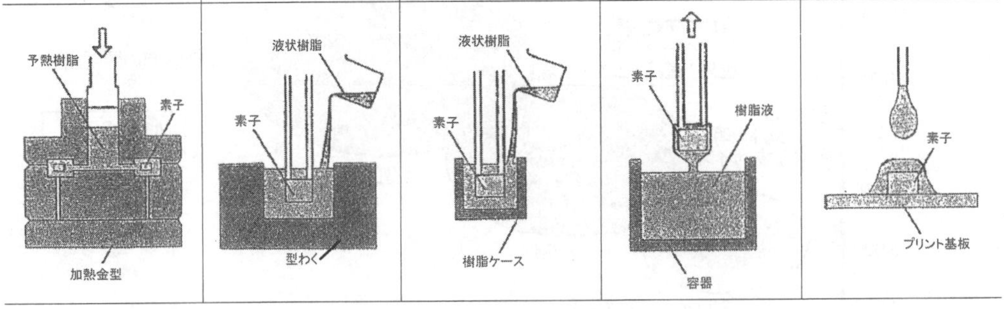

図8　樹脂封止の方法

る方法である。また，LEDは発光波長及び発熱量で樹脂封止と気密封止とに大別でき，赤外光・可視光LED＝低発熱LEDは樹脂封止，そして紫外光LED＝高発熱LEDは気密封止である（表2）。

1.5.2　LEDの樹脂封止

赤外光及び可視光を発光する汎用LEDは樹脂封止で製造されている。樹脂封止の方法は，移送成形法，注型法，浸漬法，滴下法などがある（図8）。樹脂封止型LEDの形状としては，砲弾型及び表面実装型などがある（図9）。樹脂封止は廉価で汎用性があるが，高温や紫外線に曝露されると樹脂自体が変質するという問題を抱えている。

第 2 章　LED 封止

（1）砲弾型（ランプ）
　　回路基板に挿入搭載

（2）表面実装型（SMD，チップ）
　　回路基板に自動搭載

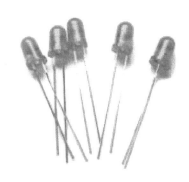

リード型

基板型

図 9　樹脂封止型 LED の代表構造

1.5.3　LED 用封止材料

樹脂封止型 LED の封止材料は，主にエポキシ樹脂系材料とシリコーン樹脂系材料である。これらは可視光を通し人間の眼では透けて見えるため「透明材料」とも呼ばれる。汎用 LED には，接着性に優れ廉価なエポキシ樹脂系材料が使用されている[4]（表 3）。近紫外光領域では，シリコーン樹脂系材料が使用される場合が多い[5]（表 4）。シリコーン樹脂はエポキシ樹脂に比べて，耐候性に優れることが大きな理由の一つである。また，汎用 LED でも発熱量の大きな場合には，耐熱性に優れるシリコーン樹脂が好ましいとされている。但し，シリコーン樹脂は接点障害の危険性を認識して使用することが肝要である。接点障害とは，樹脂中の低分子シリコーンが電気火花により酸化され絶縁物（シリカ）となり電気接続性が低下する現象である。

1.5.4　LED 用封止材料の市場

LED 用封止材料の市場規模は年間 1500 トン程度（2004 年）であり，ほとんどが汎用 LED の液状エポキシ樹脂系材料である（表 5）。受光ダイオード = PD（Photo Diode）用封止材料を加えた透明材料全体でも約 6000 トンであり，IC 用エポキシ樹脂系材料の約 100000 トン市場に比べて極めて小さい。

1.6　白色 LED

1.6.1　白色化機構

白色を発光する LED 素子は存在しない。主に次の三つの方法で白色化している。

表3 エポキシ系封止材料の組成例

	LED用		IC用
反応機構	熱カチオン	熱硬化	熱硬化
・エポキシ	脂環式	ビスフェノールA型	ノボラック型
・硬化剤	−	酸無水物	フェノールノボラック
・触媒	金属錯体	イミダゾール	有機リン化合物

＜エポキシの構造＞
(1) 脂環式（セロキサイド）

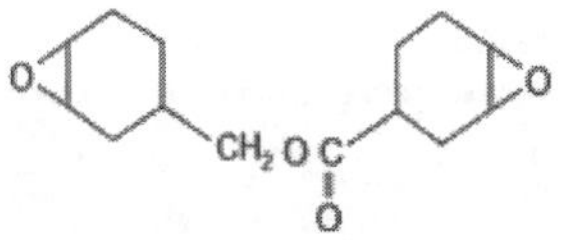

(2) ビスフェノールA型

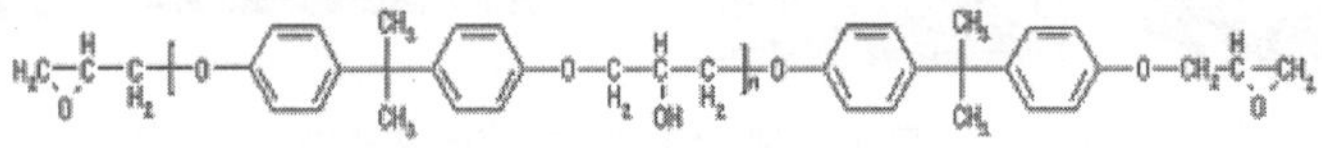

(3) ノボラック型（EOCN）

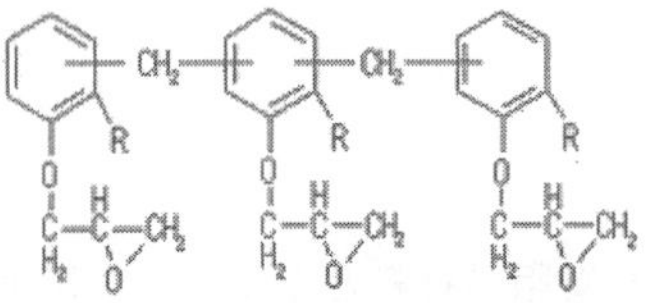

表4 シリコーン系封止材料の組成例

	LED用	汎用
硬化機構	付加反応	縮合反応
・主剤	C＝C基型	SiOH基型
・硬化剤	SiH基型	SiOR基型
・触媒	白金錯体	有機金属（錫）
耐熱化	フェニル変性	
	シリコーンレジン変性	

＜シリコーンの構造：代表例＞

$$R1-(Si-O)_n-Si-R4$$

R1, R4 ; C＝C, H, Me, etc
R2, R3 ; Me, Ph, H, etc

① 1素子型　例）青色素子＋黄色変換体　→　白色化
② 多素子型　例）3原色素子〜1部品　→　白色化
③ 多部品型　例）3原色素子〜3部品　→　白色化

第2章　LED封止

表5　LEDの市場（WW，2004）

	全LED	近紫外LED
＜PKG＞		
・数量	740億個	4億個
・金額	6120億円	5670億円
・メーカー	スタンレーほか	日亜化学工業ほか
	↓	↓
＜LED封止材＞		
・数量	1500トン	4トン
・金額	20億円	4億円
・メーカー	ペルノックスほか	信越化学工業ほか

⇒市場が小さい
注）エポキシ樹脂系封止材の市場

	光半導体用	IC用
・数量	6000トン	100000トン
・金額	80億円	1000億円

1素子型は携帯電子機器の背景灯，多部品型は屋外表示装置のカラー光源として使用されている。

1.6.2　白色LEDの問題

高輝度を要求される白色LEDは，汎用LEDに比べて次のような問題を抱えている[6]。

① 高発熱；LED発光時の発熱量が大きい
② 低効率；LEDからの光出射効率が低い
③ 短波長；近紫外光から紫外光を発光する
④ 高要求；長寿命＞4万時間が必要である
⑤ 非合理；評価方法が過酷で主観的である

即ち，白色LEDの動作条件や評価条件は樹脂封止には過酷だと思われる。また，封止材料の試験方法も矛盾を含んでいる。例えば，信頼性を厳しい加速条件（例：耐熱性試験温度＞150℃）で試験する例が認められる。アレニウスの加速理論は一定の条件を満たす場合に有効である[7]。

1.6.3　白色LED用封止材料

白色LED用封止材料は，次のような課題がある。

① 発熱対策；耐熱性を向上する（例：酸化防止剤の検討）
② 界面対策；屈折率を調整する（例：屈折率傾斜型封止材料，基板～空気）
③ 紫外対策；耐候性を向上する（例：紫外線安定剤の検討）

これらの課題を解決する努力は行われているが，古典的な可視光LED用透明材料を基に小改良で対処しているのが現状である。このため，白色LED用封止材料は材料組成の再設計＝抜本的見直しが必要であると指摘されている。

高機能デバイス封止技術と最先端材料

（1）新規技術

SED

ガラス　蛍光体　金属膜

基板　電極　グリッド/ゲート　絶縁物

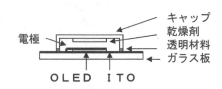

有機EL

電極　キャップ　乾燥剤　透明材料　ガラス板

OLED　ITO

（2）既存技術

蛍光灯（EEFL）

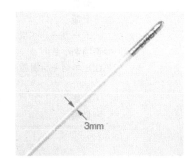

図10　LEDの競合技術
SED：Surface conduction Electron emitter Display
EEFL：External Electrode Fluorescent Lamp

1.7　競合技術

　LEDの競合として，新規技術（例：SED，有機ELなど）及び従来技術（例：外部電極型蛍光灯）がある（図10）。SEDはブラウン管の進化型で，電子銃を平面状に多数配置し蛍光体に衝突させ発光する面発光装置である[8]。有機ELはPN型有機半導体を用いた発光ダイオードであり，発光原理からはOLED（Organic LED）の名称の方が正確である[9]。いずれも，カラー表示及び発光装置の薄型化が可能であり消費電力も少ないとされている。また，蛍光灯の性能も大幅に改善され，小型化や高効率化が進んでいる。これら新旧技術は，表示及び照明用途における強力な競争相手である。

1.8　今後の課題

　LEDが更なる発展を遂げるためには，LED及び封止材料の性能向上が必要である。LEDは更なる低発熱化，高効率化，高輝度化及び長寿命化が課題である。これら特性を伸ばすことにより，表示及び照明用光源として普及することが命題である。また，LEDの低価格化は最重要課題の一つであることは言うまでもない。封止材料は，白色LED用高性能材料の開発が宿命課題である。高発熱型及び近紫外光型LEDに対応できる耐熱性・耐候性に優れた汎用材料が要求されて

第2章　LED 封止

いる。また，LED の使用目的に応じて，視覚情報は可視光透過材料，赤外通信は赤外光透過材料，照明用途は近紫外光透過材料として個別開発を考慮する段階に来ている。LED 及び封止材料の開発速度を左右するのは，これらの市場規模である。大手の半導体メーカーや材料メーカーが参入する環境が整えば，技術開発が加速し市場も拡大していくことが期待される。

文　　献

1) 「青色 LED 訴訟の『真実』」，日経ものづくり（2004.06.1）
2) 「白色 LED があちらにも，こちらにも」，日経エレクトロニクス（2003.3.31）
3) 越部茂，電子材料，**9**，31（2006）
4) 越部茂ほか，特開昭 59-133220，特開昭 62-108583，特公平 05-005244
5) 越部茂ほか，JP3440244，JP3421690，JP3682944
6) 越部茂，電子材料，**4**，71（2009）
7) 「高分子材料の耐候性をパソコンで予測する」，日経ニューマテリアル，**9**，54（1989）
8) 「『SED』で悲願に挑むキャノン」，日経マイクロデバイス，**10**，79（2004）
9) 越部茂，電子材料，**5B**，65（2007）

2 シリコーン封止材

2.1 東レ・ダウコーニングのシリコーン封止材

中田稔樹*

2.1.1 はじめに

シリコーンは優れた耐熱性，耐寒性，電気絶縁性，耐候性などの特長を有しており，電気・電子産業，自動車産業，建築・土木産業などに幅広く利用されている。特にLED用途においては，その卓越した透明性と耐熱性から，封止材としてシリコーンが活用されている。

2.1.2 LED封止用シリコーン材料

LEDデバイスにおいて，チップやワイヤ，電極を外力，水分，ガス，不純物などから保護するためには，封止材が必須である。封止材には，LEDの発する光を最大限活用するために，高い透明性が要求される。また，近年のLEDの高輝度，高出力化に伴う光量増，チップ温度の上昇，また液晶テレビのバックライトや一般照明用途における長寿命要求により，封止材の耐光，耐熱性の重要性はますます高まっている。

LED用シリコーン封止材は，メチルシリコーンとフェニルシリコーンに大別される。通常シリコーンと呼ばれる材料はその大半がメチルシリコーンであり，1.41程度の屈折率を示す。しかしLEDの発光効率向上のためには，より高い屈折率をもつ封止材が好まれる。これは，LEDチップと封止材との屈折率差を小さくすることにより，チップと封止材界面での反射を抑制し，より多くの光を取り出すためである。そこでLED封止材には，より屈折率の高いフェニルシリコーンをベースとする製品も広く利用されている。

メチル，フェニルシリコーンともに，可視光域，近紫外域において優れた透過率を示し，透明性に優れている。また，一般的な透明有機樹脂と比較して耐熱性が高く，ハンダリフローや長時

図1　200℃熱エージング後の外観変化（4mm厚み）

---

* Toshiki Nakata　東レ・ダウコーニング㈱　エレクトロニクス開発部　光関連材料グループ　グループリーダー

第2章　LED封止

表1　メチルシリコーンとフェニルシリコーンの比較

	メチルシリコーン	フェニルシリコーン
屈折率	1.4	＞1.5
光透過率	◎	◎
耐熱性	◎	○
耐光性	◎	○
ガスバリア性	△	◎

表2　フェニルシリコーンの水蒸気・ガス透過性

	メチルシリコーン	フェニルシリコーン	
	OE-6351	OE-6550	OE-6665
屈折率（n_D）	1.41	1.53	1.53
硬さ	JISタイプA 51	JISタイプA 58	ショアD 70
水蒸気透過率　$g/m^2/24h$	104	19	12
酸素透過率　$cm^3/m^2/24h/atm$	20000以上	1120	512

厚み：0.90～0.96mm

　間の高温環境にさらされても，変色や硬さ変化を起こしにくい。図1に130℃～200℃，200時間の耐熱試験後の外観を示す。エポキシ樹脂では130℃以上，特に150℃以上において顕著な変色がみられる。一方，シリコーンは優れた耐変色性を示し，メチルシリコーンの場合は200℃においてもほとんど変色がみられず，フェニルシリコーンにおいても150℃までほぼ無着色を保っている。また，シリコーンハイブリッドと呼ばれる材料は，フェニルシリコーンとエポキシ樹脂との中間的な着色傾向を示す。

　耐熱性に特に優れたメチルシリコーンと比較して，フェニルシリコーンはその高い屈折率により光取り出し効率に優れるという利点がある。メチルとフェニルシリコーンの比較を表1に示す。それぞれ長所があり，要求特性に応じた製品の選択が推奨される。

　メチルシリコーンは本質的に高いガス透過性を示すが，一方で吸湿率は低いため，封止材用途においてはその優れた接着性と併せ，基材を効果的に保護することができる。しかし，一部のLED用途において水分やガスの浸入によるLEDチップや銀電極，蛍光体の変質が問題となるケースもある。このようなトラブルを防ぐためには，表2に示すように，より高いガスバリア性を示すフェニルシリコーン系封止材が推奨される。

　シリコーン封止材は，メチルとフェニルシリコーンに大別され，さらに硬さにより分類される

表3 シリコーン封止材製品

	ゲル	エラストマー	レジン
標準屈折率 （メチルシリコーン） $n_D = 1.4$	JCR6110 OE-6250	JCR6122 JCR6140 EG-6301 OE-6336 OE-6351	
高屈折率 （フェニルシリコーン） $n_D > 1.5$	OE-6450	OE-6520 OE-6550	OE-6630 OE-6635

（表3）。中硬度，1から100MPa程度のゴム状硬さを示す封止材はエラストマーと呼ばれ，より柔らかいものをゲル，より硬いものはレジンと分類される。封止材は，モジュラスが低く，柔らかいほどデバイスに与えるストレスは小さくなり，熱ストレスによるワイヤの変形，切断や基材からの剥離，封止材自体のクラックを防ぐことができる。一方，より硬い封止材は外力による変形に対してデバイスを効果的に保護し，また柔軟性からくる不具合，例えば封止材の傷つきや，表面のタック性に起因するLED同士やピックアップツールへの付着や粉塵の吸着が起こりにくく，またダイシング性においても有利である。弊社主要封止材製品を表4〜表6に示す。

エラストマー封止材は広くLED封止用途全般に用いられる。ゲル封止材は砲弾型LEDのチップ保護やレンズ付きLEDのインナーポッティングに，レジン封止材はトップビューLEDに好んで使用される傾向がある。このように，封止材には様々なバリエーションがあり，使用方法と要求特性によって最適な材料を選択する必要がある。異なる封止材の長所を生かす，または短所をカバーするため，チップ近傍には柔らかい，あるいは屈折率の高い封止材，外側には硬い封止材，あるいはシリコーンなどの成型レンズを用いる場合もある。

2.1.3 LEDの一括封止・レンズ成型

従来，シリコーン封止材はディスペンスによってLEDパッケージに注入され，加熱炉にて硬化させる使用方法が主流であった。レンズ付きLEDの場合には，図2のように樹脂やシリコーン製の，既に成型されたレンズの下にシリコーンを注入して硬化させたり，硬化させた封止材の上に成型レンズを接着していた。しかし近年，LEDの封止手法は多様化が進んでおり，主に効率化，スループットの向上を目的として，金型を使った圧縮成型，トランスファー成型，射出成型などの採用が進んでいる。これらの手法によって，封止とレンズ成型とを効率よく一度に行うことができる。

図3に圧縮成型の例を示す。金型と基板の間にシリコーンを注入し，真空引きによって気泡を除去した後に封止材が高圧で成型される。球面・非球面や角型など，任意の形状のレンズを成型

第 2 章　LED 封止

表 4　メチルシリコーン封止材（1）

	Dow Corning® JCR 6110	Dow Corning® JCR 6109	Dow Corning® OE-6250	Dow Corning® JCR 6126	Dow Corning® JCR 6101
A/B 液混合比	10：1	1 液	1：1	1：10	1 液
粘度（25℃, mPa·s）	1960	3,900	450	86,400	5,700
硬化条件	150℃/1 h	70℃/1 h + 150℃/16 h	80℃/1 h	150℃/1 h	70℃/1 h + 150℃/2 h
硬さ	200 針入度	173 針入度	44 針入度	26 JIS タイプ A	35 JIS タイプ A
屈折率（n_D）	1.42	1.42	1.41	1.40	1.41

表 5　メチルシリコーン封止材（2）

	Dow Corning® JCR 6122	Dow Corning® JCR 6140	Dow Corning® OE-6351	Dow Corning® OE-6336	Dow Corning® EG-6301
A/B 液混合比	1：1	1：1	1：1	1：1	1：1
粘度（25℃, mPa·s）	350	3,100	2,800	1,400	3,200
硬化条件	150℃/1 h	150℃/1 h	150℃/3 h	150℃/1 h	150℃/1 h
硬さ	35 JIS タイプ A	40 JIS タイプ A	51 JIS タイプ A	66 JIS タイプ A	71 JIS タイプ A
屈折率（n_D）	−	1.41	1.41	−	1.41

表 6　フェニルシリコーン封止材

	Dow Corning® OE-6450	Dow Corning® OE-6520	Dow Corning® OE-6550	Dow Corning® OE-6636	Dow Corning® OE-6635	Dow Corning® OE-6630
A/B 液混合比	1：1	1：1	1：1	1：2	1：3	1：4
粘度（25℃, mPa·s）	1,700	1,000	3,700	7,700	5,000	2,500
硬化条件	100℃/1 h	150℃/1h	150℃/1h	150℃/1h	150℃/1h	150℃/1h
硬さ	45 針入度	24 JIS タイプ A	58 JIS タイプ A	34 ショア D	33 ショア D	41 ショア D
屈折率（n_D）	1.54	1.54	1.54	1.54	1.54	1.53

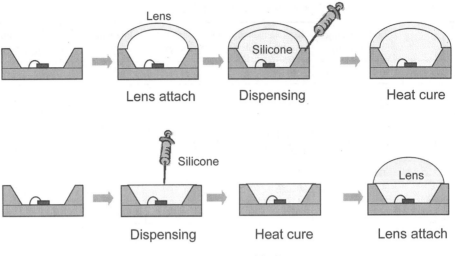

図2 従来のレンズ成型例

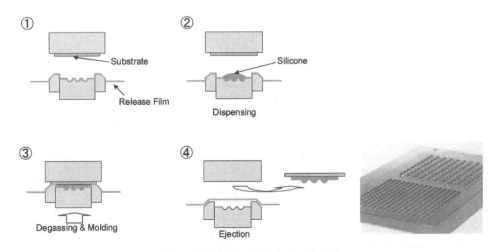

図3 圧縮成型によるレンズ一括成型

することができ，シリコーンと金型の間に離型フィルムを使う場合には金型汚染が無く，一定サイクル毎の金型洗浄が不要であり，工程の全自動化が容易である。また，ランナー，カルなどが無いため，封止材のロスが無いのも利点である。

一方，トランスファーや射出成型によってもレンズ成型が可能である。トランスファー成型，射出成型による一括封止・レンズ成型例を図4に示す。

液晶テレビのバックライト用途，特にダイレクトライティング方式においては多数の高輝度LEDが使用され，また精密な配光制御が求められるため，上記のような成型手法によるLED一

第 2 章　LED 封止

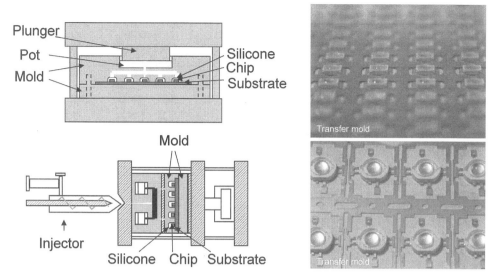

図 4　トランスファー成型，射出成型によるレンズ一括成型

括封止，レンズ成型技術の利用が期待される。

　一括封止・レンズ成型は比較的新しい手法であり，従来のディスペンスによる封止では経験しなかった不具合が発生しうる。成型時に起こりやすい不具合として，剥離，クラック，フローマーク，ボイドが挙げられる。シリコーン封止材は基材に密着して保護する必要があるため，短時間の加熱で接着するように設計されている。そのため，基材側だけでなく，金型側にも密着性を示す場合がある。剥離，クラックの不具合は，硬化時間・温度の不足，基材の汚れやその基材に対する接着性不足によって封止材の接着，硬化が不十分である，または金型との離型性が不十分であることに起因している。これらの問題は，硬化時間の延長，より高い硬化温度での成型，基板の洗浄などによる接着性の向上，基材の見直し，また金型の離型性向上で改善が期待できる。

　次に，フローマークは，封止材が流動している最中に硬化することによって発生する。硬化温度が高い，あるいは封止材の硬化速度が速すぎることが主な原因であり，硬化温度を下げる，または硬化時間の遅い封止材を選ぶことにより改善される。

　ボイドの原因としては事前脱泡，成型時の減圧不足，基材の残存水分や化学成分，また空気が残存しやすいデバイス形状，リードフレームとパッケージ材料の間隙の存在などが考えられる。対策としては，脱泡条件の強化，基材の予備加熱による乾燥，どうしても改善しない場合には基材，デバイス形状の見直しが挙げられる。

　シリコーン封止材の成型性は，メチルシリコーンとフェニルシリコーンの間で大きく異なる。メチルシリコーンは硬化前の粘度，硬化後の硬さの温度依存性が小さく，高温の金型に注入され

表7 レンズ一括成型用シリコーン材料

	EG-6301	OE-6351	OE-6630	OE-6636
A/B液混合比	1:1	1:1	1:4	1:2
粘度（25℃, mPa·s）	3200	2800	2500	7700
成型条件例（圧縮成型）	110〜130℃ 1〜5分	110〜130℃ 1〜5分	110〜130℃ 2〜5分	110〜150℃ 4〜5分
二次硬化条件	150℃/1時間	150℃/3時間	150℃/1時間	150℃/1時間
硬さ	JISタイプA 71	JISタイプA 51	ショアD 41	ショアD 34
屈折率（n_D）	1.41	1.41	1.53	1.54

硬化する際に低粘度化，軟化がほとんど起こらないため，良好な成型性，離型性を示す。一方，フェニルシリコーンは高温下で軟化することにより，高温下における熱膨張ストレスによって発生する応力を緩和する特長があり，その優れた耐久性によってLED用封止材として広く使用されているが，成型時においては，粘度，硬さの温度依存性が大きく，高温化で低粘度化，軟化しやすいため，封止材が金型の隙間から漏れたり，軟化して弱くなった封止材が離型時にクラックを起こしやすい傾向があり，成型にはやや工夫を要する。

シリコーン封止材のほとんどは白金系触媒を用いた付加硬化型だが，その増粘速度，硬化速度は温度に依存し，温度が10℃上がると速度が倍程度になる傾向がある。よって，成型温度が変わると硬化時間は大きく変化する。シリコーン封止材の成型条件を設定する際には，流動途上で増粘，硬化が起こらない成型温度と，十分に硬化する成型時間を設定する必要がある。

レンズ一括成型に適したシリコーン封止材を表7に示す。JISタイプA硬さが51，71のジメチルタイプエラストマー，ショアD41のフェニルタイプレジンを既に上市しており，さらに一括封止成型に最適化した製品，OE-6636を上市した。

2.1.4 おわりに

LEDの高輝度，高出力，高信頼性化を支えるシリコーン封止材は，高輝度LEDに欠かせない重要な要素の一つであり，より優れたシリコーン封止材の開発，上市により，特に今後大幅な成長が見込まれる液晶テレビ用バックライト，一般照明へのLED用途の拡大に貢献したい。

2.2 モメンティブ・パフォーマンス・マテリアルズのシリコーン封止材

2.2.1 はじめに

壁田桂次*

　LEDのアプリケーションの拡大は目覚しく，大型液晶ディスプレイパネルのバックライト用途や一般照明用途の本格的普及の時期が到来したようである。これらに使用されるLEDの封止材には，従来のエポキシ材料ではなくシリコーン材料が標準となっている。実際，シリコーン封止材の販売金額が，エポキシ封止材のそれを2007年に逆転したと推定されている[1]。

　シリコーン材料の耐熱性，耐UV性の高さは既に業界で認知され，最近は，LEDを効率良く製造するために，パッケージの構造・材質や製造プロセスに適合する特性を併せ持つ材料が求められている。また，用途によってはさらに高い耐熱性や耐UV性，あるいは高屈折率が要求されている。

　弊社ではシリコーン材料のLEDへの展開としてパッケージ製造段階で図1のような用途があると考えている。すなわち，封止材，レンズ成形材料，ダイアタッチ材，放熱材である。本節では，これらの中で封止材として使用される透明シリコーン材料の特徴とLEDへの応用について，弊社にて開発されたシリコーン樹脂製品を中心に説明する。

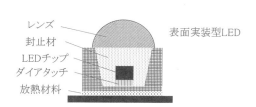

図1　シリコーン材料のLEDへの応用例

2.2.2　シリコーン材料の特徴

(1)　シリコーン樹脂の基本構造

　シリコーン樹脂は図2に示すようなケイ素原子と酸素原子がつながるシロキサン結合からなる，有機-無機のハイブリッド材料である。主鎖がシロキサン結合からなることが，エポキシ材料やアクリル材料などの主鎖が炭素-炭素結合や炭素-酸素結合からなる透明有機材料とは異なる。この点がシリコーン樹脂の優れた耐熱性，耐UV性の源泉の一つと考えられる。ケイ素上の

---

*　Keiji Kabeta　モメンティブ・パフォーマンス・マテリアルズ・ジャパン合同会社
　　　　　　　　　エンジニアードマテリアル　マイクロエレクトロニクス
　　　　　　　　　マーケティングマネージャー

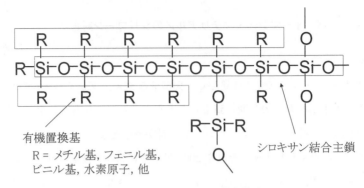

図2 シリコーン樹脂の基本構造

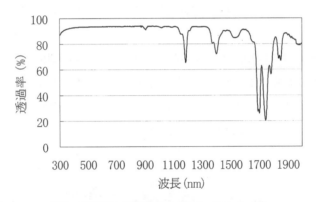

図3 IVS4622の透過スペクトル（2.4mm厚）

置換基は多くの場合メチル基である。光学用途においては，屈折率を制御するためにフェニル基やその他有機基が導入される場合がある。また，硬化時の架橋点として利用するために部分的にビニル基と水素原子が導入される。

(2) シリコーン材料の透明性

シリコーン材料の 400 ～ 800nm の可視光領域での透明性は非常に高い。参考までに弊社のLED向け製品である InvisiSil* IVS4622 の透過スペクトルを図3に示した。IVS4622 のケイ素上の置換基はメチル基であり，340 ～ 400nm 程度の紫外領域でも吸収はほとんど観測されない。

(3) シリコーン材料の耐熱性，耐UV性

図4に，シリコーン樹脂系封止材（弊社 IVS4542）と，市場で手に入れることのできるエポキシ樹脂系 LED 封止材との耐熱試験の結果を示した。シリコーン封止材の場合は 180℃加熱前後

＊ InvisiSil はモメンティブ・パフォーマンス・マテリアルズ・インクの商標である。

第 2 章　LED 封止

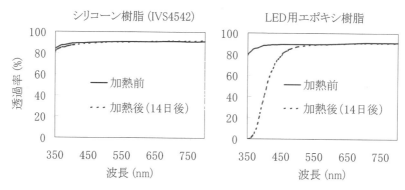

図 4　シリコーン（左），エポキシ（右）封止材の耐熱性の比較
ガラス板に挟んで硬化させた 2mm 厚のサンプルを 180℃に過熱

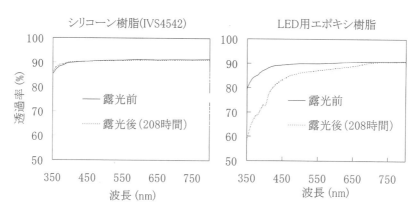

図 5　シリコーン（左），エポキシ（右）封止材の耐 UV 性の比較
ガラス板に挟んで硬化させた 2mm 厚のサンプルに東芝製ブラックライトを露光，放射強度：毎分 100mJ/cm² （365nm にて）

で透過率にほとんど変化がなく耐熱性が高いのに対して，エポキシ樹脂では 350 ～ 500nm の領域に吸収が発現し，材料が黄変したことが判明した。一方，図 5 は耐 UV 性を比較した結果である。ブラックランプを 208 時間照射し，露光前後の透過率を測定した。この場合もシリコーン樹脂では透過率の変化がほとんどなく，耐 UV 性が優れていることが示された。

(4)　シリコーン材料の屈折率

　LED の封止材用途では，チップからの光の取り出し効率を高めるために，高屈折率のものが好まれる。シリコーン材料ではフェニル基を導入することで屈折率を高めている場合が多い。図 6 に示すように，メチル基をフェニル基で置換すると徐々に屈折率が向上し，50%フェニル基で置換することにより屈折率が 1.40 から 1.55 まで増加した。しかしながら材料化の制約により，通常は 1.53 程度の屈折率の封止材が使用されている。また，フェニル基を導入すると，300nm

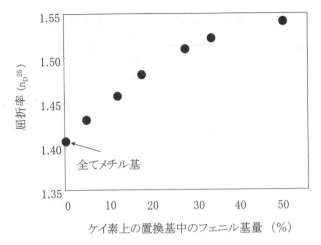

図6　屈折率へのフェニル基含有量の影響

より長波長側にも吸収端が裾を引くようになったり，黄変耐熱性が低下する場合があり，用途によっては注意が必要である。

2.2.3 シリコーン封止材

(1) 代表的なシリコーン封止材

表1に弊社で取り扱っている代表的な封止材を示した。LEDパッケージのデザインや製造プロセスが多岐にわたるため，使用される封止材料の種類も多くなっている。これらの製品は2液性であり，蛍光体を混合しやすいように設計されている。また，硬化機構は，白金触媒存在下に，ケイ素原子に結合するビニル基と水素原子を反応させるヒドロシリル化反応，もしくは付加型とも呼ばれるものである。ヒドロシリル化反応は，硬化速度が速く，深部硬化性があり，副生成物が発生しないといったLED封止材として好適な長所がある。ただし，硫黄化合物やりん化合物などが白金触媒を被毒して，硬化反応が阻害されることがあるので汚染には注意を払う必要がある。

封止材はジメチルシリコーンポリマーをベースポリマーとした屈折率（n_D^{25}）1.4のXE14-C2042，IVS4546，IVS4622，IVS4742と，メチルフェニルシリコーンポリマーをベースポリマーとした屈折率（n_D^{25}）1.5を超えるXE14-C2860，IVS5022，IVS5332に分類される。青色LEDチップではサファイアベースでも炭化ケイ素ベースでも，その屈折率はシリコーン樹脂より高いことから，屈折率が1.5の封止材のほうが理論的には光の取り出し効率は高いことになる。しかしながら，製品設計コンセプト，パッケージデザイン，使用するチップなどの部材によって，どちらの屈折率の製品を使用するか選択されるようである。一般的な傾向としては，明るさが重要な場合は屈折率が1.5の材料が，長期耐久性が重要な場合は屈折率が1.4の材料が使用される。

第2章　LED封止

表1　代表的な InvisiSil LED 用透明封止材の物性

製品名	XE14-C2042	IVS4546	IVS4622	IVS4742	XE14-C2860	IVS5022	IVS5332
成分	2	2	2	2	2	2	2
硬化機構	付加型	付加型	付加型	付加型	付加型	付加型	付加型
混合比（重量比）A/B	1/1	1/1	1/1	1/1	1/1	1/1	1/1
混合直後粘度（23℃, Pa·s）	4.9	4.2	2.4	4.2	0.8	2.2	3.3
屈折率（n_D^{25}）	1.41	1.41	1.41	1.41	1.51	1.51	1.53
硬化後[*1]							
針入度[*2]	−	−	−	−	35	34	−
硬さ（Type A）	43	49	55	71	−	−	30
引張り強度（MPa）	6.0	7.1	7.2	11	−	−	0.3
切断時伸び（％）	170	130	100	70	−	−	50
比重（23℃）	1.02	1.03	1.04	1.05	−	1.06	1.12
せん断接着強度[*3]（MPa）	3.0	3.2	3.2	2.7	−	−	0.3

*1　硬化条件：150℃, 1時間, XE14-C2860のみ80℃, 1時間
*2　ASTM D1403, 1/4コーン, 5秒後
*3　被着体：ポリフタルアミド
　InvisiSil はモメンティブ・パフォーマンス・マテリアルズ・インクの商標である。

それぞれの屈折率に対して，ゲル状の製品とゴム状の製品とを準備している。ゲル状の製品はワイヤやチップの保護といった点で優れるものの，機械的強度が弱いことから，レンズ付 LED パッケージの封止材に適している。ゴム状のものについては，サイドビュー LED からトップビュー LED の封止材として使用される。XE14-C2042 のように硬度が比較的低く，伸びが大きい封止材では，冷熱サイクルをかけた際のパッケージ界面へのストレスが小さいことから，界面からの剥離が生じにくいようである。他方，IVS4742 のように比較的高硬度の材料は，外部からの応力に対して，内部のチップとワイヤを保護することに優れ，また表面タックが小さい。

IVS4622 のように粘度の低い封止材は，小さなパッケージに充填するのが容易であるのに対して，XE14-C2042 のように粘度が高いと，硬化時に蛍光体が沈降することを低減することが可能となる。

シリコーン封止材の耐熱性，耐UV性を示す例として，IVS4622 のデータを図7に示した。初期と比較して，200℃, 2,500時間加熱後でも透明性の変化はわずかであった。同様に，ブラックランプを1,000時間露光後でも，透明性はほとんど変化しなかった。

表1に示した硬化後の特性については，XE14-C2860を除き，150℃, 1時間で硬化させて評価している。しかしながら，パッケージの形状によっては2段階以上の温度で硬化させる「ステ

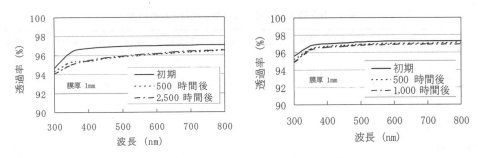

図7 IVS4622の耐熱性（左）・耐UV性（右）

耐熱性：膜厚1mmのサンプルの透過率を初期，200℃ 500時間加熱後，2,500時間加熱後に測定
耐UV性：膜厚1mmのサンプルの透過率を初期，東芝製ブラックランプ（100mJ/cm² min @365nm）にて500時間露光後，1,000時間露光後に測定

ップキュア」（後述）を適用したほうがシリコーン封止材の基材からの剥離を低減し，パッケージの信頼性を向上させる場合がある。

表1に示したものは代表的な製品であり，弊社においては，これら以外にも粘度，屈折率，硬さなどの特性の異なる封止材もラインアップし，多様なパッケージや製造プロセスに適合できるように対応している。

(2) 金型を用いたシリコーン封止材の成形

最近，生産性改善や生産コスト低減を目指して，射出成形，トランスファー成形，あるいはスクリーン印刷のプロセスを適用したLEDパッケージの製造が検討・開始された。表1に示すような材料も検討されており，一部使用が開始された。例えばIVS4742は硬さや硬化性が通常のディスペンスによる塗布のみならず，トランスファー成形に適する特性となっている。すなわち，硬化性についてみると，混合後に装置内に残っても粘度変化が少ないように，23℃，混合24時間後の粘度上昇は10%程度であると同時に，硬化反応が速いように，150℃，2分で硬化するように設計されている。

(3) シリコーン封止材の剥離を低減させ，LEDパッケージの信頼性を向上させるために

LEDの信頼性を向上させるためには，封止材の電極やケースからの剥離をなくすことが必要である。そのために，次の三つの手法，すなわち，ステップキュアの適用，硬化時間の延長，プライマーの使用を提案したい。

① ステップキュアの適用

シリコーン封止材は加熱により硬化し，温度が高いほうが硬化反応の進行が速い。しかし，シリコーン封止材は線膨張率が $200 \sim 300 \times 10^{-6}/K$ と大きく，加熱により大きく膨張するので，高温で硬化させると室温に戻って収縮する際に接着界面のストレスが大きくなる。これを低減さ

第 2 章　LED 封止

表 2　XE14-C2042 の硬化条件による PPA および銀への接着力

硬化条件	せん断接着力（MPa）	
	PPA[*1]	銀[*2]
80℃ 1.5 時間，150℃ 1 時間	3.0	0.6
80℃ 1.5 時間，150℃ 4 時間	3.2	1.9

＊1　ポリフタルアミド
＊2　銀メッキ板

せるため，「ステップキュア」が適用される。比較的低温である程度硬化させ，さらに高温で完全に硬化させることで，界面におけるストレスの小さな，信頼性の高いデバイスを製造することができる。表 1 に示す弊社製品であれば，80℃で 1.5 時間，その後 150℃で 1 時間硬化させることが一つの典型例である。しかしながら，硬化プロセスやパッケージ形状によっても最適条件は異なるので，硬化条件の最適化を図ることが必要である。

② 硬化時間の延長

前述したように，シリコーンの硬化はヒドロシリル化反応で進む。他方，接着は，その機構が封止材に配合した接着向上材成分と基材表面との化学反応によるものであれ，物理的相互作用によるものであれ，ヒドロシリル化反応とは異なるプロセスにより進む。ヒドロシリル化反応を利用した加熱硬化型のシリコーン材料では，一般的に，硬化反応は速いものの，接着発現は硬化反応より遅れることが知られている。ステップキュアの典型例を上述したが，それでも接着が不十分であれば，第 2 段階の加熱時間を 1 時間から 4 時間程度まで延長すると，接着性が向上する場合がある。4 時間よりさらに延長したほうが接着性の向上を期待できる場合もあるが，生産性やポリアミドを始めとした使用他材料の耐熱性を考慮して，最適条件を決めていただきたい。

XE14-C2042 を用いた，異なる硬化時間でのせん断接着試験の実験例を表 2 にまとめた。PPA への接着力は，ステップキュアの第 2 段階が 1 時間でも，4 時間でも，およそ 3MPa と大差ない。銀表面への接着力は 1 時間加熱から 4 時間に延長することで，0.6MPa から 1.9MPa へ向上した。

また，硬化時間を延長するのではなく，硬化温度を 150℃から，160℃あるいは 170℃と上げることにより接着性が向上した例もあるので，併せてご検討いただきたい。

③ プライマーの使用

本来接着性のない材料を接着させる手法として，あるいは接着性が不十分な材料を高接着させる手法として，プライマーが効果的であることが知られている。LED の封止材の場合も同様で，たとえばプライマー（XP81-C3973）を使用すると，高い接着性を発現させることが可能であった。XP81-C3973 は黄変耐熱性が高く，この薄膜を 200℃で 1,000 時間加熱しても，その透過率はほ

表3 プライマー処理を適用した XE14-C2042 の銀表面への接着力と凝集破壊率

XE14-C2042 硬化条件	プライマー処理あり		プライマー処理なし	
	せん断接着力（MPa）	凝集破壊率（%）	せん断接着力（MPa）	凝集破壊率（%）
80℃ 1.5 時間，150℃ 1 時間	3.1	＞80	0.6	0
80℃ 1.5 時間，150℃ 4 時間	3.2	＞80	1.9	20

試験方法：プライマー XP81-C3973 を銀メッキ板に浸漬塗布し，室温で 10 分放置（溶剤除去）。
150℃，1 時間加熱。
引き続き XE14-C2042 を塗布し，表の条件で硬化。

とんど変化しなかった。

XP81-C3973 と XE14-C2042 を用いた，せん断接着試験の実験例を表3にまとめた。XP81-C3973 を銀表面に浸漬塗布し，加熱硬化後，XE14-C2042 を適用し，ステップキュアの条件で硬化させた。プライマーを使用すると，80℃ 1.5 時間，150℃ 1 時間加熱後で，せん断接着力は 3.1MPa，凝集破壊率は 80% 以上と，プライマーを使用しない場合と比較して大幅に改善した。150℃ 4 時間加熱後でも，プライマーの使用により接着性の大きな改善が見られた。

2.2.4 レンズ成形材料

LED 用レンズ材料としては従来アクリル樹脂や環状オレフィンポリマー樹脂などが使用されてきた。最近，LED の発熱量が大きくなったり，耐ハンダリフロー性が必要になったりすることから，耐熱性の高いレンズ成形用シリコーン樹脂の要求が出てきている。この要求に対して，弊社では IVSM4500 を開発し，上市した。IVSM4500 は比較的粘度が高く，射出成型を行うことができる。また，注型により成型することも可能である。特性例を表4に示した。

硬化物の耐熱性は高く，260℃，10 分程度のハンダリフロー条件の加熱はもちろん，図8に示すように 150℃，10,000 時間後でも可視光領域の透過率はほとんど変化しない。LED 用途のみならず，透明で耐熱性の高い光学材料として使用されることが期待される。

2.2.5 おわりに

以上，シリコーン樹脂の特徴とそれの LED 用封止材，レンズ成形材料への応用について述べた。シリコーン材料は高透明であるばかりでなく，優れた耐熱性と耐 UV 性を有することから，厳しい条件下での使用によっても長期にわたり透明性を保ち，黄変を抑えることができる。そのため，高輝度 LED，パワー LED，UV LED 向けの封止材，レンズ成形材料，ダイアタッチ材として好適な候補になるといえる。

モメンティブ・パフォーマンス・マテリアルズは市場の多様で厳しい要求に応えるべく，明るく，高信頼性，高耐久性の LED パッケージ材に最適なシリコーン材料を今後も開発・提供して

第2章　LED封止

表4　IVSM4500の物性

製品名	IVSM4500
成分	2
硬化機構	付加型
外観 A/B	透明，液体／透明，液体
粘度 A/B（23℃，Pa·s）	350/50
混合比 A/B（重量比）	1/1
混合直後粘度（23℃，Pa·s）	30
可使時間（23℃，時間）	24
屈折率（n_D^{25}）	1.41
透過率（1mm厚，400nm，800nm）	99，＞99
硬化後[*1]	
硬さ（Type D）	50
ヤング率（MPa）	80
引張り強度（MPa）	4.7
切断時伸び（％）	＜5
アッベ数	52
線膨張率（ppm/℃）	220
収縮率[*2]（％）	2.5

*1　硬化条件：150℃，1時間
*2　150℃にて硬化後，23℃に冷却した場合

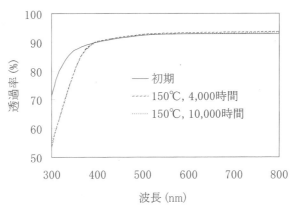

図8　IVSM4500の耐熱試験前後の透過率
1.4mm厚の硬化サンプルで測定

行くつもりである。

文　　献

1) ㈱富士キメラ総研，2009 LED 関連市場調査，p.246，2009 年 3 月

3 エポキシ樹脂封止材

3.1 水添ビスフェノールA型エポキシ樹脂
3.1.1 はじめに

早川淳人*

　ビスフェノールAおよびビスフェノールFなどから得られる一般の芳香族エポキシ樹脂の硬化物は，光を照射すると，ベンゼン環が光を吸収してラジカルが発生することを起点に分解反応が起き，各種の発色団が生成することにより，その硬化物の表面が（場合によっては内部も）著しく着色する。このようにエポキシ樹脂は耐光性に欠点を有しているため，分子中にベンゼン環を持たない新しいエポキシ樹脂が求められている。特に，多くの用途に実用化が進んでいるLEDに代表される光半導体用封止材，液晶方式や有機EL方式におけるフラットパネルディスプレイ用封止用硬化樹脂，レンズなど光学部品用接着剤，光造形材料といった光・電子分野において，エポキシ樹脂本来の特性である接着性や耐熱性，信頼性を維持したまま，優れた耐光性と光学特性をも持ち合わせたエポキシ樹脂の要求が強まってきている。

　従来より，上述の光・電子材料用途へのエポキシ樹脂としては，着色の原因となるベンゼン環を持たない，3,4-エポキシシクロヘキシルメチル-3',4'-エポキシシクロヘキサンカルボキシレートに代表されるような脂環式エポキシ樹脂が用いられている。しかしながら，脂環式エポキシ樹脂は芳香族エポキシ樹脂と異なり，アニオン系の硬化剤と反応しないことや得られた硬化物が硬くて脆いなどの欠点があるため，新しいタイプの非芳香族系エポキシ樹脂が熱望されていた。

3.1.2 水添ビスフェノールA型エポキシ樹脂の製造方法と物性値

　非芳香族系エポキシ樹脂として，従来より水添ビスフェノールA型エポキシ樹脂が市販されているが，これは図1に示すように，まずビスフェノールAを触媒を用いて核水添し，水添ビスフェノールAとしたのち，そのアルコール性水酸基にエピクロロヒドリンを付加させる方法でエポキシ樹脂を製造していた。しかし，アルコール性水酸基とエピクロロヒドリンの反応性が悪いために特殊な反応条件が必要であり，その結果，副反応も多く発生するので塩素含有量が多

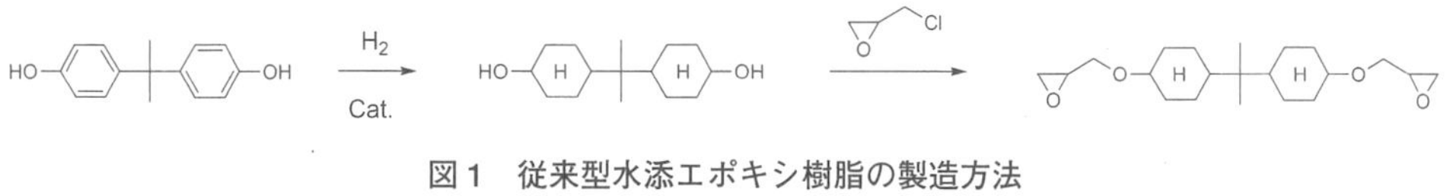

図1　従来型水添エポキシ樹脂の製造方法

＊　Atsuhito Hayakawa　ジャパンエポキシレジン㈱　開発研究所　第2グループ
　　　　　　　　　　　グループマネージャー

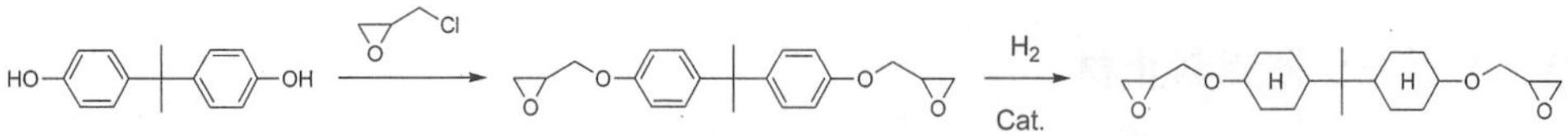

図2 芳香族エポキシ樹脂の直接水添による水添エポキシ樹脂の製造方法

表1 水添エポキシ樹脂の代表的物性値

		jER® YX8000	RXE21（従来型）	jER® 828US
エポキシ当量	g/eq	205	213	186
色相	APHA	10	14	20
粘度 at 25℃	Pa.s	1.8	2.1	13
加水分解性塩素	ppm	700	16,000	700
全塩素	ppm	1,500	50,000	1,500

いエポキシ樹脂となる。従って，この水添エポキシ樹脂は，電気的信頼性を考慮する必要のない土木・建材などの用途に主に使用されているが，光・電子材料への適用は困難であった。

一方，図2に示すように，芳香族エポキシ樹脂のベンゼン環を直接水添することで，水添エポキシ樹脂を得ることは以前から知られていたが[1]，反応条件の選定が難しく，水添反応が十分に進行しないためベンゼン環が残存したり，エポキシ基自体が水素と反応して，エポキシ基が消失するなどの問題があり，エポキシ樹脂として満足する製品が得られていなかった。これに対し，触媒として，貴金属の選定およびその貴金属を担持する担体材料の研究および反応条件の最適制御により，ベンゼン環の水添率が99％以上，エポキシ基の損失率が5％以下という従来にない高純度の水添ビスフェノールA型エポキシ樹脂の製造方法を確立した[2]。

この製造方法による水添ビスフェノールA型エポキシ樹脂であるジャパンエポキシレジン社 jER® YX8000の代表物性値を表1に示す。比較として，従来の方法で製造し市販されていた水添ビスフェノールA型エポキシ樹脂（ジャパンエポキシレジン社 商品名RXE21（販売中止））と通常のビスフェノールA型エポキシ樹脂（同社 商品名jER® 828US）を記載した。

YX8000は従来型と比較して，色相や粘度，エポキシ当量に関しては高純度化されたことを裏付ける数値を示し，何より塩素含有量（加水分解性塩素，全塩素）が大幅に低減しているため，光・電子材料向けのエポキシ樹脂として安心して使用することができる。

3.1.3 高粘度および固形タイプ

YX8000の製造条件を応用することで，主成分がオリゴマーのビスフェノールA型エポキシ樹脂についても核水添化が可能となり，従来型にはなかった高粘度タイプおよび固形タイプを商品化することができた。それら2品種の代表物性値を表2に示す。

第2章 LED封止

表2 水添エポキシ樹脂（高粘度，固形タイプ）の代表的物性値

		jER® YX8000	jER® YX8034	jER® YX8040
上記化学式における n の平均値		0.1	0.5	5
エポキシ当量	g/eq	205	290	1,000
粘度 at 25℃	Pa.s	1.8	80	常温で固体
溶融粘度 at 150℃	Pa.s	−	−	3
軟化点	℃	−	−	80
加水分解性塩素	ppm	700	500	300
全塩素	ppm	1,500	1,200	500

　$n = 0.1$ である YX8000 は，モノマーを主成分とする粘度の低い液状エポキシ樹脂であるが，$n = 0.5$ とした YX8034 は高粘度の水飴状の樹脂となり，さらに $n = 5$ まで上げた YX8040 は軟化点を持つ固形の樹脂となる。どちらも光・電子材料向けとして使用できる低塩素含有量を実現していることは YX8000 と同様で，用途に応じて粘度や硬化物性の調整が可能となり適用範囲の拡大に役立っている。

3.1.4 硬化剤との反応性および硬化物物性

　水添エポキシ樹脂の硬化性を調べるために，エポキシ樹脂として YX8000 と 828US，硬化剤として IPDA（イソホロンジアミン），MH-700（新日本理化社商品名，主成分：無水メチルヘキサヒドロフタル酸），SI-100L（三新化学工業社商品名，芳香族スルホニウム塩）を用いた場合のゲル化時間を測定した結果を図3に示した。

　ベンゼン環のない YX8000 は芳香族エポキシ樹脂である 828US と比べて，IPDA などのアニオン系硬化剤を用いた場合，ゲル化時間は長くなっており，反応性は劣る。一方，SI-100L のようなカチオン系硬化剤（カチオン重合開始剤）の場合は，逆に YX8000 の方が反応性が極端に良くなる。これは分子中のベンゼン環とシクロヘキサン環の電子密度の差から生じるエポキシ基周辺の電子配位の違いによるものと考えられる。

　硬化剤として酸無水物（MH-700），硬化促進剤として第4級ホスフォニウム塩を用いて硬化させた場合の硬化物性および硬化物の波長による光線透過率をそれぞれ表3，図4に示した。YX8000 は 828US と比べ，酸無水物との反応性に劣り，ガラス転移温度（T_g）は低下するが，弾性率の低下や伸びが大きくなるなど硬化物の可撓性が向上し，その結果，接着性も向上している。

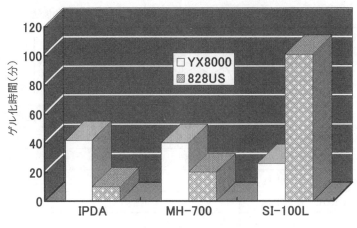

図3 硬化剤との反応性（ゲル化時間）

表3 酸無水物硬化物物性

エポキシ樹脂		jER® YX8000	jER® 828US
エポキシ／酸無水物／硬化促進剤 phr		100/80/1	100/90/1
ゲル化時間（100℃）	分	104	43
硬化条件		100℃ 3hr ＋ 140℃ 3hr	
T_g（TMA）	℃	120	140
熱変形温度	℃	118	146
引張	強さ MPa	66	77
	弾性率 MPa	2,500	2,700
	伸び ％	4.5	3.6
引張剪断接着強さ＜Fe-Fe＞	MPa	14	11
吸湿率（121℃ 100% RH 100hr）	％	1.6	1.8
360nm 光線透過率	％	83	73
屈折率／アッベ数		1.50/44	1.54/33

酸無水物：MH-700　硬化促進剤：第4級ホスホニウム塩

また脂環構造の影響により硬化物の吸湿率は低下する。光線透過率を見てみると，光が紫外線領域から透過していることが分かるが，これはYX8000が紫外線を吸収するベンゼン環を持たないためである。従って，特に短波長領域での高い光線透過が要求される窒化ガリウム系LED用の封止材に有用であると考えられる。

第 2 章　LED 封止

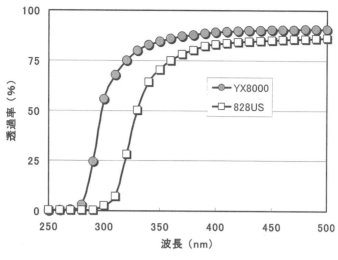

図 4　光線透過率（試験片厚 2mm）

表 4　カチオン硬化物物性

エポキシ樹脂		jER® YX8000	セロキサイド 2021P	jER® 828US
エポキシ樹脂／カチオン重合開始剤	phr	100/1	100/1	100/2
ゲル化時間（100℃）	分	26	4	101
硬化条件		90℃×2hr +170℃×1hr	70℃×2hr +170℃×1hr	110℃×2hr +170℃×1hr
T_g（TMA）	℃	103	172	160
曲げ　強さ	MPa	80	70	53
曲げ　弾性率	MPa	2,400	3,300	2,800
アイゾッド衝撃強さ	kgf・cm/cm	2.1	1.4	1.4
吸湿率（130℃ 100% RH 100hr）	%	1.5	5.0	2.2

3.1.5　カチオン重合による硬化物物性

　前項に示したように YX8000 のカチオン重合開始剤による硬化は，アニオン系硬化剤を用いた場合より早い点が特長的である。表 4 に，YX8000，脂環式エポキシとして 3,4-エポキシシクロヘキシルメチル-3',4'エポキシシクロヘキサンカルボキシレート（ダイセル化学工業社　商品名セロキサイド 2021P）および 828US をカチオン重合開始剤（SI-100L）を用いて，つまり一液型硬化による硬化物の物性を示した。

　YX8000 硬化物は比較した硬化物と比べ T_g が低下するものの，高い曲げ強さと低い曲げ弾性

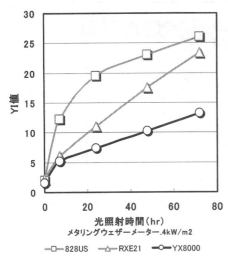
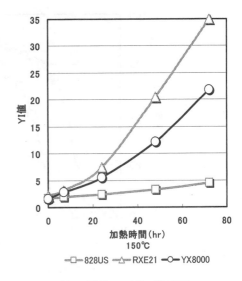

図5 耐紫外線性試験　　　　　図6 耐熱エージング性試験

率を示し強靱性を持つ材料であるといえる。それを裏付けるようにアイゾッド衝撃試験において も優れた値となった。低吸湿性であることも特筆でき，YX8000は一液型封止材の素材としても 高い可能性を秘めている。

3.1.6 光および熱劣化特性

　水添エポキシ樹脂および芳香族エポキシ樹脂を前述の酸無水物と硬化促進剤を用いて硬化させた2mm厚の平板試験片を所定の条件で紫外線照射および熱エージング試験を行い，硬化物の着色度（YI値：Yellowness Index）を測定した。それぞれの結果を図5および図6に示した。

　前述のLED封止材においては封止材の着色が激しくなると発光素子から放たれる光が透過しにくくなり，輝度が著しく低下するため，紫外線および熱エージングで着色の少ない硬化物が必要とされている。YX8000硬化物はベンゼン環を持たないため耐紫外線性は非常に優れており，828US硬化物と比較して大幅に着色が少ない。一方，熱エージング試験では，剛直なベンゼン環がなくなったことにより耐熱性が不足し，分子鎖が切断されやすい環境になったと考えられ，硬化物の着色が促進された。この分子鎖切断はいわゆるポリマーの酸化劣化メカニズムと同等と考えられたため，その現象を抑制する手段として酸化防止剤（BHT：2,6-ジ-tert-ブチル-p-クレゾールおよびTPP：トリフェニルホスファイトを併用）を添加することにより熱エージングによる水添エポキシ樹脂の着色を大きく改善することができた（図7）。なお，この条件においては酸化防止剤を添加しても耐紫外線性に影響がないことを確認した。

　従来型の水添エポキシ樹脂の硬化物は，そのエポキシ樹脂中の塩素不純物が多いことに加えて，

第 2 章　LED 封止

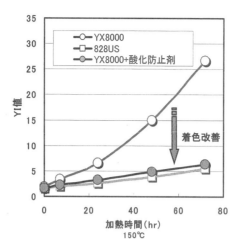

図 7　耐熱エージング性試験

表 5　YX8034 および YX8040 の硬化物物性

エポキシ樹脂			jER® YX8000	jER® YX8034	jER® YX8040/YX8000
エポキシ樹脂／酸無水物／硬化促進剤		phr	100/80/1	100/60/1	100/30/1
ゲル化時間（100℃）		分	27	29	27
硬化条件			100℃ × 3hr + 140℃ × 3hr		
T_g（TMA）		℃	113	95	78
曲げ	強さ	MPa	108	103	96
	弾性率	MPa	2,590	2,680	2,660
アイゾッド衝撃強さ		kgf・cm/cm	2.4	2.8	3.0
接着強さ（アルミ ピール）		MPa	0.8	1.1	2.3
吸湿率（121℃ 100% RH 100hr）		%	1.3	1.7	2.7

酸無水物：MH-700　硬化促進剤：第 4 級ホスフォニウム塩

他に熱的に不安定な不純物が相当量存在すると推察され，耐紫外線性，耐熱エージング性，ともに良くなく非常に着色しやすい。

3.1.7　高粘度および固形タイプの硬化物物性

前述の高粘度タイプ YX8034 および固形タイプ YX8040 の酸無水物による硬化物物性を表 5 に示した。YX8040 は注型を簡便にするために，YX8000 を加えて低粘度配合物（YX8040：YX8000 = 8：2）としてから硬化物を作製した。

3 種のエポキシ樹脂の硬化に関し，YX8000 → YX8034 → YX8040 の順に T_g の低下が確認さ

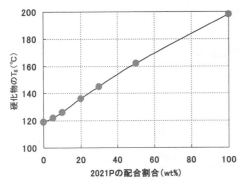 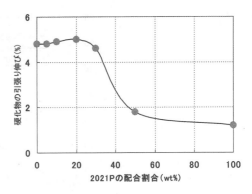

図8　脂環式エポキシの配合によるT_gの変化　　図9　脂環式エポキシの配合による引張り伸びの変化

れた。これはオリゴマー化に伴い架橋点間が長くなったことと一致する。弾性率に関しては，室温測定であるためか，T_gほどの差は観察されない一方，接着強さや衝撃強さは明らかに向上する傾向が現れており，オリゴマー化による可撓性が発現している。また，YX8040は分子中に2級水酸基を多く持つため，その極性により被着体とのインタラクションが強まり，さらに接着性が強化されるものと推察される。従って，YX8034やYX8040を適宜組み合わせることで，封止材の耐ヒートショック性などを向上できる可能性がある。

3.1.8　水添エポキシ樹脂のT_g向上手法

前述のように，水添エポキシ樹脂の硬化物のT_gは芳香族エポキシ樹脂と比べ柔軟な骨格であるので，20～30℃低下する。特にLED用途において，T_gの低下はLED自身の発熱に起因する熱劣化の影響を受けやすく，さらに使用環境の温度が高い場合（例えば夏場の車内）では最悪，不灯になるという問題が発生するため，芳香族エポキシ樹脂なみのT_gを脂環式構造だけで達成することが求められている。そこで，ここでは，YX8000と脂環式エポキシ（セロキサイド2021P）を併用し，その配合割合による硬化物物性の変化を調べた（硬化剤：MH-700，硬化促進剤：第4級ホスフォニウム塩を使用）。得られた硬化物のT_gを図8，引張り試験での伸び率を図9に示した。

硬化物のT_gは2021Pの配合割合の増加に伴って上昇するが，引張り伸び率は2021Pの配合量が全体の30～40％を超えると急激に低下する。2021Pは分子鎖が短いので架橋点間が短く，高T_gを有する硬化物を得ることができるが，可撓性の乏しい硬化物となってしまうので，その配合比率については注意を払う必要がある。

3.1.9　おわりに

前項で述べたように高T_gは重要な特性ではあるが，実際にはT_g以外にも，反応性，ポットライフ，耐衝撃性，電気的信頼性などの改良が常に求められており，特にLED封止材用には，

第 2 章　LED 封止

耐紫外線性や耐熱着色性をはじめとした数多くの特性を満たすことが要求されている。これらの諸特性はトレードオフの関係になっているケースもあり，複数の特性を高い次元で実現するために，エポキシ樹脂や硬化剤の選定以外に，硬化促進剤や光または熱安定剤，カップリング剤などの助剤や有機または無機フィラーの使用など，様々な配合技術がますます重要となってきている[3〜5]。

文　　献

1)　米国特許 3,336,341
2)　特開平 11-217379 号公報
3)　森田康正，エポキシ樹脂のエレクトロニクスへの応用，p.255-266，技術情報協会（2003）
4)　野辺富夫，池田強志，ポリマーダイジェスト，**54**(6), 52（2002）
5)　嶋田克美，伊藤久貴，*Material Stage*, **3**(3), 20（2003）

3.2 トリアジン骨格エポキシ樹脂とナノコンポジット材料

笠井幹生*

3.2.1 LED 封止材に用いられるエポキシ樹脂

LED に代表される光半導体において透明封止材の役割は，発光する（または受光する）半導体チップを外界から保護しながら，光の通過を損なわないように機能することである。そのため当然のことながら光の通過を妨げないような高い透明性が必要である。透明封止材のおかれる環境は，近年の LED の高輝度化および用いられる光の短波長化に伴いさらに高いレベルの要求性能を期待されている。その中でも最も重要視されているのはデバイス駆動時に封止材にかかる光と熱に対する耐久性であり，これらの環境下いかに透明性を維持できるかがポイントになる。

古くから LED 透明封止材としては，図 1 に示すビスフェノール A 型エポキシが用いられてきた。これはこのエポキシの硬化物が透明性，耐熱性，強靭性に優れるためである。しかしながら先に述べた光の短波長化の流れの中で，短波長側に光の吸収領域を持つビスフェノール A 型エポキシを用いた透明封止材は，経時的な黄変が早くなり透明性が低下する問題が発生した。さらには発生する熱も増大することでこの傾向はより強く現れるようになった。そのため特に青色領域の光を対象とする透明封止用途においては，炭素-炭素二重結合を持たない化合物設計に基づいたエポキシ樹脂との併用が行われ，図 1 に示すような水添ビスフェノール A 型エポキシや脂環式エポキシが用いられている。これらのエポキシは高透明性および高耐熱性に加え，二重結合を持たない構造であるために短波長領域での耐光性にも優れており，ビスフェノール A 型エポキシに対しこれらの配合比率は高くなってきている[1, 2]。

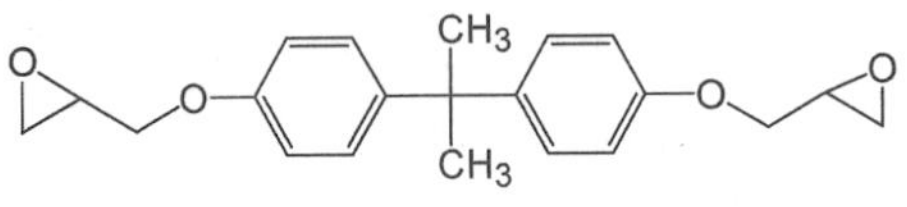

ビスフェノールA型エポキシ

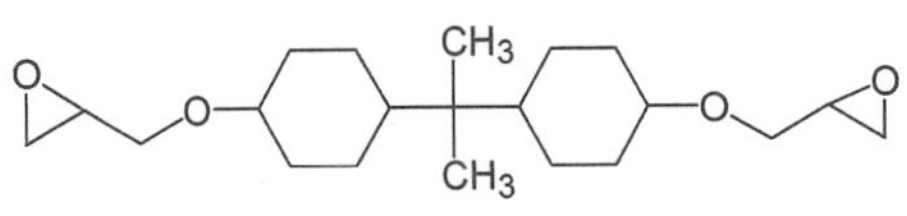

水添ビスフェノールA型エポキシ

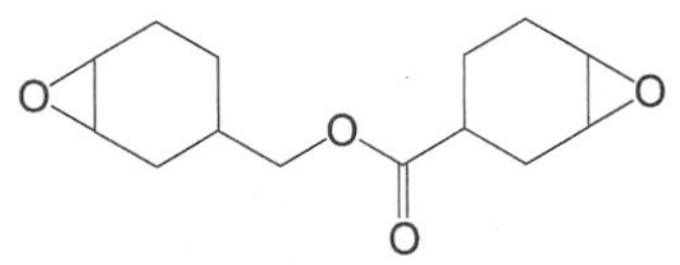

脂環式エポキシ

図 1 LED 透明封止材に用いられているエポキシ樹脂

---

* Mikio Kasai 日産化学工業㈱ 化学品事業本部 機能材料事業部 開発グループ 主事

第2章　LED封止

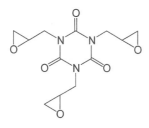

図2　TEPIC 構造式

写真1　TEPIC 硬化物写真

表1　TEPIC の硬化物と諸物性

項目	単位	180℃硬化	150℃硬化
T_g*	℃	221	203
透過率	%	77	79
線膨張係数	ppm/℃	50	63

＜硬化条件＞
　硬化剤：4-メチルヘキサヒドロ無水フタル酸，硬化促進剤：TPP-EB
　　（北興化学工業㈱）1phr 使用
　硬化温度：[180℃硬化] 前硬化 100℃/2hr，後硬化 180℃/3hr
　　　　　　[150℃硬化] 前硬化 100℃/2hr，後硬化 150℃/5hr
　　　　　　厚さ 3mm の試験片を用いて評価
＊　TMA により評価

3.2.2　トリアジン骨格エポキシ樹脂

　水添ビスフェノール A 型エポキシや脂環式エポキシのような液状エポキシが広く使用されているが，耐熱性，耐光性においてさらなる性能向上が期待されている。これらの特性を高いレベルで兼ね備えたエポキシ樹脂として，トリアジン骨格を有する TEPIC［テピック；トリス（2,3-エポキシプロピル）イソシアヌレート］を紹介する[3]。

　TEPIC の構造式を図2に示す。TEPIC は中央にトリアジン骨格を保有し，骨格中の3つの N 原子からグリシジル基が伸びた3官能のエポキシ樹脂であり，酸無水物の硬化剤を用いて得られる硬化物は高い透明性を示す（写真1）。TEPIC のトリアジン環の剛直構造はエポキシ樹脂の耐熱性に寄与しつつ，さらに構造中に炭素-炭素二重結合を保有しないため耐光性向上の役割も果たしている。また3官能エポキシ樹脂であるために架橋密度を上げる効果があり，ガラス転移温度の高い硬化物を得ることが可能となる（表1）。

　上記特性により TEPIC は耐熱性・耐光性を要求される LED 向けの透明封止樹脂コンパウンド（固形タイプ）において使用されている。

　一方で，TEPIC は固体のエポキシ化合物であり有機溶剤に対する溶解性が低い。そのため固

表2 TEPIC-PASの硬化物物性と他のエポキシとの比較

項目	単位	TEPIC-PAS B26	ビスフェノールA型エポキシ[*1]	水添ビスフェノールA型エポキシ[*2]	脂環式エポキシ[*3]
T_g[*4]	℃	162	148	126	175
透過率（400nm）	%	90	88	85	85
曲げ強度	MPa	104	150	131	83
曲げ弾性率	MPa	3300	2880	2690	3270
線膨張係数	ppm/℃	81	73	76	79
煮沸吸水率[*5]	%	3.4	0.9	1.0	3.4

＜硬化条件＞
　硬化剤：リカシッド MH-700（新日本理化㈱），硬化促進剤：ヒシコーリン PX-4ET
　　（日本化学工業㈱）1phr
　硬化時間：前硬化100℃/2hr，後硬化150℃/5hr，厚さ3mmの試験片を用いて評価
　[*1] jER828（ジャパンエポキシレジン㈱）　[*2] YX8000（ジャパンエポキシレジン㈱）
　[*3] セロキサイド2021P（ダイセル化学工業㈱）　[*4] TMAにより評価　[*5] 浸漬時間：100hr

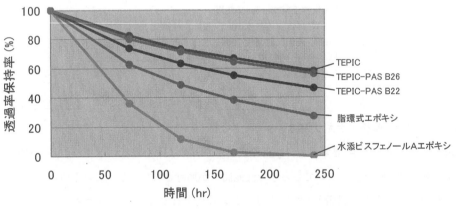

図3　各種エポキシ硬化物の150℃耐熱性試験

形コンパウンドとしては実績があるものの，液状コンパウンドでは実績が少ない。そこで有機溶剤に対する相溶性を高める目的で，TEPICの透明性・耐熱性・耐光性はそのままで性状を液体にした材料「TEPIC-PAS（テピック・パス）」を開発しサンプル展開している。このエポキシ樹脂の硬化物の諸物性と，他社エポキシ硬化物との比較を表2に示す。

表2に示すとおりTEPIC-PAS硬化物は他のエポキシと比較して，高いT_gおよび透明性を示すことが分かる。一方でビスフェノールA型エポキシ硬化物と比較すると曲げ強度が小さく曲げ弾性率も高いため，脂環式エポキシ同様硬く脆い性質といえる。

また耐熱性試験として，各種エポキシ硬化物を150℃のオーブンの中に置き，横軸に時間，縦

第 2 章　LED 封止

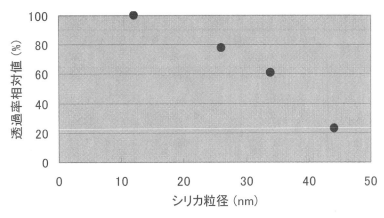

図 4　シリカの粒径とエポキシ硬化物の透過率相対値

軸に透過率保持率（400nm 光の光線透過率により算出）をプロットした試験結果を図 3 に示す。他のエポキシと比較して TEPIC および TEPIC-PAS は透明性を指標とした耐熱性試験において優れた特性を示しており，母核であるトリアジン構造が高耐熱性に深く寄与しているものと考えられる。

3.2.3　ナノシリカコンポジット材料

　LED 透明封止材に用いられるエポキシ樹脂の問題点として，線膨張係数が高い，可撓性・強靭性不足（硬く脆い性質）などが存在する。これらの問題点は，線膨張係数の小さい半導体チップとの界面にクラックを生じさせる原因となり，製品不良へ直結することになる。

　これらの解決のため弊社ではナノコンポジット技術に着目し，エポキシ硬化物中にナノシリカを均一分散させることによる特性の向上を目指し検討を行った。

　透明封止材用途を目指す上で，ナノシリカを入れても硬化物の透明性は極力維持する必要がある。この点を確認するため，硬化物中のシリカの充填量を 33wt% に設定し，シリカの粒径を変えて硬化物の透過率を評価した。その結果を図 4 に示す。

　シリカ粒径の検討幅は 10nm から 50nm という狭い領域であるものの，測定された透過率には大きな差があることが確認された。これらの検討に基づきナノシリカを配合させた各種サンプルについて評価を行った。

（1）ナノシリカ配合エポキシ樹脂「LENANOC-E（レナノック E）」

　LENANOC-E（レナノック E）は液状エポキシ樹脂 TEPIC-PAS にナノシリカを均一分散させた有機-無機コンポジット材料である。シリカは平均粒径で 20nm 程度のものを使用し，シリカ含有量は約 30wt% である。シリカに専用の表面処理を施すことで，シリカを高充填しつつ高い透明性を維持することを可能としている。

表3 LENANOC-Eを使用して硬化物中のナノシリカ含有量を変えた時の硬化物物性

項目	単位	LENANOC-E 未使用（シリカ未添加）	LENANOC-E 使用（シリカ 3wt%）	LENANOC-E 使用（シリカ 5wt%）	LENANOC-E 使用（シリカ 18wt%）
T_g [1]	℃	150	163	159	159
透過率	%	83	82	82	78
曲げ強度	MPa	137	147	140	166
撓み量	mm	6.4	6.9	7.1	7.8
曲げ弾性率	MPa	3065	3254	3380	3828
衝撃強度[2]	kJ/m^2	13.9	15.0	17.4	−
線膨張係数	ppm/℃	91	81	80	74
煮沸吸水率[3]	%	2.4	2.4	2.5	2.7

＜硬化条件＞
　硬化剤：リカシッド MH-700（新日本理化㈱），硬化促進剤：ヒシコーリン PX-4ET
　（日本化学工業㈱）1phr
　硬化時間：前硬化 100℃/2hr，後硬化 150℃/5hr，厚さ 3mm の試験片を用いて評価
　[1] TMA により評価　[2] シャルピー衝撃試験により評価　[3] 浸漬時間：100hr

写真2　TEPIC-PAS と LENANOC-E の各硬化物
　　　左：TEPIC-PAS，右：LENANOC-E

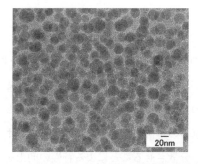

写真3　LENANOC-E 硬化物の断面 TEM 写真

　TEPIC-PAS と LENANOC-E を併用し，LENANOC-E の使用量を変えることで硬化物中のナノシリカの含有量を調整した時の各硬化物物性を表3に示す。
　ナノシリカ配合により，透明性を極力維持しながら線膨張係数を下げることが可能となり，シリカ充填量を上げるにつれその効果が高いことも確認した。
　一方で興味深いのは，ナノシリカ充填により曲げ強度，衝撃強度が向上し，曲げ試験時の撓み量が大きくなっている点である。これらの現象を総合すると硬化物の強靭性が向上していると解釈できる。
　次に LENANOC-E 硬化物（ナノシリカ含有量：18wt%）とその断面 TEM 写真を写真2，3

第2章 LED封止

表4 LENANOC-Aを使用して硬化物中のナノシリカ含有量を変えた時の硬化物物性

項目	単位	LENANOC-A 未使用（シリカ未添加）	LENANOC-A 使用（シリカ5wt%）	LENANOC-A 使用（シリカ7.5wt%）	LENANOC-A 使用（シリカ25wt%）
T_g [*1]	℃	184	184	188	187
透過率	%	85	82	79	77
曲げ強度	MPa	83	119	129	131
撓み量	mm	2.9	5.5	4.8	4.4
曲げ弾性率	MPa	3270	3405	3500	4255
衝撃強度[*2]	kJ/m^2	12.1	17.2	11.2	−
線膨張係数	ppm/℃	68	68	65	56
煮沸吸水率[*3]	%	3.4	3.9	3.8	3.6

＜硬化条件＞
　エポキシ：セロキサイド2021P（ダイセル化学工業㈱），硬化促進剤：ヒシコーリンPX-4ET
　　（日本化学工業㈱）1phr
　硬化時間：前硬化100℃/2hr，後硬化150℃/5hr，厚さ3mmの試験片を用いて評価
　*1　TMAにより評価　*2　シャルピー衝撃試験により評価　*3　浸漬時間：100hr

に示す。
　写真3に示すとおり，ナノシリカはエポキシ硬化物中で凝集することなく一次粒子の状態のまま均一に分散していることが分かる。

(2) ナノシリカ配合酸無水物硬化剤「LENANOC-A（レナノックA）」

　LED透明封止樹脂コンパウンドは主にエポキシ樹脂と酸無水物硬化剤から構成されるが，コンパウンドメーカーとしては酸無水物硬化剤の粘度が比較的小さいので，こちらにナノシリカを入れた方が作業性も良好で，配合自由度が高い。このような理由でナノシリカを酸無水物硬化剤に配合させた「LENANOC-A（レナノックA）」を開発した。ナノシリカ含有量は40wt%で，酸無水物は4-メチルヘキサヒドロ無水フタル酸を主成分としたものを使用している。
　エポキシ樹脂として脂環式エポキシを，硬化剤としてLENANOC-Aを用いた時の硬化物物性を表4に示す。
　LENANOC-E同様，硬化物の透明性を極力維持しながら線膨張係数を低下させることができた。曲げ強度についても同様の向上が見られるが，衝撃強度，撓み量の点ではシリカ5wt%添加時で最大となっている点は興味深い。

　このようにナノシリカ配合エポキシ硬化物を種々評価して，透明性維持，線膨張係数の低減，強靭性向上など，物性面で大きな効果があることを確認した。一方で強靭性が向上する現象の解

明においてはまだ不明な点が多い。今後これらの点を明らかにしながら，さらに付加価値の高い材料開発を進めていきたいと考えている。

文　献

1) 大沼吉信，最新版エポキシ樹脂の高機能化 用途別応用技術編，p.99，技術情報協会（2008）
2) 高井英行,最新半導体・LEDにおける封止技術と材料開発大全集,p.370,技術情報協会(2006)
3) 軍司康弘，総説エポキシ樹脂 第1巻 基礎編I，p.95，エポキシ樹脂技術協会（2003）

第3章　有機EL封止

1　印刷デバイス用ナノコンポジット保護膜の低温作製技術

植村　聖*

1.1　印刷デバイス

ユビキタス情報社会実現に向けて，「いつでも」，「どこでも」，「だれでも」消費者が情報を利用するローエンドな情報入出力端末などが必要となることが予想され，ユーザビリティの高いヒューマンインターフェイスの開発が必要である。ユーザビリティの向上という観点で，デバイスの形状を自由にすることは特に重要な開発要素である。従来の硬い平面のデバイスから脱して，デバイスを湾曲あるいは巻き取ることを可能にすることによって飛躍的な利便性の向上が期待されている。このデバイスのフレキシブル化は，単にユーザーの使い易さや感触が良いというだけではなく，デバイスを丸めたり，折り畳んだりすることが可能となるため，携帯性の向上が期待できる。それは同時にデバイスの耐衝撃性も向上することを意味し，次世代携帯情報端末としてさまざまな応用が期待されている。ユビキタス情報社会においては，生活におけるさまざまな場面や空間において人が意識することなく電子デバイスを介して情報のやり取りを行う「アンビエントエレクトロニクス」が急速に発展することが予想され，大面積のセンサーや表示媒体などの開発が必要であると考えられている[1)]。このような社会では，衣服・室内などのフレキシブル基板上や曲面上へのデバイス設置が想定されることから，それに対応可能なデバイス開発とその製造プロセス開発が必要不可欠であると言われている[2)]。

その製造プロセスの最有力候補として，印刷，インクジェットなどの溶液プロセスが脚光を浴びている。しかし，フレキシブル基板としてプラスチックのような耐熱性の低い基板に適応させるためには，従来の高温プロセスは使用できず，低温のプロセスでデバイスを作製する必要がある。また大面積化や大量生産を可能にするためには，チャンバーを必要としない脱真空プロセスによる製造方法が適しており，ロール to ロールのような連続プロセスによるデバイス作製の実現が期待されている。また，ユビキタス社会ではデバイスはさまざまな場面で使用され，その種類も多種多様に渡ることが想定されるため，オンデマンドに迅速に対応できる製造技術であることも重要である。

従来のフォトリソプロセスは，始めにベタ膜を製膜してから任意の形状を削り出すパターニン

---

*　Sei Uemura　(独)産業技術総合研究所　光技術研究部門　研究員

グ方法であるが，印刷やインクジェットプロセスは製膜と同時にパターニングすることが可能であるため，プロセス数を格段に少なくすることができ，材料の使用効率も高い。これらが次世代のデバイス製造プロセスとして印刷プロセスが最有力候補に挙げられる所以であり，デバイスの使用イメージから想定される低コスト化の問題も解決しやすいプロセスである。

　このような背景から，これらのインク材料，デバイス，作製技術に関して国内外で活発な研究開発が行われている。しかし未だ解決しなければならない問題も山積している状況であり，その中でも高性能なフレキシブル・プリンタブルバリア膜の実現は特に重要な課題の1つである。

1.2　バリア膜

　有機材料は溶媒に可溶なものが多く，フレキシブル性も期待できることから様々な電子材料のインク化が検討されているものの，多くの材料は大気中に存在する酸素，水蒸気，紫外線などの刺激に対して非常に弱い性質を持つ。バリア膜は，文字通りこれらのさまざまな外的刺激からデバイスを「バリアする」ことにあるが，そのレベルは対象とするデバイスによって要求性能が変わってくる。

　最も消費者に近い情報出力端末であるディスプレイは，プリンタブル作製技術やそのフレキシブル化に関する開発のペースが速く，多くの企業からプロトタイプが発表されるなど，商品に非常に近いレベルでの技術開発が行われている。その中で有機ELや有機トランジスタのプリンタブル製造方法や材料に関しては技術競争が活発であり，その開発スピードは目を見張るものがある[3]。しかしながら，プリンタブルのバリア膜に関する開発は未だ有力な材料及びプロセスの候補がない状況である。現状ではスパッタ法やCVDなどの真空プロセスで窒化シリコンなどの緻密な薄膜を形成し，バリア膜として用いることが一般的である[4〜6]。しかし，プリンタブル製造プロセスのメリットを最大限に発揮するには，デバイスを構成する全てのパーツを印刷プロセスで作製する必要があり，部分的に真空プロセスを適応するのは現実的ではない。従って，フレキシブル電子デバイスを実用化するためには，全工程を印刷で作製するための要素技術の開発が重要である。

　このプリンタブルバリア膜の実現を最も困難にしている一因は，極めて低い水蒸気透過率が必要なことである。材料をインク化すること及びデバイスをフレキシブル化するということは，本質的に水蒸気やガスなどの小さな分子をブロックすることに対してはマイナスに働く。従って一般的には，バリア性を向上させる手段として，緻密性が高く且つ厚い膜が適応されている。実際に要求される透湿度は，有機トランジスタでは$1mg/m^2day$以下，有機EL素子では$1\mu g/m^2day$もの高い水蒸気バリア性が必要であると言われている[7]。このような高いバリア性をウェットプロセスで達成した例はなく，既存の材料と製膜技術では解決することができない。も

し，溶液プロセスでも緻密性の高い膜を作製できれば，新しいバリア膜の作製技術として有力な候補となりえる。我々は以前から溶液プロセスで緻密性の高い SiO_2 膜を得る技術を開発しており，高バリア性，低温化，高絶縁化，高フレキシブル耐性を目的として研究開発を行っている[8]。ここでその詳細について紹介する。

1.3 低温塗布 SiO_2 薄膜の作製技術

一般的には，溶液プロセスで SiO_2 薄膜を作製可能な方法としては，アルコキシド化合物を原料としたゾル-ゲル法が知られている[9]。このゾル-ゲル法は有機成分の分解除去とケイ素の酸化反応を促進するために一般的には500℃以上の高温加熱が必要であり，プラスチック基板にこのプロセスを適応することが困難である。例え低温化を実現できたとしても脱水縮合反応ゆえに大きな体積収縮が起こり，プラスチック基板ではその大きな応力に耐えられず，基板そのものに歪が生じてしまう。例え頑丈な基板上に作製した場合でも，得られた膜には多くの欠陥が存在し，高いバリア性や絶縁性は期待できない。これを防ぐために原料溶液に SiO_2 化の反応とは直接関係しない有機成分などを混合し，欠陥を無くす方法なども試されているものの，この不純物が膜中に残存し，そこが絶縁性におけるリーク，バリア性における物質移動のパスとなるなど，膜のクオリティーを下げる原因となってしまう。以上の理由から，現状のゾル-ゲル法ではフレキシブル・プリンタブルバリア膜として SiO_2 を作製するのは困難であった。

その他の方法としてはシラザン（Si-N）化合物を用いて，高温加熱で SiO_2 を作製する方法が知られている。この反応はゾル-ゲル法のような脱水縮重合ではなく窒素から酸素への直接的な置換反応であるため，反応前後の重量収率が80％から100％以上と大きく，体積収縮による膜中欠陥が少ない緻密な膜が得られることが知られている。しかしながらこのシラザン化合物の置換反応による酸化ケイ素膜の作製には450℃以上の高温が必要[10]であり，この方法もプラスチックなどのフレキシブル基板に適応することは不可能である。そこで我々はシラザン化合物を主成分とする塗布膜に対して，熱や触媒ではなくオゾンや紫外光を使って酸化反応を起こし，高純度 SiO_2 薄膜を作製する技術開発を行った。この方法によって生成されるオゾンや活性酸素原子は，シラザンに対して高い酸化能力を有しており，低温でも緻密性が高く且つ高い絶縁性を有する SiO_2 膜を作製することが可能である。その技術の詳細について下記する。

1.4 膜組成と特性評価

基板上に塗布したシラザン化合物薄膜に200℃以下の温度で，酸素雰囲気下で紫外線照射した後の膜のX線光電子分光（XPS）測定の結果を図1に示す。この測定により，反応により得られた薄膜の組成と化学結合の状態を確認することができる。図1は薄膜表面付近のXPSプロフ

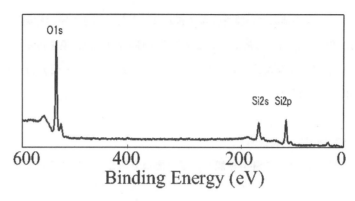

図1　低温塗布法で作製されたSiO₂薄膜のXPSプロファイル

ァイルである。結合エネルギーが535eV，155eV及び105eVにそれぞれSiO₂のO1s，Si2s及びSi2p軌道からの光電子放出に帰属されるピークが観察され，原料に含まれる窒素や炭素（溶媒）の成分に起因するピークは観察されなかった。また，そのピークの面積強度比を計算した結果，ケイ素と酸素の化学組成比はSi：O＝1：2であり，ほぼ完全なSiO₂膜が形成していることも分かった。この膜をスパッタによって膜厚方向に削りながら測定した結果においてもほぼ同様のピークとして観察されたことから，膜表面だけでなく膜内部までSiO₂が生成していることが明らかとなった。

さらに膜内部の化学構造を赤外吸収スペクトルにおいても確認したところ，XPSと同様の結果が得られた。図2にその薄膜の赤外吸収スペクトルを示す。1064cm^{-1}にネットワークを形成しているSi-Oの伸縮振動に起因する吸収のみが強く現れており，原料のシラザンの基本構造であるSi-N結合に由来する830cm^{-1}や有機物のC-H結合に由来する3000cm^{-1}付近に吸収は観察されなかった。従って，XPSから得られた結論と同様に，膜内部までSiO₂が生成していることが確認された。

薄膜のSiO₂を保護膜として用いる際，デバイスの最表面がSiO₂膜である可能性は低く，何らかの薄膜を積層化する可能性が高い。薄膜を積層化する際問題となりやすいのは，下層の膜表面の平滑性が低く，積層を繰り返す度に表面粗さが大きくなる点である。従って，薄膜の表面平滑性は保護膜形成において重要なファクターである。それを確認する目的で，上述した方法で作製された薄膜の原子間力顕微鏡（AFM）による表面形状の観察を行った（図3）。その結果この膜の表面の平滑性は平均二乗粗さ（RMS）で0.15nmと平坦性が極めて高く，シリコンウェハー上の熱酸化膜と同等の値であった。その他のプロセスで作製したSiO₂薄膜と比較してもこの平坦性が非常に高いことが分かる。さらに表面平滑性が低い金属薄膜（RMS＝2.4nm）上に同様の方法で製膜した場合もRMSは0.15nmとなり，下地の凹凸を埋めて平坦化する効果も確認された。

第3章　有機EL封止

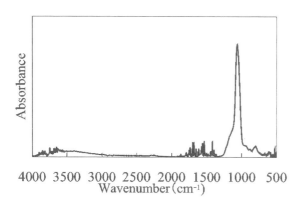

図2　低温塗布法で作製されたSiO₂薄膜のIRスペクトル

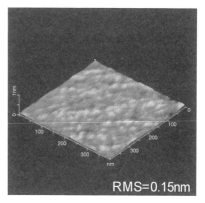

図3　低温塗布法で作製されたSiO₂薄膜表面のAFM像

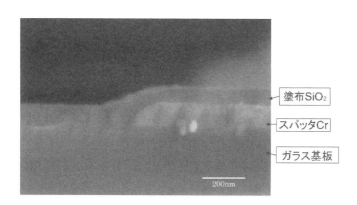

図4　電極上に形成したSiO₂の断面SEM像

　また実際に電子デバイスの保護膜として用いる場合には，パターニングされたデバイスの立体形状を完全にカバーする必要があるため，さらに大きなスケールで凹凸の被覆性が要求される。そこでこのSiO₂薄膜の段差被覆性を評価するために，ガラス基板上に100nmの厚さのクロム電極をスパッタ法で作製し，その上に100nmの膜厚で酸化ケイ素薄膜を作製した。図4に成膜したSiO₂薄膜の段差付近の断面の走査型電子顕微鏡（SEM）の断面像を示す。各部の膜厚は段差上部（クロム膜表面）で80nm，段差下部（ガラス基板面）で120nm，段差側面で75nmであるので，ステップカバレッジは段差上部と段差側面の膜厚より62.5％と見積もられた。この値から，本技術による酸化シリコン膜は十分なステップカバレッジを有しており凹凸の大きい形状上への保護膜としても十分に適用可能であるということが明らかとなった。

　この薄膜の電流-電圧特性から得られた体積抵抗率は10^{15} Ω cm以下，絶縁破壊強度は

6.8MV/cm であった。これらの値はシリコンウェハーを 1050℃でドライ酸化して作製した熱酸化膜のものと遜色ない特性であった。これは保護膜として適応するには満足な値であり，絶縁膜としても十分に用いることもできる。

1.5 酸窒化シリコン薄膜の形成

上で述べたように，電子デバイス用保護膜としての最も重要な役割の1つに，水蒸気のバリア性が挙げられる。デバイスの動作時に水蒸気が存在すると，ほぼ全てのプリンタブルデバイスにおいて性能の著しい劣化が観察される。例えば有機トランジスタにおいてはオフ電流が著しく増加し，高いオン・オフ比を得ることができなくなる。特に有機 EL 素子ではその影響が大きく，水分の存在は素子寿命を著しく減少させることから，保護膜には高い水蒸気バリア性能が要求される。現状では，有機 EL 素子などの高いバリア性が要求されるデバイスに対しては一般的にはCVD やスパッタなどの真空プロセスで緻密性の高い窒化ケイ素膜（SiO_XN_Y）や酸窒化ケイ素膜（Si_3N_4）が用いられる。そこで上記した SiO_2 膜と同じプロセスで SiO_XN_Y 薄膜も得ることが可能かという点について検討を行った。

具体的には，上記の SiO_2 製膜プロセスを窒素雰囲気下で行うのみである。シリコンウェハー上にシラザン化合物をスピンコート法で製膜し，溶媒を十分に乾燥させた後，窒素雰囲気下，200℃以下で紫外光照射を行った。得られた薄膜の分析は IR スペクトルと XPS により行った。

原料として用いたシラザン化合物の基本骨格は Si，N，H からなるが，微量でも酸素が存在する状態で紫外線照射を行うと SiO_2 化が進行する。しかし，その反応系から酸素と水蒸気を十分に取り除くことにより，SiO_XN_Y 化することが可能であるかという点について検討を行った。図5（a），（b）は反応前後の膜の赤外吸収スペクトルである。反応後（図5（b））において，2200cm^{-1} 付近にシラザン骨格からの水素の脱離，1160cm^{-1} 付近に N-H からの水素の脱離がされ，さらに Si-N 結合に起因する吸収に変化がないことから，膜が Si-N 化しているのが確認できる。また反応後の膜に酸素雰囲気下でさらに紫外線照射（または 450℃で加熱）を続け，SiO_2 に反応するか確認したところ，その IR スペクトル（図5（c））は照射前とまったく変化がなく，得られた膜は酸化に対して安定な SiO_XN_Y 膜であることが分かった。この SiO_XN_Y 膜の内部の組成比を詳細に調査する目的で，この膜をスパッタリングで削りながら XPS スペクトルの測定を行い，膜厚方向での成分の分析を行った。図6は Si と N についてのスペクトルを示す。Si については膜表面付近では SiO_2，Si_XN_Y，基板の n−ドープの Si の 2p に起因するピークがそれぞれ観察されたが，膜内部にいくに従って，SiO_2 に関するピークは減少した。膜最深部では SiO_2 は完全に消失し，Si_XN_Y に起因するピークのみ観察された。また N についても同様に，膜表面では SiO_2 化の反応副生成物である NH_3 と Si_XN_Y が検出されたが，膜最深部では Si_XN_Y のみであった。また

第3章　有機EL封止

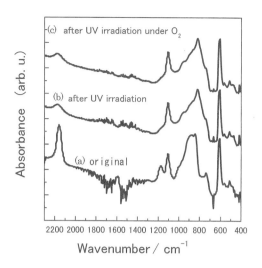

図5　原料（シラザン）薄膜のIRスペクトル（a）とそれに窒素雰囲気下で紫外線照射した場合（b）とさらに酸素雰囲気下で再び紫外線照射した薄膜のIRスペクトル（c）

酸素に関しては，膜最表面のみSiO_2に起因するピークが観察され，炭素に関してはまったく観察されなかった。以上の結果から膜最表面でのみSiO_2化が進行し，膜内部ではSi_xN_y化が優先的に進行していることが明らかとなった。

1.6　クレイナノコンポジット化 SiO_2 膜の作製

　保護膜のバリア性能はその膜厚と比例関係にあるので，高いバリア性を得るためには保護膜を厚膜化する必要がある。しかし緻密性の高い膜を厚膜化するということは曲げ応力に対しては脆くなることを意味し，実際に膜の破壊やクラックが観察される等，フレキシブル耐性が低い。そこで，上記した低温塗布SiO_2をマトリクスとしてクレイを規則的に配列させたナノ複合膜を形成し，機械的強度とバリア性を両立できる保護膜を得ることを目指した。図7のようにナノオーダーサイズの板状化合物を膜面と平行にマトリクス中に均一に配列させた構造を目指し，曲げ応力に対しては強く，ガスや水蒸気の侵入に対してはバリア性の高い複合膜の作製技術の開発を行うことを目的とした。この構造は平板が相互に重なり合うようにして膜を形成するため，膜の水平方向に対する可動自由度は有しているが，膜の垂直方向に侵入してくる異物をブロックする機能が高いという特徴を有している（図7）。このようなクレイをマトリクス中に分散し，膜のバリア性を改善する試みは多くの報告例があるが，その殆どすべてがマトリクスとして高分子材料を用いている[11]。一般的に高分子材料の透湿度は最も高い場合でも$1g/m^2day$以下であり，電子デバイスのバリア膜として要求される性能より5桁以上低い値である。そのため，クレイを分散

高機能デバイス封止技術と最先端材料

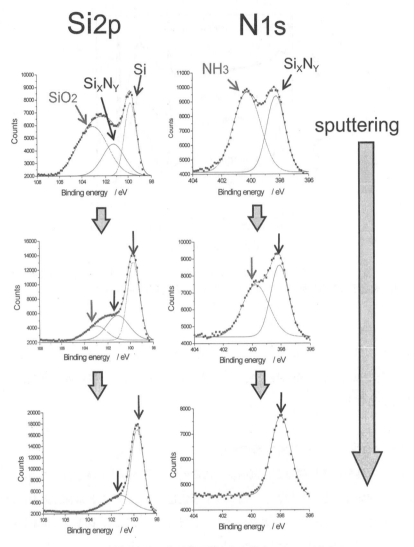

図6　窒素雰囲気下で紫外線照射された膜のXPSスペクトル

図7　高バリア性フレキシブル保護膜の構造

166

第3章　有機EL封止

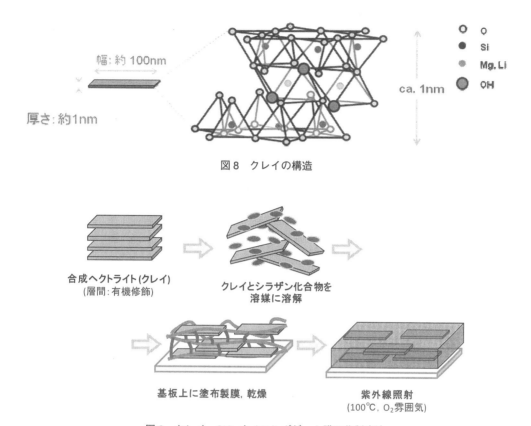

図8　クレイの構造

図9　クレイ・SiO_2ナノコンポジット膜の作製方法

しバリア性能を改善したとしても，電子デバイスに適応可能なレベルに到底満たない。従って上述した塗布SiO_2膜をマトリクスとすることに大きな意味がある。クレイ材料として層間を有機修飾し，有機溶剤に可溶化した合成スメクタイトを用いた（図8）。このスメクタイトは厚さが約1nm，幅が約100nmの層がスタックした多層構造で存在しており，1層単位で完全に剥離することも可能である。この1層のサイズは非常に小さいため，マトリクス膜のモルフォロジーや膜表面の平滑性を乱したりする影響は少なく，曲げ応力による耐性やピンホールを塞ぐ効果等が期待できる。

作製方法としては，シラザン化合物溶液とクレイ溶液を任意濃度で混合した溶液を，シリコンウェハー上にスピンコートした後乾燥させた薄膜に，酸素雰囲気，100～200℃下で紫外線照射して，クレイ・SiO_2複合膜などを得た（図9）。

クレイは長い板状の構造であるため，溶液を展開する際にせん断力が掛かる方法で製膜を行うことで，板の長手方向を膜面に対して並行に並べることが可能である。原料溶液に合成クレイを混合し，スピンコートで薄膜を作製して紫外線照射を行うと，図10の断面TEM像に示すように，

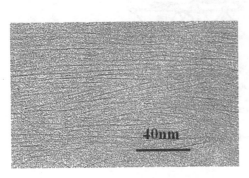 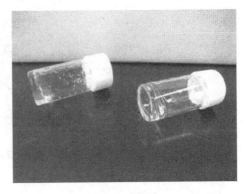

図10 クレイ・SiO_2コンポジット膜の断面 TEM 像　　図11 クレイ添加後の高粘度状態の原料溶液

クレイの各層が単層に剥離し，それらが基板面に対して横たわった状態のナノコンポジット膜を得ることができた。

またクレイの添加は原料溶液の増粘効果があること（図11）から厚膜の形成が容易である。さらにチクソトロピーもコントロール可能なため，スクリーン印刷などの溶液プロセスによるパターニングが可能である。従って，クレイの添加はバリア性やフレキシブル耐性への効果を期待できるだけでなく，材料のインク化においても重要な効果をもたらす手法であると言える。

1.7 まとめ

高緻密性の SiO_2 薄膜を 200℃以下の溶液プロセスで作製する技術について詳細な検討を行い，高い表面平滑性（RMS が 0.15nm），体積抵抗率（10^{15} Ω cm），絶縁耐圧（6.8MV/cm）を示す薄膜を作製することができた。さらに同様のプロセスを用いてバリア性が高いとして知られている SiO_XN_Y 薄膜を得ることにも成功した。これらとクレイとのナノコンポジット膜は，今後さまざまなフレキシブル電子デバイスのバリア膜としての応用が期待できる。またクレイ添加は，原料溶液のチクソ性のコントロールを可能にするため，印刷プロセスに対しても有利な方法である。

文　献

1) 経済産業省，技術戦略マップ 2009
2) 新機能素子研究開発協会，「フレキシブル・プリンタブルデバイス市場からみた有機トランジスタの技術動向調査」(http://www2.fed.or.jp/tech/o_tran.pdf) など

3) I Yagi *et. al., Journal of the SID,* **16**/**1**, 15（2008）
4) A. Masuda, H. Umemoto, H. Matsumura, *Thin Solid Films,* **501**, 149（2006）
5) A. B. Chwang *et. al., Apply. Phys. Lett.,* **83**, 413（2003）
6) H. Kubota *et. al., Journal of Luminescence,* **87-89**, 56（2000）
7) P. E. Burrows *et. al., Proc. SPIE,* **4105**, 75（2000）
8) T. Kodzasa *et al.,* IDW'06 Proceedings, 881（2006）
9) 作花済夫, ゾル-ゲル法の応用, アグネ承風社（1997）
10) 安澤ほか, 特許第4117356号
11) 中条澄, ポリマー系ナノコンポジット, 工業調査会（2003）

2　Cat-CVD（Hot-Wire CVD）法による有機EL封止

松村英樹*

2.1　はじめに

酸素（O_2）や水分に弱い有機エレクトロ・ルミネッセンス（EL）の表面にガスバリヤ性保護膜，すなわち固体封止膜を形成する試みが，ここ数年，多く報告されてきた。有機ELは一般的に100℃を超える温度に耐えられないので，この固体封止膜の形成は低温で行わなければならず，それがその形成法を限定してきた。パリレンなどの有機膜を低温の化学気相堆積（Chemical Vapor Deposition = CVD）法や真空蒸着法などで形成する試みはあるものの[1]，低温で比較的高品質な薄膜が形成できる手法の主流としては，原料ガス分子をプラズマ中の加速電子との衝突で物理的に分解して堆積種を生成する「プラズマ支援化学気相堆積（Plasma Enhanced CVD = PECVD）法」，原子層ごとに膜堆積することで極薄膜でも十分な膜の緻密性，ガスバリヤ性の得られる「原子層堆積（Atomic Layer Deposition = ALD）法」などが知られている。特に，PECVD法においては[2]，プラズマ発生のための高周波放電の周波数を，通常使用される13.56 MHzから27 MHz以上の超高周波（Very High Frequency = VHF）帯に上げたVHF-PECVD法が，良質な特性の膜が高い製膜速度で得られる方法として期待されている。また一方，ALD法による膜は，わずか$0.2\mu m$の厚みで有機ELの封止ができたとの報告もある[3]。

その中で，筆者らが長年検討してきた低温薄膜堆積法，「触媒化学気相堆積（Catalytic CVD = Cat-CVD）法」も，緻密でガスバリヤ性の高い膜を高速で作れる方法として近年注目されている。このCat-CVD法においては，原料ガス分子は，堆積チェンバー内に置かれた触媒体との接触反応により分解されて堆積種が生成される。ここでは，このCat-CVD法の特徴を膜堆積原理も交えて簡単に説明した後，有機ELの表面保護膜として使用した場合の特性を紹介する。

2.2　Cat-CVD法の特徴と膜堆積原理

図1にCat-CVD装置の概要を示す。堆積チェンバー内にガス導入部と原料ガスを接触分解するための触媒体が設置されているだけの簡単な構造である。PECVD法のように放電のための電極も，そのための電気絶縁も必要ない。この単純な構造のために，PECVD法に比べ，まず，次のような長所が得られる。すなわち，①基板や下地膜にプラズマによる損傷を与えない，②電位を考えないで良いので装置設計の自由度が増す，などがあげられる。

また，原料ガス分子と電子の3次元空間での「点」と「点」の衝突を利用するPECVD法と異

---

*　Hideki Matsumura　北陸先端科学技術大学院大学　マテリアルサイエンス研究科　教授，研究科長

第 3 章　有機 EL 封止

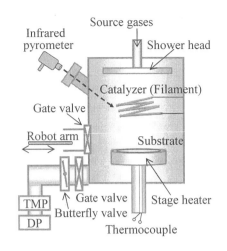

図 1　Cat-CVD 装置の概略図

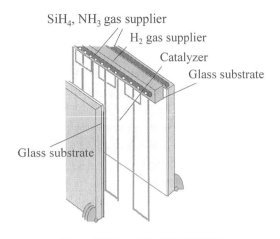

図 2　縦型 Cat-CVD 装置の概略図
鉛直に垂らした触媒体線の両側に基板を設置する。触媒体線を平行移動して交換できる構造となっている。

なり，Cat-CVD 法では原子の詰まった触媒体表面と原料ガス分子の「点」と「面」の接触を利用するので，③原料ガスの利用効率が高い，ことも大きな特長である。条件にもよるが，10 倍近く PECVD 法より原料ガス利用効率が改善された例もある。さらに，将来の有機 EL ディスプレイ大型化を考えれば，触媒体線を鉛直に垂らし，その両面に基板を設置する図 2 の形の装置も考えられる。PECVD 法と異なり，触媒体の両側に同質の膜が堆積できるので，④生産性は 2 倍になり，また，チェンバーのクリーニング頻度も激減させられる。

この Cat-CVD 法で有機 EL 固体封止用のシリコン窒化（SiN_x）膜，および後に説明するが，それと積層するシリコン酸窒化（SiO_xN_y）膜を堆積する時の条件を，Cat-CVD 法による膜堆積の概要を理解して頂くために，表 1 にまとめておく。もちろん，この条件は，Cat-CVD 装置の堆積チェンバーのサイズで異なるが，ここに示したのは，内径 50 cm，高さ約 50 cm，チェンバー内容積約 100 リッターで，触媒体の張る領域が 25 cm × 25 cm 程度，膜堆積面積が 20 cm × 20 cm の我々が使用している実験装置で用いている値である。

次に，Cat-CVD 法における原料ガス分解の機構を，反応機構の理解が進んでいる，タングステン（W）を触媒体として用い，シラン（SiH_4）ガスを原料ガスとして水素（H）化アモルファス・シリコン（a-Si）膜を形成する場合を例に簡単に説明する。SiH_4 は W 表面に室温でも W-SiH_3，W-H の形で解離吸着する[4]。ところが，W 表面温度が 1000℃ 以上になると，SiH_4 は 4（W-H），W-Si のばらばらの形でしか吸着できなくなる[5]。W 表面温度が 1000℃ 程度では，W-Si の結合が残り，W 表面はたちどころにシリサイド化し変性してしまう。そのため，通常の堆積

171

表1 Cat-CVD法によるSiN$_x$膜，SiO$_x$N$_y$膜の堆積条件の例

	SiN$_x$	SiO$_x$N$_y$
Catalyzer material	W	W
Catalyzer surface area	20～50 cm^2	20～50 cm^2
Catalyzer-substrate distance	5～20 cm	5～20 cm
Catalyzer temperature	1750～1800 ℃	1750～1800 ℃
Substrate temperature	20～100 ℃	20～100 ℃
SiH$_4$ flow rate	10 sccm	10 sccm
NH$_3$ flow rate	20 sccm	20 sccm
H$_2$ flow rate	400 sccm	400 sccm
O$_2$ flow rate	−	0～6 sccm
Gas pressure during deposition	15～20 Pa	15～20 Pa

条件におけるSiH$_4$分子の接触頻度では，このSiを完全に熱脱離させ，W表面を元の状態に戻すのに1700℃程度以上の温度が必要になる[6]。Cat-CVD法においては，原料ガス分子を触媒体表面に解離吸着させ，その解離された形の種を触媒体表面から熱脱離させるために触媒体の加熱が必要なのであって，温度は原料ガス分子を熱分解するためのものではない。Cat-CVD法は，触媒体として加熱した金属線を用いることが多いので，欧米を中心に「Hot-Wire CVD法」と呼ばれることも多いが，このガス分子分解機構の認識を明確にするために，我々は「Cat-CVD法」と名付けたのである。

すなわち，このことは，堆積する膜の種類ごとに，適切な触媒体材料と適切な触媒体温度があることを意味し，⑤これらの条件をセットで見出すことがCat-CVD法を適用する際の鍵となる。

2.3 Cat-CVD法により作られる膜の特徴

ところで，Cat-CVD法ではガス分解効率が高いので，とりわけHを含有する原料ガスを用いた場合，気相中でのH原子密度がPECVD法より1桁程度高くなることが知られている[7]。この気相に多量に存在するH原子は，堆積膜表面のH原子を引き抜くので，結果的に膜中に残留するH原子量が減り，膜は緻密になる。

図3は，SiN$_x$膜の原子密度を，熱CVD法により作られるそれと比較して示したものである。Cat-CVD SiN$_x$膜はこの場合は，SiH$_4$，アンモニア（NH$_3$），H$_2$混合ガスを原料として形成されている。Cat-CVD SiN$_x$膜の原子密度は，基板温度300℃，100℃の場合とも，DCS（DiChloroSilane）を原料とする基板温度760℃の熱CVD法による膜に比肩し得る値を示し，

第 3 章　有機 EL 封止

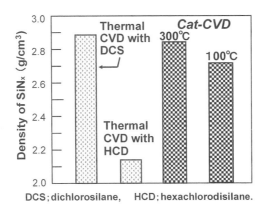

図 3　熱 CVD 法と Cat-CVD 法で作られた SiNₓ 膜の原子密度
熱 CVD 法による SiNₓ 膜は DCS（Di-Chloro-Silane）ガスを用いて 760℃ で作られた場合と HCD（Hexa-Chloro-Disilane）ガスを用いて 450℃ で作られた場合の両方を示している。

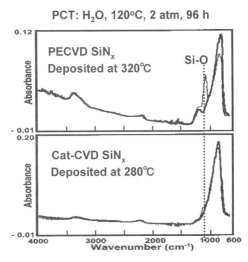

図 4　PECVD 法と Cat-CVD 法それぞれで作られた SiNₓ 膜の PCT 前後での赤外吸収スペクトルの比較

HCD（HexaChloroDisilane）を原料とする基板温度 450℃ の熱 CVD 法による膜よりははるかに高い値を示す。

　図 4 は，280℃ の基板温度で Cat-CVD 法により堆積された SiNₓ 膜と 320℃ で PECVD 法により堆積された SiNₓ 膜，それぞれを 120〜121℃ で，100%，2 気圧の水蒸気中に 96 時間放置する，いわゆる PCT（Pressure Cooker Test）を行う前後の，その膜の赤外吸収スペクトルを示したものである。PECVD 膜の方は，その PCT 後に Si-O の結合と思われる赤外吸収ピークが現れ，膜中に O 原子が取り込まれてしまったことを示しているが，Cat-CVD 膜は PECVD 膜よりわず

高機能デバイス封止技術と最先端材料

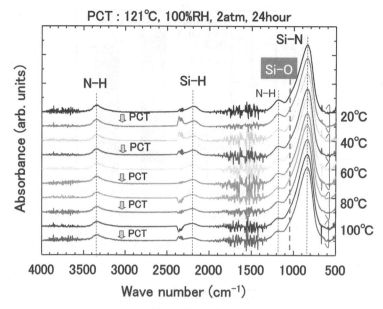

図5　様々な基板温度で Cat-CVD 法により作られた SiNx 膜の PCT 前後の赤外吸収スペクトル

かだが低い温度で形成されているにもかかわらず，そのような変化は全く現れない。この PCT 後の Si-O ピーク出現の有無は，膜のバリヤ性と相関があり，PCT 後にも赤外吸収スペクトルに変化のない膜の水蒸気透過率は一般的に小さく，良好なガスバリヤ能力を示す。

図5は，堆積時の基板温度をパラメータとして Cat-CVD 法により SiNx 膜を形成し，その膜の PCT 前後での赤外吸収スペクトルを示すものである。この場合の PCT の時間は24時間である。Cat-CVD 法による膜は，たとえ，基板温度を 20℃ に下げても，PCT 後に変化がないことが示されている。

2.4　有機 EL 封止の試み（1）—単層膜の問題点

このように，Cat-CVD 法による SiNx 膜には，低温で堆積しても高いガスバリヤ性が期待されるので，早速，有機 EL の固体封止にこの膜を用いることが試みられた。

有機 EL は，O_2 や水分に弱いだけでなく，表面は脆弱で，損傷にも弱い。そのため，PECVD 膜を堆積する場合には，プラズマ損傷により有機 EL の発光効率が低下することがしばしば見られる。また，極薄膜でも高いガスバリヤ能力を示す ALD 膜にいたっては，膜堆積後の有機 EL の経時的劣化は少ないものの，膜堆積そのものによる初期劣化が無視できない場合も多い。一方，上述のように，Cat-CVD 法では，この膜表面への損傷が少ないと考えられる。そこで，まず，有機 EL に Cat-CVD 法で SiNx 膜を堆積する前後での有機 EL の発光特性の変化を観察してみた。

第3章 有機EL封止

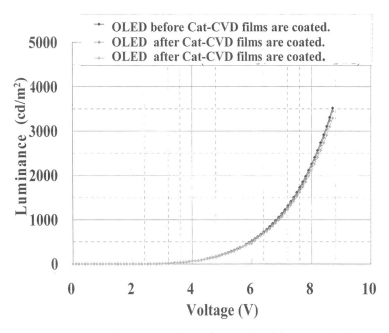

図6 Cat-CVD法によるSiN$_x$膜を堆積する前後の有機ELの発光特性

図6にその結果を示す。有機ELに印加する電圧と発光強度の関係を2回の堆積実験で示しているが、Cat-CVD SiN$_x$膜堆積前後で、その特性が全く変化しないことが示されている。

そこで、Cat-CVD法によりSiN$_x$膜を有機EL上に0.3μm堆積し、その有機ELを60℃、湿度90%の加速環境に放置して、劣化の程度を調べた。有機EL自体は企業などの外部機関から提供を受けているが、封止されて持ち込まれた有機ELを、Cat-CVD装置のロードロック・チェンバーに接続されたグローブ・ボックス内でその封止を外し、真空内に格納して膜堆積を行った。図7にCat-CVD SiN$_x$膜が堆積された有機ELの1時間後、92時間後の発光面の写真を示す。92時間の短い時間内で有機EL面上に黒点、いわゆるダークスポットが発生し、ガスバリヤ性が破壊されたことを示している。このダークスポットに着目してその部分の断面を走査型電子顕微鏡（Scanning Electron Microscope = SEM）で観察した結果も図中に併せて示す。この時に用いた有機ELはガラス基板側から光を取るボトムエミッション型で、Cat-CVD膜は上部のアルミニウム電極上に堆積したのだが、その上部電極面のわずかな凹凸箇所からSiN$_x$膜の膜成長方向にクラックが生じ、それがガスバリヤ性を崩し、ダークスポットの原因となっていることが見出される。ちなみに、同時に鏡面研磨されたシリコンウェーハ上にも同じ膜を堆積しているが、その場合は、図8に同様な断面SEM像を示すように、全くクラックは見出されず、膜は均質である。

高機能デバイス封止技術と最先端材料

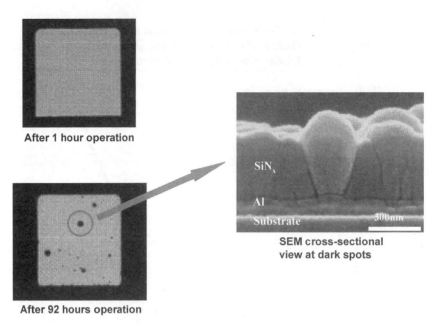

図7　有機 EL 動作後に発生したダークスポットとその部分の断面 SEM 像

図8　鏡面研磨されたシリコン基板上に Cat-CVD 法で堆積された SiN_x 膜の断面 SEM 像

　すなわち，有機 EL の固体封止には，膜そのもののガスバリヤ能力と併せて，下地基板表面の形状によりクラックなどが発生しない，構造柔軟性も求められる。Cat-CVD 膜は緻密でガスバリヤ性が高いが，その緻密性の高さは，膜の割れ易さを示す可能性もあり，固体封止膜には，それを含めた総合的なガスバリヤ性が求められる。
　そこで，SiN_x 膜よりも構造柔軟性が高いと言われている SiO_xN_y 膜の形成を試みた。SiO_xN_y 膜は，すでに表1に示してあるように，SiN_x 膜を堆積するための SiH_4，NH_3，H_2 混合ガスに微量の O_2 ガスを混合するだけで得られる。なお，触媒体としてここで示す例のようにタングステン

第3章　有機EL封止

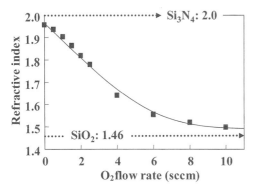
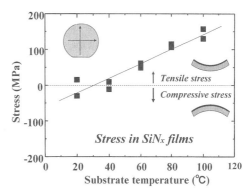

図9　Cat-CVD法でSiO$_x$N$_y$膜を作る際に導入されるO$_2$の流量と膜の屈折率の関係

図10　Cat-CVD法でSiN$_x$膜を作る際の基板温度と膜ストレスの関係

(W)を用いる場合，O$_2$を混入するとWが酸化して融点の低いWO$_x$を形成し，それが飛来して堆積膜がWで汚染される可能性もあるが，この場合のように，多量の還元性ガスが同時に混入されると，その心配はない。

図9は，導入されたO$_2$ガス流量に対する膜の屈折率を示す。少しの酸素導入により，SiO$_2$にも迫る屈折率のSiO$_x$N$_y$が簡単に作られることが示されている。

図10は，SiN$_x$膜をシリコンウェーハ基板上に堆積した時の膜ストレスを，堆積時の基板温度の関数として示したものである。ストレスは引っ張り（Tensile）側から圧縮（Compressive）側まで単調に変化しており，その値も100 MPa以下と小さくすることが可能である。基板温度100℃で作られたSiN$_x$膜のストレスは150 MPa程度もあるが，この条件に，O$_2$ガスを混入し，そのO$_2$流量の関数として作られたSiO$_x$N$_y$膜のストレスを示したのが図11である。O$_2$混入量の調整により，そのストレスも圧縮側から引っ張り側にゼロ点をはさんで調整できることを示している。

2.5　有機EL封止の試み（2）—積層固体封止膜の実現

図12には，Cat-CVD法によりSiN$_x$膜，SiO$_x$N$_y$膜をそれぞれ0.3 μmずつ積層した場合(b)と，SiO$_x$N$_y$膜を堆積するのと同じ要領でSiN$_x$膜堆積を一度止めて5分後に同じSiN$_x$膜を堆積した場合(a)の，それぞれの断面SEM画像を示す。SiN$_x$膜中に発生したクラックは，その上に堆積されたSiO$_x$N$_y$膜中には伸びないが，SiN$_x$膜が堆積された場合には，そのままクラックも積層膜上層にまで伸びてしまうことを示している。すなわち，膜成長方向に伸びるクラックを止めるためには，同じ膜を厚く積んでも効果は少なく，異なる構造の膜を積層することに意味があることを，この結果は示している。

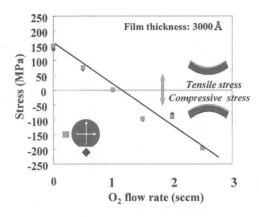

図11 Cat-CVD 法で SiO_xN_y 膜を作る際に導入される O_2 の流量と膜ストレスの関係

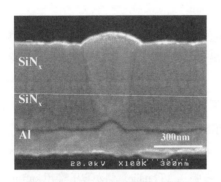
(a) SiN_x/SiN_x stacked film

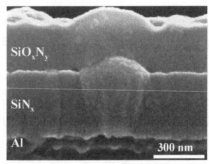
(b) SiN_x/SiO_xN_y stacked film

図12 Cat-CVD 法により SiN_x/SiN_x 積層膜を形成した場合と SiN_x/SiO_xN_y 積層膜を形成した場合の断面 SEM 像

図13は，有機 EL 側から順に各層厚み $0.1\mu m$ の SiN_x 膜と SiO_xN_y 膜を7層積層し総膜厚 $0.7\mu m$ とした場合と，SiN_x 膜だけを厚み $1\mu m$ 堆積した場合の，60℃，湿度90％の加速環境中での有機 EL の耐久テストの結果，すなわち発光面の状態の時間依存性を示す。SiN_x 膜だけの場合には，厚みが $1\mu m$ あってもダークスポットが生まれるが，積層膜にはその現象は現れない。しかし，71時間後には，積層膜を堆積した有機 EL は端から劣化が起こっており，何かバリヤ性を崩す原因があることが予想される。そこで，この端から発光が止まる領域を詳しく SEM により観察してみた。その観察結果を図14に示す。

まず，左上の非発光領域にはパーティクルが存在しており，その部分が完全には覆いきれずに，有機 EL が損傷を受けたことがわかる。また，右下の非発光領域は，図中に説明するように，用いた有機 EL がアルミニウム電極層，有機 EL 発光層，透明電極層と，合計約 $0.7\mu m$ の厚みの

第3章 有機EL封止

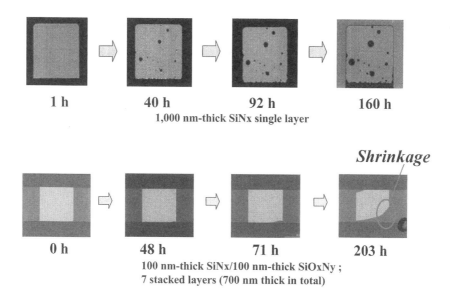

図13 1,000 nm厚のSiN$_x$単層膜と合計700 nm厚のSiN$_x$/SiO$_x$N$_y$, 7層積層膜を有機EL表面に堆積し, 60℃, 湿度90%の加速環境下に置いた場合の発光面の経時変化の様子

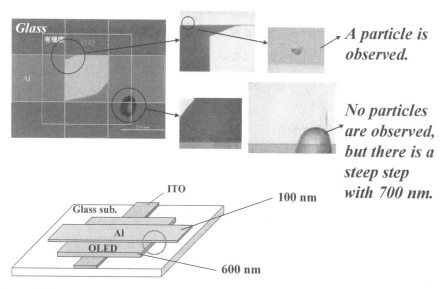

図14 合計700 nm厚のSiN$_x$/SiO$_x$N$_y$, 7層積層膜を有機EL表面に堆積し, 60℃, 湿度90%の加速環境下に203時間放置した場合の非発光箇所の顕微鏡観察

段差があるところに丁度対応している。積層膜が, その段差を十分に被覆できなかったことによるか, あるいは, 熱膨張係数の異なる3層上に堆積された膜が, その伸縮に耐えられずにクラックを生んだことによりガスバリヤ性が崩れたと予想できる。

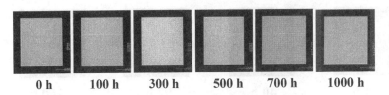

*300 nm-thick SiNₓ/300 nm-thick SiOₓNᵧ ;
7 stacked layers (2,100 nm thick in total)*

図15　合計 2,100 nm 厚の SiN_x/SiO_xN_y，7 層積層膜を有機 EL 表面に堆積し，60℃，湿度 90％の加速環境下に放置した場合の非発光面の顕微鏡観察

そこで，これらの段差も十分に被覆できるように，各層の厚みを $0.3\mu m$，7 層合計約 $2.1\mu m$ の厚みの積層膜を有機 EL に堆積し，同様な加速試験を行ってみた。その結果を図 15 に示すが，この場合は，1,000 時間の加速試験後も有機 EL はなんら損傷を受けずに発光し続けており，固体封止膜として機能していることが見出される。この試験の加速倍率は約 15 倍と言われており，この値は，約 15,000 時間の実時間使用に対応し，有機 EL の価格にもよるが，有機 EL 照明に求められている最低目標はほぼクリアーしている。また，厚み $2.1\mu m$ は少し厚過ぎるようにも思われるが，有機 EL テレビにおける固体封止膜は，$SiN_x/SiO_2/SiN_x$ 積層膜の総膜厚が約 $5\mu m$ とも言われているので，特に厚いという訳ではない。

2.6　まとめ

以上，ここで述べたことをまとめる。
① Cat-CVD 法による緻密でガスバリヤ能力の高い SiN_x 膜が作られる。
② 膜堆積時の欠陥が少ない Cat-CVD 法によれば，有機 EL の初期発光特性を劣化させることなく SiN_x 膜の堆積が可能である。
③ SiN_x 膜単層では，下地基板の凹凸などの影響で膜中に生まれるクラックが防げないので，$SiN_x/SiO_xN_y/SiN_x/$……積層膜の形成が有機 EL の固体封止のためには必要である。また，有機 EL 自体の構造からくる段差などを乗り越えるための厚みが，その積層膜には必要である。例えば，SiN_x と SiO_xN_y の 7 層の積層膜，総厚 $2.1\mu m$ で，60℃，湿度 90％の加速環境で 1,000 時間以上使用できる固体封止膜形成が Cat-CVD 法を用いれば可能である。

第 3 章　有機 EL 封止

文　　献

1) 鈴木晴視，山本敦司，寺亮之介，日本国登録特許第 3405335 号「有機 EL 素子」（出願日，2000 年 11 月 27 日）
2) K. Akedo, A. Miura, H. Fujikawa and Y. Taga, *R&D Review of Toyota CRDL,* **40**(3), 40(2005)
3) A. P. Ghosh, L. J. Gerenser, C. M. Jaman and J. E. Fomalik, *Appl. Phys. Lett.,* **86**, 223503 (2005)
4) A. G. Sault and D. W. Goodman, *Surf. Sci.,* **253**, 28 (1990)
5) J. Doyle, R. Robertson, G. H. Lin, M. Z. He and A. Gallagher, *J. Appl. Phys.,* **64**, 3215 (1988)
6) K. Honda, K. Ohdaira and H. Matsumura, *Jpn. J. Appl. Phys.,* **47**, 3692 (2008)
7) H. Umemoto, K. Ohara, D. Morita, Y. Nozaki, A. Masuda and H. Matsumura, *J. Appl. Phys.,* **91**, 1650 (2002)

第4章　太陽電池封止

1　太陽電池セル／モジュール封止技術の現状と開発動向

増田　淳＊

1.1　はじめに

　太陽光発電産業は年率40～50％もの成長を遂げており，2008年の市場規模は発電量に換算して6.9 GWを超えた。この値はピークエネルギーで原子力発電所約7基分に相当する。2008年の秋以降は，さすがに金融危機の影響で翳りも出ているものの，環境・エネルギー問題を解決するための中心的技術として期待されており，長期的には現在の数十倍の産業規模になることは疑う余地もない。半導体，フラットパネルディスプレイの減産に苦しむエレクトロニクスやその関連産業にとって，今や救世主的役割をも担っている。

　世界で生産されている太陽電池の90％程度は，今でも結晶シリコン系太陽電池であるが，最近ではシリコン薄膜や化合物薄膜を発電層に用いた薄膜系太陽電池の増産のニュースが数多く聞かれる。しかし，太陽光発電のコストは未だにkWhあたり40円台後半，モジュール製造コストは結晶シリコン系ではWあたり200円台後半であり，新エネルギー・産業技術総合開発機構（NEDO）が策定したロードマップPV2030＋における2025年の技術開発目標である発電コスト7円/kWh，モジュール製造コスト50円/Wとの開きは大きい。太陽光発電の大量導入はフィードインタリフや補助金などの制度に支えられているところが大きく，真の自立したエネルギー源となるためには，大幅なコストダウンは必要不可欠である。もちろん，将来のコストダウンに対しては，色素増感太陽電池や有機薄膜太陽電池の市場導入に期待するところも大きいが，現在上市されている太陽電池における発電コストの低減は喫緊の課題である。

　太陽光発電のコストは，変換効率，モジュール製造コスト，寿命の三つの因子により決定される。大学や研究機関でのこれまでの多くの研究では，その目的を発電効率の向上に求めることが多かった。もちろん，少しでも変換効率を上げることは重要ではあるが，例えば，現在の結晶シリコン系太陽電池の最高効率は理論効率にかなり近づきつつあるし，大幅な向上は困難であろう。また，変換効率を上げるために，製造コストも上がる技術を使えば，結果的に発電コストは上がる可能性もある。効率と価格のいずれも高い太陽電池や，効率と価格のいずれも低い太陽電池など，

＊　Atsushi Masuda　㈱産業技術総合研究所　太陽光発電研究センター　産業化戦略チーム　チーム長

第4章 太陽電池封止

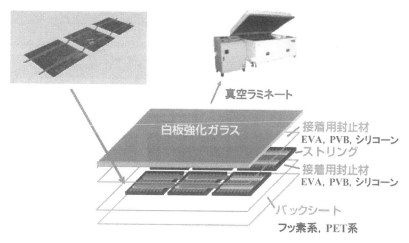

図1　結晶シリコン系太陽電池のモジュール構造

目的や設置形態などに応じて棲み分けが行われる時代になりつつあるが，常に忘れてはならない観点は発電コストである。モジュール製造コストの低減には，大面積化や高速形成などのスループットの向上が求められており，大学から民間企業に至るまで，数多くの研究開発が行われている。一方で，長寿命化すなわち信頼性の向上は，発電コストの低減に直結する技術である。本節では長寿命化実現のために必須の太陽電池セル／モジュール封止技術の現状と開発動向について述べる。

1.2　太陽電池のモジュール構造

太陽電池のモジュール構造を種類ごとに解説する。一般に，支持体側から光を入射する場合をスーパーストレート型，支持体と反対側から光を入射する場合をサブストレート型，さらには両面に支持体がある構造を充填型と呼ぶ。支持体にはガラスや金属が用いられ，特に受光面側には強化ガラスが用いられる。

結晶シリコン系太陽電池のモジュール構造を図1に示す。結晶シリコン太陽電池セルは，単結晶では125 mm角程度，多結晶では156 mm角程度の大きさのものが主流となっている。セルの受光面側の電極と裏面側の電極を交互にタブ線で接続することでストリングスが形成される。さらに，数列のストリングスを組み合わせることでマトリクスが形成される。受光面側から，白板強化ガラス，充填材（接着封止材）シート，マトリクス，充填材シート，バックシートの順に積層し，真空ラミネータで温度を上げながら圧着する。さらに，四隅にアルミニウムフレームを取り付ける。また，配線はバックシート側から取り出し，接続箱を取り付けることで，モジュールが完成する。両面受光型の太陽電池やライトスルーなどの建材一体型の太陽電池では，バック

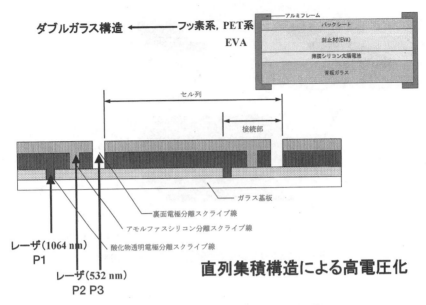

図2 薄膜シリコン系太陽電池のモジュール構造

シートの替わりに，裏面にもガラスを使用する。このようなダブルガラス構造の太陽電池では，アルミニウムフレームが不要になるとのメリットもある。

　結晶シリコン系太陽電池の製造工程がセル工程とモジュール工程に明瞭に分離できるのに対して，薄膜系太陽電池では両者は明確には分離されない。薄膜シリコン系太陽電池のモジュール構造を図2に示す。ガラス上に形成した透明導電膜をレーザでスクライブ加工した後に，薄膜シリコン太陽電池層を形成し，レーザでシリコン層をスクライブ加工する。さらに，裏面電極層を形成し，レーザで裏面電極層とシリコン層を一括スクライブ加工する。このようなスクライブ加工を，順にP1，P2，P3と呼ぶことが多く，P1にはネオジム添加イットリウムアルミニウムガーネット（Nd:YAG）レーザの基本波（1064 nm）のような赤外光が，P2ならびにP3にはNd:YAGレーザの第二高調波（532 nm）のような可視光が使用されることが多い。また，P1，P2，P3のいずれも，スクライブ加工時のデブリがスクライブ溝の側面に再付着することを避けるために，ガラス面側からレーザ光を入射することが多い。このようなスクライブ加工を行うことにより，数10本のセル列を直列接続することが可能となり，高電圧化を図ることができる。セル列は10 mm程度，3本のスクライブ線からなる領域は100 μm程度である。スクライブ線からなる領域は発電しないため，この領域の幅はできるだけ狭くすることが肝要である。上述のように直列集積化を図ったセル列の上に，充填材シート，バックシートの順に重ね，真空ラミネータを用いて温度を上げながら封止する点は，結晶シリコン系太陽電池モジュールと同じである。

第4章　太陽電池封止

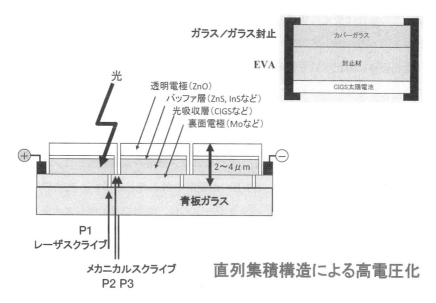

図3　CIGS太陽電池のモジュール構造

　また，薄膜シリコン系太陽電池では，上記のスクライブ線と垂直方向に，シリコン層と裏面電極層を一括スクライブ加工することでシースルー化が可能となる。設置環境にもよるが，シースルー太陽電池の透過率は10～20％程度である。シースルー太陽電池では，エネルギーを産出するのみならず，断熱効果による省エネルギー化も期待される。シースルー太陽電池の場合は，バックシートは用いずにダブルガラス構造をとる。

　銅－インジウム－ガリウム－セレンからなるCIGS太陽電池のモジュール構造を図3に示す。ガラス基板上に形成されたモリブデン層をレーザでスクライブ加工した後，スパッタリング法で形成した積層プリカーサ膜をセレン化することで形成されるCIGS光吸収層ならびに硫黄系材料から成る高抵抗バッファ層をメカニカルに一括スクライブ加工する。さらに，高抵抗バッファ層上に酸化亜鉛から成る窓層を形成し，CIGS光吸収層，高抵抗バッファ層とともにメカニカルに一括スクライブ加工する。この場合も，各スクライブ加工を順にP1，P2，P3とよぶ。CIGS太陽電池では，直列集積構造をとるセル列を，サブモジュールもしくはサーキットと呼ぶことが多い。サブモジュール上に，充填材シート，白板強化ガラスの順に積層し，真空ラミネータを用いて温度を上げながら封止する点は，他の太陽電池モジュールと同じである。この構造からわかるように，CIGS太陽電池は，基本的にはダブルガラス構造である。しかし，配線を取り出すために，基板として使用したガラスの下にも充填材シートとバックシートを用いて封止することで，配線を保護している。CIGS太陽電池を金属箔やポリマーシート上に形成することでフレキシブル化

が図れるが，この場合は受光面側にもガラスを使用することはできないので，エチレンテトラフルオロエチレンコポリマー（ETFE）のようなフロントシートを用いることになる。CIGS 太陽電池では，受光面側に酸化亜鉛を使用しているために，フレキシブル化を図った場合には，安定性や対候性を向上させるためにも，フロントシートには比較的高い水蒸気バリア性も求められる。

いずれの種類の太陽電池モジュールでも，充填材にはエチレンビニルアセチレート（EVA）が使用されることが多い。EVA を加熱すると架橋反応により強固に固まり，さらに透明となるため，太陽電池セルの接着には好適である。ダブルガラス構造の太陽電池では，合わせガラスに用いられているポリビニルブチラール（PVB）が使用されることも多い。充填材としてはシリコーンも候補材料となる可能性がある。バックシートには，欧州では，ポリエチレンテレフタレート（PET）とポリフッ化ビニル樹脂（PVF）の積層シートが使用されることが多いが，日本メーカーでは，PET とアルミニウム箔の積層シートが使用されることが多い。しかし，アルミニウムを用いることにより，絶縁処理が必要になることが課題となっている他，キャパシタ成分が生じることも懸念されるため，PET と蒸着シリカのような無機系バリア膜の積層シートをバックシートに用いることも検討されている。この場合も蒸着シリカを形成した PET の水蒸気バリア性が検討課題とされている。

1.3 モジュールの長寿命化

太陽電池モジュールの寿命は，一般には 20 〜 25 年程度と言われているが，新築住宅の平均的な建て替え年数が 30 年半ば程度であることを考えれば，太陽電池モジュールの寿命は 40 年程度であることが望ましい。また，最近は数 10 MW クラスの大規模な太陽光発電所がドイツやスペインを中心に数多く建設されているが，発電施設の寿命としては，50 〜 60 年程度が求められるところである。さらには，モジュール寿命を 2 倍にすれば，その太陽電池が生涯に産出する電力は 2 倍になるわけであり，モジュールの製造に要する費用が同じであれば，周辺機器のコストを勘案しても，発電コストを大幅に低減することができる。そのため，モジュールの長寿命化は太陽光発電の普及拡大にとって喫緊の課題の一つである。

シリコンや化合物半導体を用いた太陽電池の場合，モジュールの寿命を決めるのは，無機材料であるシリコンや化合物半導体から構成されるセルではなく，充填材シートやバックシートなどの化学部材によることが多い。セルの接着は，充填材として使用されている EVA や PVB によるが，充填材の着色や剥離による白濁は，セルに吸収される光の低減に直結し，変換効率が低下する。また，モジュール内に侵入した水分により充填材が分解することで発生する酸は電極の腐食に繋がる。充填材としては EVA が用いられることが多いが，PVB の方が EVA よりも酸の発生が少ないとの特長がある。また，PVB の方が EVA よりも接着力が多少弱いが，このことは

第4章 太陽電池封止

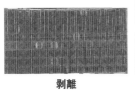 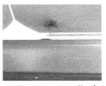  

剥離　　　バックシートの焦げ　　　着色　　　EVAの気泡

図4　屋外曝露で観測される不具合の事例

逆にモジュールを分解しやすいことを示しており，リサイクルが容易になることもPVBの利点として指摘されている。

　薄膜系太陽電池モジュールでは，結晶シリコン系太陽電池モジュールよりも一般に高い耐候性が求められるとも言われている。充填材には種類によらずバリア能は期待されないため，バックシートの耐候性も重要な課題となり，水蒸気透過率や酸素透過率の一層低いフィルムを用いたバックシートの開発も求められている。最近では，ダブルガラス構造の太陽電池モジュールも増えてきており，薄膜シリコン太陽電池では，米国・Applied Materials社のフルターンキーシステム「SunFab」でも採用されている。ダブルガラス構造をとる場合でも，周辺からの水分の浸入は懸念されるため，周辺からの水分浸入を抑止するシール材の高性能化も求められている。

　太陽電池モジュールの長寿命化には，モジュール製造工程でのノウハウと繋がる技術が重要となり，これまでは学術的かつ系統的な研究は行われてこなかったようにも思われる。モジュールに用いられている化学部材が長期間屋外で曝露されることにより，材料自身が変質したり，太陽電池セルとの間で剥離を起こすことで寿命が決まる。最近では，太陽光発電の大幅な普及により，設置箇所も，1日の気温差の大きい砂漠や，塩害の懸念される海辺，あるいは酸性雨の影響を受けやすい地域など，従来よりも過酷さを増している。このような様々な環境で充填材やバックシート材料がどのような変化を起こすかを科学的に解明し，より優れた材料の作製技術にフィードバックすることは重要である。また，材料の改善により長寿命化を図るのみならず，ダブルガラス構造など，モジュール構造自身の改善による長寿命化も図るべきである。一方で，薄膜フレキシブル太陽電池では，ガラスを用いることができないために，封止はフロントシートや基材に用いられるポリマーシートのバリア性のみに頼らざるを得ない。このように，太陽電池においては，設置場所のみならず，使われる材料や構造も多様化してきており，長寿命化のためには，それぞれに応じた最適な封止材料やモジュール構造を採用すべきであろう。

　太陽電池モジュールの寿命を予測する技術も重要である。加速劣化試験の方法は提案されているものの，実際の寿命を適正に判断するためには，加速劣化試験法の正当性を検証するとともに，長期屋外曝露試験結果との比較検討も重要になるであろう。図4には屋外曝露で観測される不具

高機能デバイス封止技術と最先端材料

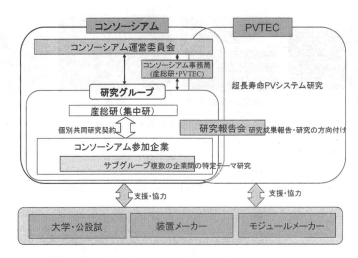

図5 「高信頼性太陽電池モジュール開発・評価コンソーシアム」の体制

合の事例を示す。屋外曝露でしか発生しないモジュールの不具合も存在するため，それらの不具合を再現可能な加速劣化試験法の開発が待ち望まれるところである。

産業技術総合研究所では，平成21年度より，「高信頼性太陽電池モジュール開発・評価コンソーシアム」の立上げを準備している。このコンソーシアムでは，太陽電池モジュールに関する新規材料・新規構造を開発するとともに，得られた各種太陽電池モジュールおよび部材などの信頼性評価のための試験法を開発することを目的としている。主として，現在上市されている結晶シリコン系，薄膜シリコン系，化合物薄膜系の太陽電池を研究対象とする。また，産業技術総合研究所九州センターで実施している長期屋外曝露試験結果との比較検討も予定している。コンソーシアムは産業技術総合研究所と部材メーカーを中心とする30社程度の民間企業などで構成する予定である。また，モジュールメーカーとの緊密な情報交換を図ることを目的に，太陽光発電技術研究組合との連携の下にコンソーシアムは運営される。本コンソーシアムの詳細は2009年秋に正式発表する予定であるが，図5には，コンソーシアムの体制を示す。

1.4 まとめ

昨今の経済情勢の急激な変化により，ここ数年の太陽光発電バブルも弾けたと言われており，1～2年は厳しい状況が続くかも知れない。しかし，太陽光発電は地球環境の保全のために必須のエネルギー源となり得るものであり，長期的な視野に立てば，現在に比べて桁違いの生産・導入量となることはいうまでもない。エネルギーペイバックならびにCO_2ペイバックの観点からは環境に極めて優しい太陽光発電であるが，業界が経済的に自立するためには，発電コストの低

第4章 太陽電池封止

減が必須であり，そのためにもモジュールの長寿命化は欠かすことができない。長寿命化のための技術もノウハウだけに頼るのではなく，学術的な観点からの検証は今後も一層重要になることと思われる。産業技術総合研究所で準備中のコンソーシアム型共同研究がその一助となれば幸いである。

2 太陽電池セル封止材としての EVA 樹脂

瀬川正志*

2.1 太陽電池モジュールの構造

結晶シリコン系太陽電池モジュールの構造を図1に示す。

図1の通り結晶系シリコンセルを2枚のEVA封止材で挟み，その上下にガラスもしくは耐候性に富むバックシートで挟み，それを真空加熱圧着する事で一体化している。

アモルファスシリコン系太陽電池モジュールの構造を図2に示す。

基板ガラスに蒸着した薄膜層とバックシートを一体化するためにシート状のEVA封止材を用いて真空加熱圧着を行っている。

結晶シリコン系，アモルファスシリコン系を問わず，EVA封止材はほぼ同等の性能を持つものであり，通常ロールもしくは断裁し枚様で供給されている。

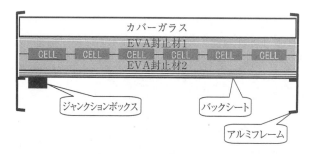

図1 結晶シリコン系太陽電池モジュールの構造

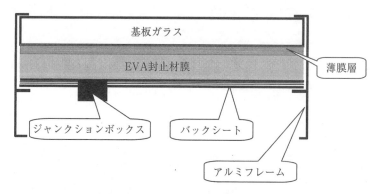

図2 アモルファスシリコン系太陽電池モジュールの構造

---

* Masashi Segawa サンビック㈱ 開発部 取締役 開発部長

第4章 太陽電池封止

本節では
2.2 EVA樹脂に関して
2.3 結晶系シリコンセルの封止向けEVA封止材について
の順に解説する。

2.2 EVA樹脂に関して

2.2.1 EVA樹脂の生産量

EVAとはエチレン・酢酸ビニル共重合体の略であり,エチレンと酢酸ビニルのモノマーをランダム共重合した樹脂であり,一般にはポリエチレンの一種として扱われている。2006年度の樹脂の生産量は表1の通りである。

EVAの日本での生産量は,最近10年間でほぼ横ばいであり,ナイロンの生産量とほぼ同等である。これはEVAが非常に汎用性の高い樹脂である事を示唆している。

2.2.2 EVA樹脂の分類

EVA樹脂は一般にEVA内に含まれている酢酸ビニルの含有量とその分子量で分類される。

EVA内の酢酸ビニル含有量(重量%)は,一般に「VA」で表記し,分子量に関してはその粘度と相関があることが知られており,通常MI(メルトインデックス)で表記される。

なお,MIとEVA樹脂の平均分子量は図3の通りである。

EVA樹脂のMIに関しての詳細はJIS K-7210を参照頂きたい。

EVAの樹脂のVAを横軸,MIを縦軸とした場合それぞれをプロットすると,成型方法ごとに図4の通りになる。

次にEVA樹脂の酢酸ビニル含有率と各物性の関係を表2に示す。

表1 各樹脂の生産量(2006年日本)

樹脂名	生産量
ポリエチレン	294.4万トン
ポリプロピレン	304.9万トン
塩化ビニル樹脂	214.6万トン
ポリエチレンテレフタレート	111.0万トン
ポリカーボネート	41.3万トン
EVA(エチレン・酢酸ビニル共重合体)	23.3万トン

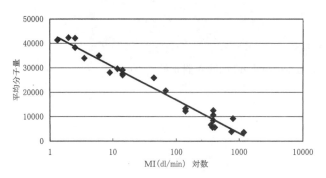

図3　平均分子量とMIの関係

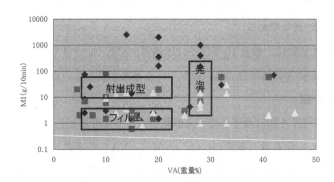

図4　EVA樹脂の分類

表2　酢酸ビニル含有率と物性

	酢酸ビニル含有率が増加すると	酢酸ビニル含有率が減少すると
密度	大	小
水蒸気透過率	大	小
融点	高	低
硬さ	硬	軟
密度	高	低
価格	高	低

2.3 結晶系シリコンセルの封止向け EVA 封止材について

2.3.1 EVA 封止材の組成と架橋・接着の原理

図1に結晶シリコン系太陽電池モジュールの構造を示した。

ここで用いられる EVA 封止材は，VA が 25 〜 35％の EVA に有機過酸化物，シランカップリング剤などを添加したシート状の物である。この EVA 封止材は加熱すると一度溶け，さらに

第4章　太陽電池封止

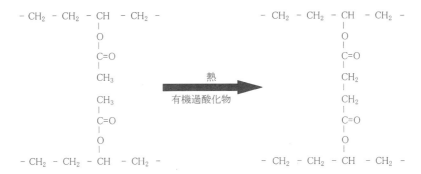

図5　EVAの架橋反応

加熱を継続すると添加した有機過酸化物が分解し，図5に示す通りEVA中に架橋構造を持たせる事ができる。EVAが架橋構造を持つ事で，EVAの耐熱性が向上する。

また，EVA内に有機過酸化物とシランカップリング剤が同時に添加されているとガラスなどの無機物と良好に接着する。その接着機構をガラスを例にして図6に示す。

上記通りの接着機構であるために，EVA内にシランカップリング剤が添加されていない，もしくはシランカップリング剤が失活している時には接着に問題を生じる。

2.3.2　結晶系シリコン太陽電池モジュールの製造方法

結晶シリコン系太陽電池モジュールの製造方法は図7の通りに各部材を積層する。

積層した後に，図8に示す太陽電池用ラミネーターにガラスを下側にして入れて全体を一体化する。

通常のラミネーターは，蓋の部分のゴムで上室と下室が分けられており，上室と下室が独立に真空状態にできる。その動作原理を図9に示す。

現在，サンビック㈱ではEVAの架橋条件の異なる2種類の組成の封止材膜を販売している（Standard Cure品，Fast Cure品）。一般にStandard Cure品はEVAの架橋工程をラミネーター内で連続で行わず，ラミネーターから取り出しオーブンもしくは加熱炉で行われる。これに対してFast Cure品は一般にEVAの架橋工程をラミネーター内で行う。

2.3.3　太陽電池ラミネーターの条件設定に関して

通常サンビック㈱のFastCure品を用いた場合の太陽電池用ラミネーターの設定推奨条件は表3の通りである。

太陽電池ラミネーターの設定条件を考える際に特に考慮すべき点は以下の通りである。

① 2ndSTEP時間

・時間が短すぎる場合，エアー残り，セル割れが不具合として発生する。

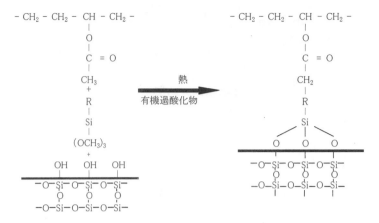

図6　EVAとガラスの接着原理

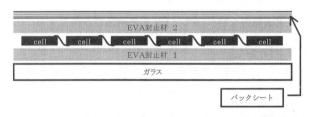

図7　結晶シリコン系太陽電池モジュールの各部材の積層構成

図8　太陽電池用ラミネーター

・時間が長すぎる場合，加圧前にEVAの架橋が開始し，接着不良の原因となる。
② 3rdSTEP 時間
・時間が短すぎる場合，EVAの架橋が不十分となる。

第4章　太陽電池封止

	上室	下室	ゴム	
1stSTEP	真空	大気圧	上室側	積層体をラミネーターに入れる。
2ndSTEP	真空	真空	上室側	積層体内の空気を除き，EVAを溶かす。
3rdSTEP	大気圧	真空	下室側	積層体を一体化する。
4thSTEP	大気圧	大気圧	中立	蓋を開ける。

図9　ラミネーターの動作原理

表3　ラミネーターの設定推奨条件

ホットプレート温度	135℃
2ndSTEP 時間	5分
3rdSTEP 時間	15分

以上から，「2ndSTEPでEVAを架橋させてはいけない」「3rdSTEPでEVAを早く架橋させたい」と架橋条件に関して，相反する要求を太陽電池EVAは求められる。

このため，ラミネーター内で架橋まで終了する3rdSTEP時間は，EVAを架橋させてはいけない2ndSTEPの時間に拘束されてしまう。

以上に基づき，太陽電池ラミネーター内で架橋まで終了する場合，その総時間架橋剤として用いる有機過酸化物の種類を変えても一定以上短くする事はできないと考えられる。

さらには有機過酸化物を低温分解型のものにし，太陽電池ラミネーターの設定温度を下げる検討は，「2ndSTEPにEVAを熱で溶かして軟らかくし，3rdSTEPでプレスをした時にセル割れを防ぐ」という要求のため，設定温度をある程度以下にはできない。このため低温分解型の有機過酸化物の使用も限界がある。

2.4　まとめ

現在太陽電池セル封止材として，EVA樹脂に添加剤を加えシート化したものが主流であり当面これは変わらないものと考えられている。但し，この封止材は産業分野として太陽電池に特化したものであり，今後他の分野での応用の検討が必要と考えられている。

3 モジュール製造工程と封止用ラミネータ

下斗米光博*

3.1 はじめに

ここでは，モジュールの製造工程について述べるが，一般的に，モジュール工程とは，太陽電池セル後の工程を指す。結晶系太陽電池のモジュール構造例（スーパーストレート方式）を図1に示す。結晶系太陽電池のモジュール製造工程では，太陽電池セルが供給され，インターコネクタ（一般的には，半田コーティングされた銅箔を使用）を半田溶着し，ストリングに加工し，ストリングを並べて横配線の接合をして，マトリックスにする。マトリックスを，ガラス，封止材，バックシートを積層し，ラミネート加工を行う。その後，端面シールを施し，フレーム付け，端子ボックス取付け，耐圧検査，出力検査を行う。結晶系太陽電池のモジュール製造工程（例）を図2に示す。

一方，薄膜シリコン太陽電池では，一般的に，ガラス基板上に太陽電池となる層が成膜され，その後の工程がモジュール工程と捉えられる。先ず，太陽電池モジュールの構造について説明をして，製造ライン，各装置について述べることとする。

3.2 太陽電池モジュールの構造

太陽電池のモジュール構造は，一般的には，以下の3種類に大別される。

3.2.1 スーパーストレート方式

図3に薄膜シリコン太陽電池のモジュール構造例（スーパーストレート方式）を示す。この方式は，耐候性，耐湿性，信頼性に優れ，最もよく用いられる構造で，以下の材料にて構成されている。

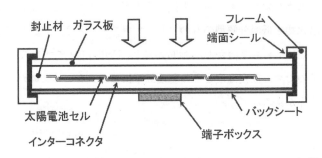

図1 結晶系太陽電池モジュール構造例（スーパーストレート方式）

---

* Mitsuhiro Shimotomai 日清紡メカトロニクス㈱ 技術部 開発グループ グループリーダ

第4章　太陽電池封止

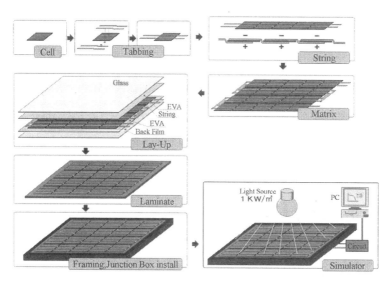

図2　結晶系太陽電池のモジュール製造工程（例）

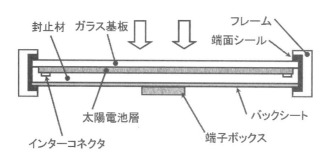

図3　薄膜シリコン太陽電池モジュール構造例（スーパーストレート方式）

① ガラス基板：薄膜シリコン太陽電池では，ガラス基板をカバーガラスとして使用することが多い。ガラス基板には，太陽電池層が成膜されている。
② インターコネクタ：一般に，半田コーティングされた銅箔が使用される。成膜された太陽電池のプラス極と，マイナス極には，集電のためにインターコネクタが接合される。
③ 封止材：一般には，EVAが使用されるが，近年，代替品も開発されている。
④ バックシート：フッ素系樹脂シートの他，PETが使用される。耐湿性を向上させるために，アルミ箔などをサンドイッチした積層構造のタイプもある。
⑤ 端面シール：シリコーンゴムまたは，ブチルゴムなどが使用される。
⑥ フレーム：一般には，アルミ押出し材が使用される。
⑦ 端子ボックス：インターコネクタを，端子ボックスまで配線して，発電した電気出力を外

部へ取出す。端子ボックス内部をポッティングするタイプと，ポッティングレスのタイプがある。

3.2.2 ガラスパッケージ方式

薄膜シリコン太陽電池を採光型とする場合，この方式が使用される。BIPV（建材一体型太陽電池）として，ビル用建材とする場合もこの方式が使用される。この方式の場合，封止材として，EVAの他に，PVBが使用される場合もある。この方式のラミネート加工する場合，ガラスが2枚のため，熱容量が大きいので，ラミネート加工時，上側になるガラスの昇温が遅く，ラミネート加工のサイクルタイムが長くなる傾向がある。図4にこの方式の例を示す。

封止材としてEVAを使用する場合，ラミネート時に架橋まで加工することが推奨される。EVAは，約140℃で，材料仕様で定められた時間を保持することで固化する。ガラスパッケージ方式では，熱容量が大きいので，ラミネート加工時，架橋しないで，モジュールを搬送しようとすると，上側のガラス温度が高く，封止材が溶融して軟化した状態のままとなっているので，搬送によりガラスがずれる可能性がある。

また，封止材としてPVBを使用する場合，PVBは架橋する特性がないので，ラミネート加工後，一旦，冷却してから搬送することが推奨される。

3.2.3 サブストレート方式

基板をガラスではなく，ステンレス板のような金属板または，樹脂板を使用する場合，表側を透明樹脂シートとして，サブストレート方式とする場合がある（図5）。この方式は，軽量かつ薄型で，フレキシブル型太陽電池として使用される。

この方式は，軽量のため，熱容量が小さく，ラミネート加工時，昇温しやすいという特徴がある。ラミネート加工は，封止材を加熱溶融するだけではなく，真空脱泡も同時に行う。真空引きの速さは，後述するラミネータという装置の真空ポンプの能力に依存している。真空引きの速さより，封止材の加熱溶融される方が速いと，脱泡が不十分となり，モジュール内部に気泡が残る

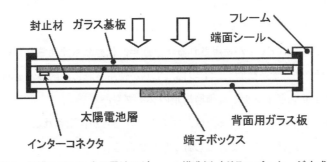

図4　薄膜シリコン太陽電池モジュール構造例（ガラスパッケージ方式）

第4章　太陽電池封止

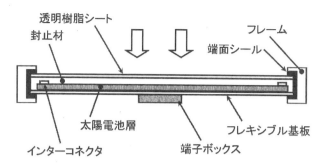

図5　薄膜シリコン太陽電池モジュール構造例（サブストレート方式）

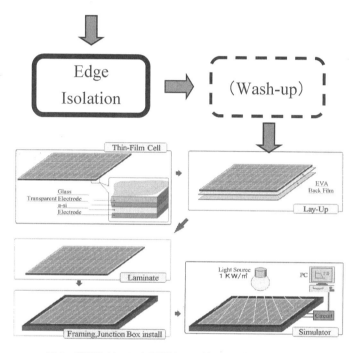

図6　薄膜シリコン太陽電池のモジュール製造工程（例）

可能性が高くなる。このため，封止材の加熱溶融する速さを，意図的に遅くする処置を施すことが多い。

3.3　薄膜シリコン太陽電池のモジュール製造工程

図6に薄膜シリコン太陽電池のモジュール製造工程（例）を示す。工程の流れについて，以下に説明を行う。

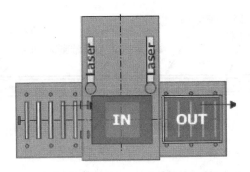

図7 レーザエッジアイソレーション加工機(例)

3.3.1 4辺エッジアイソレーション加工

ガラス基板には,透明電極膜が施されている。絶縁性を確保するため,ガラス基板の4辺のエッジアイソレーション加工を行う。従来は,サンドブラスト加工を行っていた。この場合,砥粒がガラス基板上に残るため,洗浄が必要であった。近年,レーザ加工により,エッジアイソレーションを行い,洗浄工程を排除することが推奨されている。図7にレーザエッジアイソレーション加工機(例)を示す。ガラス基板を搬入し,2ヘッドのレーザ加工により,2つの短辺を同時加工後,基板を90度回転して,次に2つの長辺を同時加工する。これにより,加工時間を短縮することが可能となる。

3.3.2 集電部配線

薄膜シリコン太陽電池のプラス極とマイナス極の集電を行うために,インターコネクタの接合を行う。接合には,半田を超音波溶着する方式の他に,銀ペーストを使用する方式がある。銀ペースト方式の場合,インターコネクタをテープなどで固定する必要がある。その後,端子ボックスまでの配線を行う。端子ボックスは,一般的に中央付近に配置するので,端子ボックスまでの配線には,成膜された太陽電池層と絶縁して配線する必要がある。このため通常,部分的に絶縁シートを敷いてインターコネクタを配線する。

3.3.3 レイアップ

上記の工程後,シート状の封止材を載せて,さらに,バックシートを載せる。インターコネクタは,端子ボックスへ配線するため,封止材および,バックシートに穴を開けて通す必要がある。

3.3.4 ラミネート加工

封止材を加熱溶融しながら真空脱泡して,プレス加工を行う。この工程については,詳細を後述する。また,封止材がEVAの場合は,架橋工程も必要となる。

3.3.5 エッジトリム加工

一般的に,ガラス基板よりは封止材は数mm大きいサイズにカットされ,バックシートにつ

いては，封止材より数 mm 大きいサイズにカットされている。このようにしておくことで，シート配置にずれがなければ，ラミネート加工時に，はみ出た封止材の装置への付着を低減できる。逆に，ラミネート工程後，大きめにカットした部分を切り取る必要がある。一般的には，市販のカッターナイフあるいは，ヒートカッターを使用して，加工が行われる。

3.3.6 シール材塗布

端面をシールするために，シリコーンゴムあるいは，ブチルゴムをガラス基板の 4 辺の端面に塗布を行う。一般的に，ロボットを使用して自動化を行っている。

3.3.7 フレーム取付

ガスケットを介してアルミフレームを押し込み，4 つのコーナー部分をネジにより固定する。

3.3.8 端子ボックス取付

バックシートの穴を介してインターコネクタが外に出ている。ラミネート加工により，インターコネクタはねているので起こす必要がある。その後，端子ボックスに接着剤を塗布して，バックシート上に固定をする。この後，インターコネクタと端子ボックス内の端子と接合を行う。その後，シリコーンなどにより，ポッティングを行う。端子ボックスによっては，ポッティングレスとしているものもある。

3.3.9 絶縁耐圧試験

製造ラインにおいては，耐圧試験と後述の出力検査は，モジュール 1 個ずつ全数検査が義務付けられている。耐圧試験後，太陽電池モジュールは，残圧が残っているので，放電させてから次の工程に移る必要がある。

3.3.10 出力検査

ソーラシミュレータにより，出力検査を行う。

ソーラシミュレータは，擬似太陽光を太陽電池モジュールに照射して，出力測定を行う装置である。現在，太陽電池としては，一般的な結晶系シリコン太陽電池以外に，ヘテロジャンクション型，薄膜シリコン系，タンデム型，CIS 系太陽電池，集光型太陽電池など，多くの種類が存在する。また，これらの太陽電池は，それぞれ固有の特性があることが知られている。よって，測定する太陽電池の特性にあった測定を行う必要がある。

3.4 ラミネート加工について

図 8 にラミネート加工の概要を示す。ダイアフラムで仕切られた 2 重のチャンバ構造となっている。この装置を通称ラミネータと称している。ダイアフラムには，一般的には，シート状のシリコーンゴムを使用している。ダイアフラムで仕切られた上部を上チャンバと言い，また下部を下チャンバと言う。下チャンバ内には，熱板を有している。熱板上に，レイアップしたモジュー

高機能デバイス封止技術と最先端材料

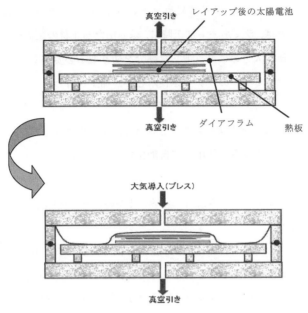

図8　ラミネート加工について

表1　ラミネート加工

No	上チャンバ	下チャンバ	備考
1	真空引き	真空引き	熱板上にて，レイアップしたモジュールの封止材を加熱溶融しながら，真空脱泡を行う。
2	大気導入	真空引き	上チャンバ内は大気圧，下チャンバ内は真空なので，1気圧の差圧により，ダイアフラムが風船ように膨らむことにより，プレス加工を行う。
3	大気圧	大気圧	下チャンバも大気を導入して，蓋を開けて，モジュールを搬送する。

図9　自動搬送式ラミネータ

第4章　太陽電池封止

図10　ダイアフラムクランプ

ルを入れて加工を始める。表1に加工の流れを示す。

　ラミネート加工において，はみ出した封止材が装置内に付着しないように，リリースシートで，レイアップしたモジュールをサンドイッチして覆うことが行われる。自動加工を行うラミネータでは，本体内部の搬送用コンベアベルトとリリースシートが兼用となっている。図9に自動搬送式ラミネータを示す。

3.5　ラミネータのメンテナンスについて

　ラミネータは，封止材を加熱溶融させるため，下記のようなメンテナンスを行う必要がある。

① ダイアフラム交換：ダイアフラムは，使用していると一定の期間で裂けることが知られている。よって，ダイアフラムは，定期的に交換が必要となる。当社では，交換作業を軽減するために，図10に示すようなワンタッチ式クランプを採用している。

② EVAから発生するガスが，ダイアフラムに直接触れるとゴムが硬化して，ダイアフラムの寿命を短くすることがあるので注意が必要である。

③ チャンバシールの清掃および交換：封止材や搬送による汚れが付着するので，清掃および交換が必要である。

④ 真空ポンプのオイル交換：油回転式のロータリーポンプの場合，EVAから生じるガスが真空ポンプに流入し，オイルの劣化が著しい。短期間でのオイル交換が必要で，定期的なオーバーホールも必要である。

⑤ リリースシートの清掃：封止材が付着するので，リリースシートの清掃と，定期的な交換が必要となる。

表2 スタンダードキュアEVA加工例

条件	温度・時間
熱板温度	約125℃
真空引き	約3分
プレス時間	約2分
キュア炉温度	約150℃
キュア時間	約30分

表3 ファーストキュアEVA加工例

条件	温度・時間
熱板温度	約140℃
真空引き	約3分
プレス時間（架橋）	5〜10分

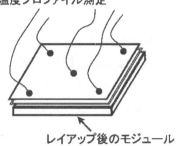

図11 温度プロファイルの測定

3.6 架橋について

EVAは，一般的に架橋という特性があり，スタンダードキュアと，ファーストキュアの2種類に大別される。ファーストキュアは，スタンダードに比べて，架橋に要する時間を短くしたものである。表2と表3に，各々の加工条件の例を示す。ファーストキュアEVAの場合，ラミネータで架橋する場合が多い。スタンダードキュアEVAの場合，架橋に要する時間が長いので，キュア炉という炉を使って架橋をする場合が多い。

加工条件は，具体的には，化学的に架橋率を測定して決定する必要がある。また，製造ラインにおいては，同じ架橋率を維持するために，温度プロファイルの測定が必要となる。図11に，温度プロファイルの測定時の熱電対取付けの概略図を示す。中央と4コーナーに取付けている。モジュールが大きい場合は，さらに多くする必要がある。ラミネータでは，ガラス基板の熱板に接する側が温度上昇が著しいので，反りが生じる。このため，中央のみが熱板に接して，コーナーは中央からの熱伝導により温度が上昇する傾向が見られる。ラミネート加工済み品を使用しての温度プロファイルでは，中央が極端に昇温する傾向が見られるが，生のEVAを使用した場合の温度プロファイルは，溶融に熱が奪われるので，これが緩和される傾向がある。双方の温度プ

第4章　太陽電池封止

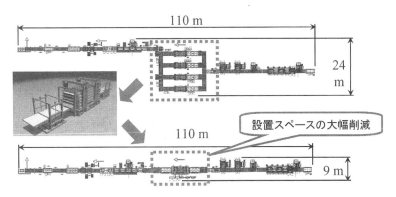

図12　多段ラミネータ（薄膜シリコン太陽電池：30MW/年　相当）

ロファイルを計測して，管理することを推奨する。

3.7　多段ラミネータについて

　大量生産をするラインを構成する場合，ラミネータの占有する面積が増大する。近年では，薄膜シリコン太陽電池のサイズは，概ね1400mm × 1100mmとなってきており，ラミネータ1台で，これを3枚取りする場合が多い。ファーストキュアEVAを使用して，ラミネータで架橋まで行う想定では，1つのラインでラミネータを4台程度設置することになる。その前後工程は，単一のラインで構成できるが，ラミネータの工程のみ，4台使用することから，工場レイアウト上，配置が難しくなる場合がある。場合によっては，工場の柱との干渉が生じ，複数のラインを設置する場合には問題となる。

　これを打開するために，多段式のラミネータが開発された。図12に多段ラミネータによるレイアウトに対する効果を示す。これにより，ラインは1直線となり，工場レイアウトとして，複数ライン並べるのに適した配置となる。当社の多段ラミネータは，各段に個別にモジュールを搬送できる構造となっている（独立開閉式）。よって，前後に昇降式コンベアを配置することで，ラインに直結できる。

　一方，多段ラミネータでも，全ての段を一斉に開いて，モジュールを搬送するタイプも存在する。この場合は，前後に，全段をバッファする多段のコンベアが必要となる。図13に，概念図を示す。この場合，真空引きおよび，熱板の消費電力が全段同時になるので，エネルギー消費がピーキーになる傾向がある。

3.8　まとめ

　近年，太陽電池モジュールは長期信頼性の向上により，発電コストを低減するという方向で技

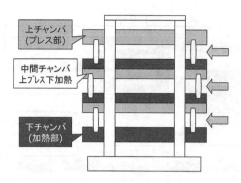

図13　多段ラミネータ（全段同時搬入式）

術開発が行われている。長期信頼性向上のために，封止材料の改良が有効と考えられる。また，製造コスト低減のために架橋時間の短縮，材料コストの低減も有効と考えられる。今後，これらに対応する新材料が，複数のメーカから上市されるものと推測される。新材料においては，必ずしも従来の加工条件で良いとは限らないので，それぞれの材料に適した加工条件で加工を実施する必要がある。場合によっては，従来型の装置ではなく，材料に適した装置仕様に変更する場合もありえる。材料開発においては，小型のラミネータで，種々の条件にてテストすることが推奨される。

4 色素増感太陽電池用の封止材料と技術

池上和志*

4.1 はじめに

　色素増感太陽電池（Dye-sensitized solar cell；DSC）は，非シリコン系太陽電池で，実用化に向けた開発が進められている次世代型太陽電池の一つである。その原理は，半導体の色素増感により外部回路に電力を取り出すものである。最近の色素増感太陽電池の活発な研究は，1991年にスイス連邦工科大学ローザンヌ校（EPFL）のGrätzelらによって，酸化チタン多孔膜電極とルテニウム（Ru）金属錯体および電解質から構成される系により，変換効率約7%が報告されたことに始まる[1]。最近では12%というエネルギー変換効率も報告されており，アモルファスシリコン太陽電池（変換効率約10%）の例からも，耐久性の問題をクリアすることができれば，十分に実用的に利用可能なレベルにある。

　DSCの耐久性を高めるための要素としては，各電極材料や電解質材料の耐久性を高めるということがもちろん必要であるが，中でも，「封止材」が課題にあげられることが多い。本節では，DSCにおける封止材の問題点を中心に解説する。

4.2 DSCの発電の原理とその構成[2]

　DSCは2枚の電極の間に電解質をはさんだサンドイッチ構造である。基本的には，液晶のセルなどと同じ構造であるが，製造上でもっとも問題となる点は，腐食性のヨウ素を含む電解質を用いることである。そのため，ヨウ素に腐食しない材料選び，あるいは，腐食する可能性がある材料が電解質に触れないようにする構造の工夫が必要となる。このヨウ素の使用が，基本的にDSCの封止材の選定を難しくしている。

　ここで，DSCの発電の仕組みを簡単に述べる（図1）。光電極（透明電極に酸化チタンナノ多孔膜が製膜されており，さらに，酸化チタン膜上には，増感色素が単分子吸着している）に光が照射されると，増感色素が励起され，色素の励起状態から，電子が酸化チタンナノ多孔膜に注入される。このとき，電子を失った増感色素は，電解液中のヨウ化物イオンから電子を受け取り還元される。一方，酸化チタンナノ多孔膜に入った電子は外部回路を通って対極に達し，対極上で電解液中のヨウ素をヨウ化物に還元する。光照射の間，この増感色素の励起状態からの電子移動と電極界面での酸化還元のサイクルを繰り返すことで，光エネルギーが電気エネルギーに変換される。つまり，電解液中のヨウ素の役割は，その酸化還元反応を通じて電荷を運ぶことにある。電解質組成については，さまざまな研究がされているが，ヨウ素／ヨウ化物系をしのぐ組み合わ

---

*　Masashi Ikegami　桐蔭横浜大学　大学院工学研究科　講師

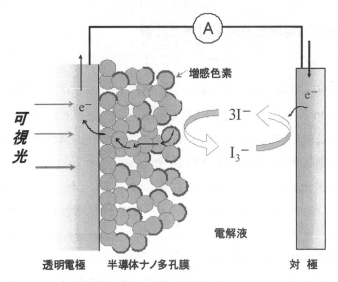

図1　色素増感太陽電池の発電のしくみ

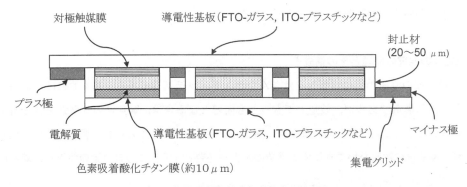

図2　集電型色素増感太陽電池の断面図

せは，なかなか見つかっていないのが現状である[3]。

図2には，DSC の構成を概略図により示した。光電極側（図2の下の電極側）から，次のような構成になっている。

① 透明導電基板（FTO ガラス，ITO-PET フィルムなど）
② 酸化チタン膜（約 $10\,\mu\mathrm{m}$）
③ 増感色素（増感色素は，酸化チタン膜に単分子吸着している）
④ ヨウ素系電解液
⑤ 触媒層（白金，カーボン，導電性高分子（PEDOT-PSS）など）
⑥ 透明導電電極，またはチタン板，ステンレス板など

第4章　太陽電池封止

このうち，①〜③の材料が光電極（マイナス極）を構成し，⑤と⑥の材料が対向電極（プラス極）を構成する。2枚の電極のうち，光電極側には透明導電性基板を使うことが一般的であるが，対向電極には透明導電性基板に変わりヨウ素に耐性のあるチタン板やステンレス板を用いることもできる。また，光電極側にチタン板やステンレス板を用いる一方で，対向電極のみを透明電極とし，対向電極側より光を照射して発電する構造をとることもできる。いずれの場合にも，2枚の電極の間隔は$20\mu m$から$50\mu m$であり，その間は電解質溶液で満たされている。この電解質溶液は，通常は有機溶媒系であることが多いが，漏液を避けまた揮発を防ぐことで耐久性を高める目的で，ゲル化や固体化の研究も進められている。

DSCでは，導電性基板として，FTOガラスやITOプラスチックが使われることが一般的である。したがって，封止材の第一条件としては，FTOガラスやITOプラスチックを強い密着強度で接着することが必要となる。さらに，DSCは，電解質を内部に密閉する構造となるため，封止プロセスにおいて，気体や水などが発生する材料は好ましくない。

導電性基板上には，光吸収を担うメソポーラスな酸化チタン電極が製膜されている。酸化チタン電極は，酸化チタンの分散ペーストの塗布と焼成によって製膜される。一般的な酸化チタンペーストは，粒子径が20nm程度のナノ粒子を，テルピネオールなどの溶媒などで分散したものである。高効率なDSCでは，酸化チタンの膜厚は$10\mu m$から$20\mu m$である。塗布とその後の焼成（400〜500度）により作製した酸化チタン膜に，増感色素を単分子吸着させることで，光電極を作製する。増感色素としては，ルテニウム錯体色素N719が用いられる他，非錯体系の有機色素の研究も盛んである。

対極触媒材料としては，白金が用いられることが多く，一般的には対極電極としては，FTOガラスに白金をスパッタ製膜したものや，塩化白金酸の溶液を塗布して焼成して触媒をつけたものを用いることが多い。このような塩化白金酸の塗布液を，スクリーン印刷用のペーストにして用いることもできる。最近では，非白金材料として，カーボン系の材料の研究も盛んである。カーボン系の材料を用いる場合にも，基本的には適当な増粘剤とともにペースト化して塗布する。また，対極触媒材料として導電性高分子も注目されている。

電解質溶液は，ヨウ素とヨウ化物塩を溶かしたアセトニトリルやプロピレンカーボネートであることが多かったが，最近では，電解質のゲル化や固体化の研究が盛んである。実際にこれらの技術により耐久性が向上したとの報告がある。電解液の漏出の防止，あるいは，ヨウ素の漏出の防止は，封止材と電解質の選定の両方に関わる事項である。

図3には，封止材の劣化に及ぼす要因を示した。耐溶剤性と，耐ヨウ素性を満たし，かつ，セル内部への物質の溶出の影響をなくすことが必要である。封止材の選定方法は，どのようなプロセスでセルを作製するか（封止するか）ということにも関連する[4]。

高機能デバイス封止技術と最先端材料

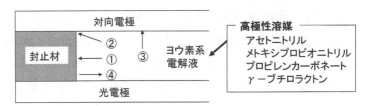

① 溶媒, ヨウ素の封止材への浸透
② 封止材と電極界面への浸透
③ 電解液の膨張, 気体成分の発生
④ 封止材成分の溶け出し, 硬化時の溶出成分

図3　封止材に関する劣化に及ぼす要因

4.3　DSCの作製過程と封止方法

　封止材の選定により, DSCの作製方法も大きく異なってくる。研究室レベルのミニセル（1cm角程度）であれば, 封止材の違いによる作製方法の難易度は, それほど大きく変わることはないと思われる。一方で, 実用的なモジュール作製の場合は, 封止材の選定の影響は大きい。DSCの作製方法にはいくつかの方法があるが, 図4には, 図2に示した構造のDSCの作製方法の一例を示した。DSCの構成部材の中では, 耐久性の確保の点で, 封止材の重要性が指摘されている。ヨウ素／ヨウ化物の酸化還元系を含む電解質を保持するためには, 有機溶媒とヨウ素による腐食への耐性が求められる。さらに, 封止プロセスにおいて色素や酸化チタン膜を劣化させないことも重要である。DSCの作製方法については, 封止材に注目して考えると, 大きく分けて二つの作製方法がある。

① 電解液注液用の穴をあけた電極を貼り合わせ, 電解液を注液した後, 最後に注液口を封止する方法
② 封止材と電解質を同時にセル内部に封入し, 電極を貼り合わせる方法

　①の方法では, はじめ, 電解液注液用の穴が開いているため, 封止材の硬化のプロセスにおいて水分や気体成分の発生があったとしても, 注液用の穴からのぞくことができる。そのため, 選択できる材料の幅は広がる。一方で, 貼り合わせ後, $20\mu m$から$50\mu m$の隙間に電解液を注入したのち注液口を封じる作業が必要となる。②の方法では, セルの組立作業は簡略化されるが, 電解液の溶媒と封止材が, 封止材の硬化途中に接することで, 接着強度が弱くなってしまう可能性がある。また, 封止プロセスにおいて副生成物がないことが求められるため, 材料選定の点で制限が大きくなる。作業としては, ①の方法が一般的であるといえる。一方で, 製造工程を簡略化する場合, また, 固体化電解質やゲル電解質を用いる場合は, ②の封止材と電解液を同時に注液する方法がとられる。

　また, 封止材による接着と硬化には, 大きく分けて熱による方法と光による方法がある。熱に

第4章 太陽電池封止

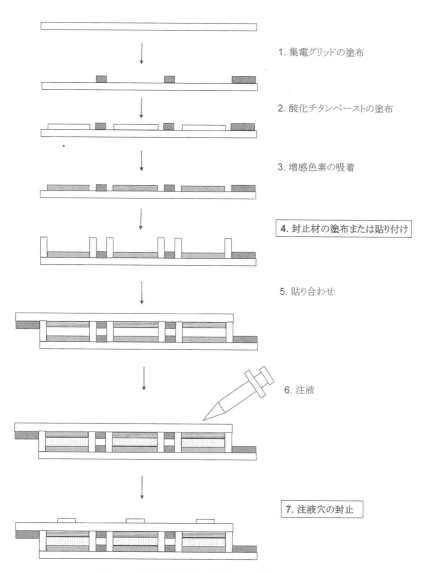

図4 集電型色素増感太陽電池の製造方法の一例

よる方法では，封止の際に増感色素の熱による劣化の心配がある。また，光による硬化方法では，紫外線の照射による部材の劣化や封止材の深さ方向（50μmから100μm）に，光が十分に到達せず，硬化が不十分になるという問題点もある。さらに，2枚の電極を貼り合わせることにより，内部には電解液が浸透するための空間ができるが，この空間に封止材の揮発成分がたまらないことが求められる。特に，DSCの電極および電解液の劣化に対しては，水分の影響の問題が指摘されており，硬化の際に水の発生がない材料の選定が望ましいといえる。

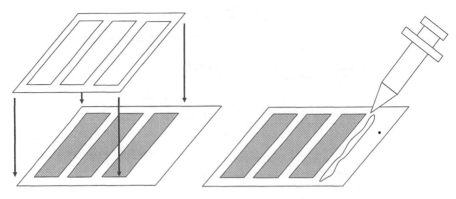

図5　封止材の使用方法の例

4.4　DSC用の封止材の現状

　これまでの項においては，DSCの製造方法と各部材の要求特性について紹介した。これらの条件（耐溶剤性，耐ヨウ素性）を満たす封止材の例としては，エポキシ系の接着剤やアイオノマー樹脂があげられる。しかしながら，これらの樹脂の化学的あるいは熱安定性にはまだまだ課題も多い。また，透明導電性基板にITOを用いた場合には，ITOの化学的安定性が低いために，接着剤の硬化プロセスで発生する酸性成分やラジカルによる劣化にも注意が必要となる。ガラス基板で作製した二つの電極を無機物質で封止をする目的では，ガラスフリットによる融着も有効であるといわれている。

　エポキシ系の接着剤，または，アイオノマー樹脂の選択は，封止プロセスの選定にも大きく影響する。つまり，液状の材料を使うか，あるいは，シート状に成形された材料を用いるか，との違いもあるため，適用できる電解質材料の種類も異なってくる（図5）。

　アイオノマー樹脂は耐薬品性に極めて優れているため，従来の硬化性樹脂では適さなかった有機溶剤と接触する箇所へのシール剤や接着剤として使用可能である。アイオノマー樹脂の使い方としては，成形された樹脂を対極と作用極の間に挟みこみ，熱により封止を行う方法で用いる方式（図5の左図）が一般的な使い方となろう。

　エポキシ系の接着剤は，寸法安定性や耐水性・耐薬品性および電気絶縁性が高いことが利点としてあげられる。硬化の温度，速度をいろいろに変えることができる[5]。

　DSCにおいては，用いる封止材が，電池の構造の保持にも用いられるため，液状の封止材によって基板との密着性を高めたほうが耐久性は高まると考えられる。接着強度を高めるという点では，電解液に触れる部分の外側に別の封止材を使う方法も有効であると考えられる（図6）。

第4章　太陽電池封止

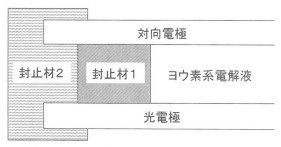

封止材1　耐ヨウ素性，耐溶剤性が高い材料
封止材2　電極間の密着強度を上げる。
図6　二重封止の例

4.5　今後の展望

　DSC用の封止材は，現状では，ヨウ素を溶解させた高極性有機溶媒に対する耐性が高く，かつ，電極材料への接着強度が高い材料が求められる。この二つの要求特性は，相反する関係であるともいえる。有機溶媒への耐性が高いということは，つまり，他の物質に対しても密着性が低くなる可能性があるからである。そのため，DSC用の材料開発としては，接着の際は，電極材料への濡れ性が高いが，硬化後は，耐溶剤性が高くなるような設計が必要であろう。

　封止方法の検討も課題である。先に述べたように，封止方法には，熱による方法と光による方法の大きく二つが考えられる。熱による方法では，電解液に溶媒を用いている場合に，色素の熱による劣化のみでなく，電解液の加熱が問題となる。また，光による方法においても，電極の耐久性を高めるために紫外線をカットするような電極材料を用いることが進んでくると，可視光で硬化するような材料が必要になる。

　しかしながら，はじめの材料選択に戻って考えてみると，DSC用の封止材は，電解質と封止材を組み合わせて考える必要がある。したがって，現在主流のヨウ素系の有機溶媒電解液を，非ヨウ素系の材料や固体材料に置き換えることができるとすれば，使用される封止材もまったく異なってくるであろうし，すでに市販されているような材料の適用もできるようになるであろう。そのような観点では，封止材の開発の方向性も，DSC用の各構成部材の研究開発の進展にあわせて柔軟に対応していくことが求められるであろう。

文　　献

1) B. O'Regan and M. Grätzel, *Nature,* **353**, 737 (1991)
2) 池上和志, 手島健次郎, 宮坂力, "フレキシブル色素増感太陽電池と光キャパシタへの応用", 最新 太陽電池 総覧, 豊島安健, 内田聡監修, p.267-285, 技術情報協会 (2007)
3) M. Grätzel, "Transport and Kinetics of iodide/triiodide electrolyte", 最新 太陽電池 総覧, 豊島安健, 内田聡監修, p.421-435, 技術情報協会 (2007)
4) 赤坂秀文, "色素増感太陽電池用シール剤の開発", 最新 太陽電池 総覧, 豊島安健, 内田聡監修, p.450-456, 技術情報協会 (2007)
5) セメダイン㈱著, 入門ビジュアルテクノロジー よくわかる接着技術, p.68, 日本実業出版社 (2008)

第5章　MEMS封止

1　MEMS封止実装

1.1　はじめに

伊藤寿浩*

　MEMS（Micro Electro Mechanical Systems）は，近年タイヤ空気圧モニタリングシステム（TPMS）やゲーム機コントローラ用の慣性センサなど，その用途を安全・安心分野やエンターテインメント分野などに拡大しながら，More than Moore のキー技術として益々その期待が高まっている。応用が拡大するにつれ，製造技術課題としてクローズアップされてきたのが，MEMS 実装技術である。というのも，MEMS における実装コストは，論文や教科書の記述によれば，概ねテストを含め全体製造コストの 2/3 以上とされ，MEMS 実装が実用化進展の最大のネックだというのがコンセンサスになってきたからである。MEMS には，光 MEMS や流体 MEMS もあるため，構造を保護しながら電気以外の信号の入出力インターフェースを形成する実装技術は，エレクトロニクス実装技術とは全く異なるものにならざるを得ず，生産量が少なければコスト増を招くのも致し方ないところがある。しかし多くの MEMS デバイスでは，入出力信号媒体は金属配線による電気であり，MEMS 実装の特殊性は，実装プロセス時はもちろん，使用時の外乱などから，機械要素・3 次元構造体の保護をしなければならないという点にほぼ集約される。この保護技術は MEMS 封止技術（Sealing Technologies）と呼ばれるが，LSI のそれとは，中空構造を必要とするという点が異なる。MEMS 実装の低コスト化をはかるには，この封止実装を，共通化・標準化されたウェハレベルプロセスにする必要がある。

　MEMS を実装する上で一番の問題は，そのままでは，ダイシングやハンドリングなどを含め成熟した LSI 実装技術を適用できないということである。しかし，ダイシング前の段階でデバイスが"蓋"で保護され，LSI と同じように取り扱うことができるようになれば，既存の LSI 実装技術の利用が可能となり，実装プロセスの大幅なコスト低減が期待できる。

　蓋の形成の仕方は，図 1 に示すように，大きく二つに分けることができる。一つは，キャップウェハと呼ばれる蓋ウェハをデバイスウェハに接合する方法（ハイブリッド法），もう一つは，デバイス本体とともにウェハ上に形成された蓋にあいた穴を薄膜形成によって埋める方法（モノ

---

*　Toshihiro Itoh　㈱産業技術総合研究所　先進製造プロセス研究部門
　　ネットワーク MEMS 研究グループ　研究グループ長

高機能デバイス封止技術と最先端材料

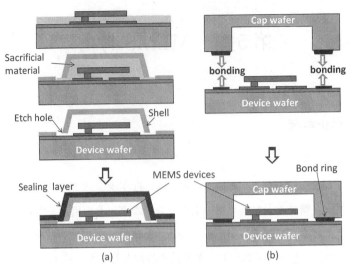

図1　MEMS 封止実装方法
(a) モノリシック法，(b) ハイブリッド法[1]

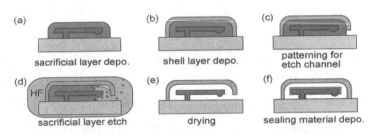

図2　表面マイクロマシニングを用いた MEMS 封止実装

リシック法）である[1]。

1.2　モノリシック法

　MEMS 封止実装のポイントは，"低コスト"と"ウェハレベル"であるから，ある程度の数量（ウェハ枚数）が出るアプリケーションでは，本質的には，一括プロセスで微細蓋の形成が可能なモノリシック法が有利である。しかし，この方法は，基本的には，高温の膜堆積プロセスや犠牲層エッチングプロセスなどの関係で，適用できるデバイス構造は限られ，デバイス毎に専用のプロセス開発が必要である。ここではいくつかの代表的なモノリシック封止実装法を紹介する。

1.2.1　表面マイクロマシニングによる方法

　この方法では，使用材料（の組み合わせ）を含め様々なバリエーションはあるものの，基本的には，図2に示すようなプロセスで薄膜状の封止蓋（マイクロシェル）を形成する。

第5章　MEMS封止

(a) 犠牲層が残っている段階で，新たな犠牲層を形成し，機械構造を犠牲層内に埋める。
(b) 封止蓋用の膜を形成する。
(c) 封止蓋用の膜をパターニングし，犠牲層エッチングのための開口部を形成する。
(d) 犠牲層エッチングを行って，機械構造をリリースする。
(e) スティッキング防止のため，凍結乾燥法[5]や超臨界乾燥法[6]などにより乾燥する。
(f) (封止)薄膜形成によって開口部を閉じる。

このような表面マイクロマシニングによる薄膜シェル構造を利用した封止法は，Guckelらにより発明されたが[2]，彼らは犠牲層にSiO$_2$層を使用し，CVD法で形成したpoly-Siにより封止蓋形成を行うという基本プロセスを提案した。最後に犠牲層エッチング用開口部を閉じる封止薄膜にはSiN膜がよく使用され，その成膜にはLPCVD(Low Pressure CVD)[3〜7]やPECVD(Plasma Enhanced CVD)[8]などが用いられる。本手法は，封止に必要な領域が小さいという大きな利点を有するが，以下のような課題に対応してこれまで様々な試みがなされてきた。

(1) 機械構造への封止薄膜の堆積

表面マイクロマシニングを使う方法では，CVDプロセスの等方性あるいは高い段差被覆性を利用して，犠牲層エッチング用微小開口部の封止を行っている。逆に言えば，開口部が閉じる前まではキャビティ内部にも薄膜が形成されてしまうが，開口部に比べキャビティの構造サイズが十分に大きく，かつ材料的にも機械構造に悪影響を及ぼすようなもので無ければキャビティ内部への堆積が問題にならない場合もある。しかし，櫛形電極構造などが内部にあれば，封止薄膜は絶縁材料にしなければならないし，機械構造への薄膜の内部応力の影響なども考慮する必要がある[7]。SiNがよく使われるのは上記のような理由からである。開口部の構造によっては，真空蒸着[9]やイオンビームスパッタ蒸着[10]など逆に異方性の高い成膜方法を用いることにより，キャビティ内部への膜堆積を最小限にするという手法も提案されている。

(2) 成膜時のガスの残留

キャビティ内部の圧力はプロセス中の圧力と温度，反応後に生成されるガスなどにより決定される。例えば，ジクロロシランとアンモニアの反応式は

$$3SiCl_2H_2 + (4 + x) NH_3 \rightarrow Si_3N_4 \downarrow + 6HCL \uparrow + 6H_2 \uparrow + xNH_3 \uparrow \tag{1}$$

であるが，この反応は明らかに反応後の分子数が増加することを示している。しかし，過剰アンモニアの供給により，反応前後の分子数増加による圧力増加は回避できるので，キャビティ内部の圧力を下げるためには，できるだけ低い圧力・高い温度で封止薄膜形成を行う必要がある。このような考えのもと，Legtenbergらは封止後のキャビティ内部圧が7.7Pa程度になるようにプ

ロセスを設計し，封止を行った結果，キャビティ内部圧力は13Pa程度であった[7]。このように成膜により封止を行う場合には，封止膜形成プロセスそのものがキャビティ内部の圧力に影響を及ぼす。この影響を取り除くために，Ikedaらはシリコン薄膜から残留水素ガスを透過させ，封止されたキャビティ内部圧力を1Pa以下にすることに成功しているが[11]，このためには高温アニール処理を必要とする。

(3) プロセス温度

犠牲層や蓋構造の薄膜形成には，CVDが用いられるが，そのプロセス温度は400℃から1000℃程度であり，あらかじめ作り込まれた回路などがある場合には適用が難しい。Starkらは，プロセス温度を低減するため，CVDではなくNiメッキにより蓋構造の薄膜を形成した後，Pb/Snバンプを開口部に被せ，これを溶かして封止する方法により，真空封止を試みている。しかしながら，キャビティ内部圧力は200Pa程度であり，十分なキャビティ内部圧力は得られていない。同様に，Niめっき蓋構造形成→犠牲層エッチング→In層形成・リフローにより，200℃以下で封止を行うプロセスも提案されているが[12]，真空封止への適用例の報告はない。

(4) 蓋薄膜強度

蓋薄膜構造は，少なくとも 10^5Pa（大気圧）の差圧に耐えられるような強度が必要であるが，封止はできてもLSIと同じようにハンドリングができないといった蓋強度の問題は，封止蓋を薄膜にした場合は問題となる。StarkらはNiメッキにより40μm厚で800×800μmの大きさを持つ比較的堅固な蓋構造を形成しているが，それでも封止したデバイスをプラスチックモールドする場合は，再度構造の最適化設計が必要であると述べている[13]。

(5) 犠牲層エッチング時間

犠牲層エッチングには気相や液相のHFが使用される。HFは蓋構造に設けられた開口部から導入されるが，開口部のHFのコンダクタンスはそれ程高くないため，エッチング時間が長くなることが問題となっている。GuckelらはHFを使用した犠牲層エッチングに15時間要したことを[6]，Walkerらは長時間のHFエッチングによりPoly-Siが劣化すること[14]を報告している。

Lebouitzらは，この問題を解決するために5～20nm角の穴の開いた200nm厚のPoly-Siを形成し，大きさが1mm，深さ8μm程度のキャビティ内にある犠牲層のPSGを1分程度でエッチングする方法を開発した[15]。同様に，例えば，図3に示すように，蓋層にポーラスシリコンを用いた例も報告されている[1]。また，別のアプローチとして，蓋構造には特に開口部は設けずに，熱分解可能な有機材料を犠牲層に用いて，分解した気体が透過できるような有機薄膜で蓋を形成し，最後に金属膜を形成して封止を行うなどの方法も行われている[16]。

以上述べたように，蓋が薄膜である場合には，封止はできてもLSIチップと同じようにハンドリングができないといった蓋強度の問題や，プロセスによるガス発生の影響などで報告されて

第5章 MEMS封止

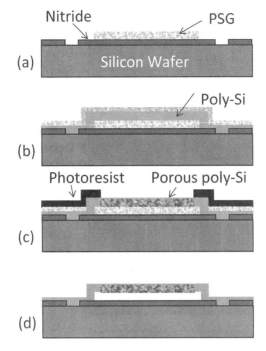

図3　ポーラスシリコンを利用した封止蓋形成プロセス[1]

いる封止性能は必ずしも高くはないなどの問題がある。次に紹介するEpi-Seal法は，比較的厚いシリコン層を蓋に用いるとともに，封止薄膜の形成時の残留ガスの追い出しプロセスを導入することにより高性能真空封止を実現している。

1.2.2　Epi-Seal法

図4にEpi-Seal法の基本プロセスフローを示す[17, 18]。まず所要のSOI（Silicon on Insulator）構造のウェハを用意し（Si基板とデバイスSi層との間にコンタクトを形成したい場合には，酸化膜形成→酸化膜パターンエッチング→デバイスSi層形成というプロセスをとる），Si異方性エッチング（Deep RIE）を使ってSOIにデバイス作製を行う（a）。そして，このデバイスSi層をLPCVDによりSiO_2層で覆い，コンタクト部分に開口パターンを形成する（b）。その上に20μm厚以上のSi蓋層をCVDで形成し，表面をCMP（Chemical Mechanical Polishing）で平坦化した後，Deep RIEによりSiO_2犠牲層をエッチングするためのトレンチ開口を形成する（c）。このトレンチ開口を通してSiO_2犠牲層をエッチングすることにより，デバイスをリリースして（d），再び表面をSiO_2で覆い，コンタクトパッドを形成することにより一連のプロセスが完了する（e）。この構造は，動きが小さい振動子系のデバイスや慣性センサ系のデバイスでないと適用が難しいと思われるし，厚い蓋層の形成には1000℃近い高温のプロセスが必要となるため，適

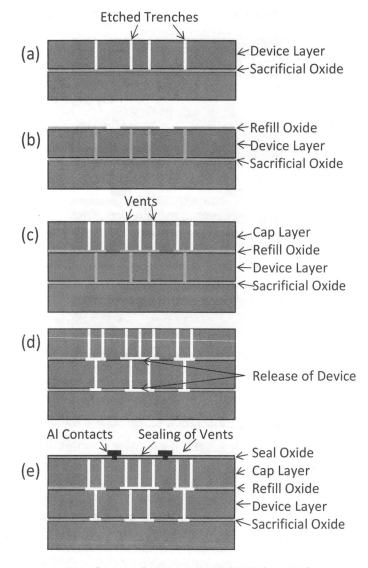

図4 "Epi-Seal"法による封止構造作製プロセス[18]

用デバイス範囲が広いとは言えないが，蓋構造が強固であるため，ダイシングや実装工程などは従来のLSIのそれが適用できる。真空封止性能（25℃で1年以上1Pa以下）・信頼性（熱サイクル試験：50～80℃，600サイクル）の実証[19]，熱処理による圧力制御[20]や大変位デバイスへの適用[21]など当初課題とされてきたことも着実に克服しつつあり，モノリシック法では最も有望な方法の一つであると言えよう。

第 5 章　MEMS 封止

1.3　ハイブリッド法

以上に述べたように，モノリシック法は，封止面積が小さくコスト面で有利である一方で，封止プロセスとデバイス作製プロセスが完全に分離していないため，適用できるデバイスがある程度制限されるという問題がある。強度十分なキャップウェハ（蓋ウェハ）を接合して封止実装を行うハイブリッド法では，接合構造・方法を適切に選択すればかなり広範囲のデバイスに適用でき，ある意味，基本的に多品種少量である MEMS の実装に適していると言える。

1.3.1　封止接合のポイント

(1)　封止性能

封止性能と言っても，単に埃などが入らなければ良いというレベルから，RF-MEMS スイッチの場合のように，接点が劣化しない不活性ガス雰囲気が必要なレベル，赤外線センサや共振型のセンサのように，ある程度の真空度の長期間維持が必要なレベルまでいろいろあるが，ガス封止や真空封止レベルを確保するためには，信頼性の高い接合方法が必要である。封止された空間＝キャビティ内の環境が維持されるためには，封止部に漏れ＝リークがないこと，キャビティ内部でガス発生などが生じないことが必要である。封止部材のガス透過性が無視できる場合には，リークは接合部の未接合部＝ボイドがつながり，リークパスを形成するためである。パーコレーション理論[22]によれば，封止部寸法に比べボイドが十分に小さければ，ボイドが封止面全体に占める割合が 40% 程度以上になるとリークパスが形成される。一方，ガス発生については，封止接合時での発生と，キャビティ内壁に吸着されたガスなどの放出が原因となる。真空封止の場合には，リークによる圧力増加と異なり，キャビティ内にガスを吸着するゲッターを組み込めば圧力を下げることができる。

いずれにしても封止性能の評価技術，特に加速試験を含めた信頼性の評価技術は，個別デバイス毎には開発されているものの，共通基盤技術としては確立していない。例えば，真空度センサデバイス[23]を使って，その真空封止接合を行い，大気中，高圧中および真空中での圧力増加特性の測定を行えば，リークによる圧力増加率とガス発生による圧力増加率を切り離すことができるため[24]，封止接合プロセスそのものの評価が可能となる。また加熱下での圧力増加特性の測定を行えば，封止信頼性の評価も可能となる。

(2)　接合プロセス負荷

接合プロセスによる最も主要な負荷は，プロセス温度による熱負荷である。封止接合は，製作済みデバイスウェハに対して行われるため，プロセス温度はデバイスの許容温度以下，一般には Al 配線が許容する 400℃以下である必要がある。さらに，キャップウェハとデバイスウェハとが異種材料であることもしばしばであり，熱膨張係数差を考えれば接合温度は低ければ低いほどよい。特に化学 MEMS あるいはバイオ MEMS では，高温に耐えられない有機材料などもよく

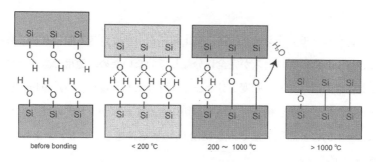

図5 ウェハ直接接合法の基本プロセス

使われるため，接合プロセスの低温化は重要である。しかし一方で，一般には接合温度が高ければ高いほど，接合部の信頼性は高くなるとも言えるため，単純に例えばプロセス温度が低い低温はんだを介した接合が良いとも言えない。そこで，デバイスへの負荷を最小限にして，接合部のみ高温に加熱し信頼性の高い接合を実現する局所加熱方式[25]なども提案されている。温度以外の負荷としては陽極接合における電界などが挙げられる。

（3） 接合構造（引き出し配線）

デバイスからの信号配線を，デバイスウェハ面でのフィードスルーで引き出すか，貫通配線で引き出すかであるが，フィードスルーの場合は，ドープ層などで配線を埋め込んだとしても，配線部での段差は避けられず，封止性能に影響を及ぼしてしまう。高い封止性能が必要であれば，配線が封止性能に影響しない貫通配線を用いるべきである。

1.3.2 MEMS 封止に使われる接合法

（1） Si 直接接合[26]

ウェハ直接接合や Silicon Fusion Bonding などと言われる方法で，図5に示すように，表面を親水化処理（疎水化処理でも可能）したウェハ同士を常温大気で重ね合わせ，それを通常700℃以上に加熱することで強固な接合を得るというものである。基本的には Si-Si，Si-Si 酸化膜，Si 酸化膜-Si 酸化膜などに有効であるが，GaAs-Si や水晶-Si，Si-ガラスなどにも適用例がある。原理としては，親水化処理したウェハの表面は大気では OH 基で終端されているが，この OH 基間に働くファンデルワールス力によって常温でもある程度の強度で接合し，さらに高温で加熱するとそれらの OH 基が水分子となり酸化膜中に拡散し，界面に Si-O-Si 結合が形成されることによって強固な接合が得られると説明される。この接合法は SOI ウェハの製造にも適用されるなど接合の信頼性は折り紙付きであるが，問題は700℃以上というプロセス温度であり，通常の加工済みデバイスウェハの封止接合にはほとんど適用できない。また，プロセス温度が高いため，異種材料同士間での封止には適用が難しいし，プロセス中のガス発生量もかなり大きい。親水化

第 5 章　MEMS 封止

処理は，以前はウェットで行う必要があったが，現在は酸素プラズマなどのプラズマ照射による親水化前処理技術が確立しており，この前処理による適用制限は余りない。プラズマによる表面処理を使えば，材料の組み合わせによっては，接合温度を常温付近まで大幅に下げることができることもわかっている[27, 28]。ただし，この接合法でも，後ほど紹介する常温接合でも，基本的には高い封止性能を得るためには，R_{rms} で 1nm 程度の平坦な表面が必要であり，デバイス加工中には封止部の表面を保護するなどの工夫を施す必要がある。

（2）　陽極接合

陽極接合は，ガラスと金属の封止接合法として開発されたものであり[29]，MEMS 黎明期より最もよく用いられてきた封止接合法である。通常は，400℃程度のホットプレート上で，Si と熱膨張係数が近いパイレックスガラス（キャップウェハ）と Si（デバイスウェハ）の平坦面を重ね合わせ，Si 側を正にして 500〜1000V の電圧を印加することによって接合が実現される。印加電圧によってガラス中の Na イオンが背面の負電極側に移動し，Si 側ガラス表面近傍には負の空間電荷層が形成されるが，これと Si 表面の正電荷との間に強い静電引力が働き，表面間が密着するとともに，この引力によりガラスの空間電荷層中の酸素イオンが移動し，Si と共有結合して強固な接合 Si-O が形成されると考えられている。400℃程度に加熱するため，ガラスもある程度軟化しており，かつ強い静電引力の助けもあって Si やガラスに対する平坦性の要求は，Si 直接接合の場合に比べればかなり緩和される。接合温度は，400℃以下であるから，温度負荷だけから言えば，標準的な Si ベースの MEMS であれば概ね適用可能である。しかし，まず，静電 MEMS や IC が集積化された MEMS の場合には，電界によってデバイスがダメージを受ける可能性がある。また IC デバイスにはガラスのアルカリイオンも影響する可能性がある。これらはキャップウェハあるいはデバイスウェハの構造の工夫で解決可能な場合もあるが，陽極接合の大きなデメリットと考えられている。また，接合界面でガラスが電気化学的に分解されることで，接合プロセス時に酸素ガスが発生するため，キャビティ内を高真空にすることが困難である。この問題に関しては，ゲッターをキャビティ内に設ける方法や[30]，小さな隙間を空けて接合し，はんだボールを使って真空中でこの隙間を埋めて真空封止をする[31]などのプロセスが開発されている。

（3）　中間層を介した接合

接着剤も中間層の一種だと言えるが，いわゆる気密封止に使える中間層としては，はんだ，Au-Si 共晶反応層，フリットガラスなどが代表的である。

はんだ接合に関しては，接合法そのものについては特に解説を要しないと思うので省略するが，PbSn はんだであれば 200℃強の温度での低温接合が可能であること，封止時にはんだが溶融するため，封止部の比較的大きな段差も吸収でき，配線引き出しが容易になること，デバイス形成

時の封止面の荒れなどに封止性能が影響されないことなどのメリットがある。一方で，はんだは Si や SiO_2 には直接濡れないため，はんだ枠形成側には接着層およびはんだ層を，反対側にははんだが濡れやすい金属膜の層を用意しなければならない。また，はんだ材表面の酸化膜による濡れ性不足や接合不良，あるいはフラックス成分などのガス放出により，余り高い封止性能は期待できないし，信頼性にも問題が生ずる可能性がある。特に，LSI 実装プロセスへ投入してパッケージによるシステム化を行う場合には，当然標準的なはんだ接合のプロセスを通る可能性はあり，それらのプロセスによる温度負荷が封止性能に影響を及ぼす可能性がある。適用例としては，溶融はんだ吐出供給法で形成した Sn-3Ag-0.5Cu はんだ封止枠を使って，1Pa 以下の真空度を保ったウェハレベル真空封止が報告されている[32]。

Si-Au 共晶接合は，デバイスウェハかキャップウェハのいずれかの封止接合面の片側に Au を形成し，ウェハを圧接した状態で共晶温度（Au-Si では 363℃）以上に加熱することで，共晶反応を利用して比較的低温で接合界面に溶融状態を作り，密着接合を実現しようとするもので，はんだ同様，比較的段差のある封止部に対しても適用可能である。はんだ接合の場合に比べれば，接合部構造はシンプルであるが，良い真空封止性能が得られた例は少なく，共晶流れの不均一性，ボイドの発生，接合材の不足，接合表面の酸化，接合面の接触不良などが課題とされている。しかし，これらを克服するためにいろいろな対策を施せば，比較的歩留まりの高い真空封止が可能であるとの報告もある。

ガラスフリットは，ブラウン管の真空封止や IC のハーメチックシールなどに広く使われている封止材料であるが，例えば MEMS の封止に用いる場合には，ガラス製のキャップウェハを用意し，封止部にスクリーン印刷などでガラスフリットペースト印刷し，それをデバイスウェハと重ね合わせ，所定の温度で加熱することにより，気密封止が得られる。ガラスフリットに低融点粉末ガラスを使えば，400～500℃程度の温度での封止接合が可能である。上記の二つの中間層と同様にガラスフリットでも比較的段差のある封止部に対しても適用可能であるが，基本的にペーストを焼成するため接合時のガス発生は避けられないと考えられる。また高い信頼性を得るには，高い焼成温度が必要となるため，適用性の問題もある。RF-MEMS のウェハレベル封止接合への適用例では，リークレートが 3.4×10^{-17} $Pa \cdot m^3/s$ レベルの非常に高い封止性能の報告がある[33]。

1.3.3 封止実装への常温接合の適用可能性

以上，簡単にこれまでの封止接合技術について解説を試みたが，最後に MEMS 封止実装の標準化について考えるとともに，それに関連して常温封止接合法について紹介する。最初の方に述べたように，MEMS 実装の低コスト化のポイントは，封止実装のウェハレベル化・標準化（共通化）である。図 6 は，汎用性を意識した封止接合実装構造の一例である。考え方としては，キ

第 5 章　MEMS 封止

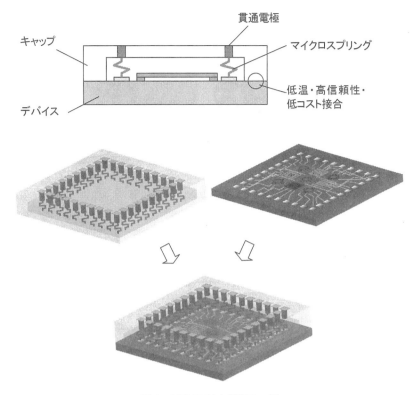

図6　MEMS 封止構造の一例

ャップウェハ基板に貫通電極と接続用のマイクロスプリングを設け，これを，材料を選ばない常温接合法などを利用して，デバイスウェハと封止接合し，ウェハレベルパッケージを行うというものである。このような構造を採るメリットは，まずデバイスウェハには実装用の後加工を施さないことにより，デバイスの歩留まり低下を回避することができること，また貫通電極およびマイクロスプリングの採用により，電気的接続と封止接合とを分離していること，さらに，キャップウェハ基板構造の共通化によるコスト削減などである。このような共通キャップウェハ基板による MEMS 封止接合構造を実現するためには

① 貫通電極形成技術
② マイクロスプリング形成技術
③ 材料を選ばない低温接合プロセス

が要素技術として必要である。

まず，貫通電極形成技術については，Deep-RIE 技術がここ 10 年で飛躍的に発展し，Si 基板の貫通孔形成は比較的容易になりコストも低下したが，電極金属の埋め込み技術については低コスト化の問題を含め，必ずしも確立しているとは言えない。例えば，比較的低コストな電極埋

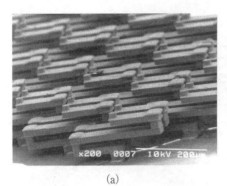 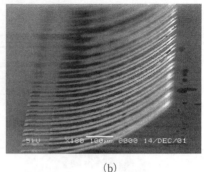

図7 マイクロスプリング
(a) S字Niめっきマイクロスプリング [35)
(b) Niめっき応力制御によるマイクロカンチレバースプリング [36)

め込み技術としては，溶融したAu-Snを真空吸引によって埋め戻す溶融金属吸引法（MMSM：Molten Metal Suctioned Method）[34)があるが，埋め込み金属は低融点である必要があり，基板を300℃以上といった高温のプロセスには通すことができないという問題がある。また，めっきによるCu電極埋め込み技術は，最近メモリデバイスの3次元積層技術のキー技術としても注目されていることもあり，めっきプロセスの高速化＝低コスト化も検討されている。今後は，汎用性を考えれば，透明絶縁基板であるガラス基板への低コストCu貫通電極形成技術の確立が望まれる。

次に，マイクロスプリング形成技術については，半導体検査用のプローブカードをマイクロマシン化する（MEMSプローブカードと呼ばれる）試みの中で開発が行われている。図7(a)に7層のフォトリソグラフィー工程で作製したS字マイクロスプリングを[35)，図7(b)に2種類のめっき浴を用いることにより，上層と下層のNiめっき層の応力をコントロールして基板から反らしたマイクロスプリングのSEM像を示す[36)。特に後者は非常に簡便な方法で作製できるため，図1のマイクロスプリングとして有望であろう。

③の材料を選ばない低温接合プロセスとして有力な技術の一つが，表面活性化常温接合技術である[37)。ここでは，その詳細は省略するが，図8に示すように，この方法は金属などの固体の清浄表面が極めて活性で表面エネルギーが高いことを利用し，金属，半導体，セラミックス，プラスチックスなどの表面を真空中で高速原子ビーム（FAB：Fast Atom Beam）照射などにより活性化し，そのまま常温で接触させることで強固な接合を得るという手法であり，プロセスが低温であることに加え，原理的にはほぼすべての材料の組み合わせに適用できる。例えば，この常温接合技術を使って，Si-SiあるいはSi-Cu膜による真空封止接合を行い，キャビティ内部に設けたマイクロ構造の振動特性評価から，キャビティ内部の圧力変化のモニタリングを行った。そ

第5章　MEMS封止

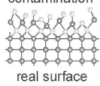
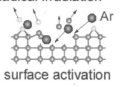
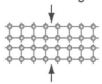

図8　表面活性化常温接合法

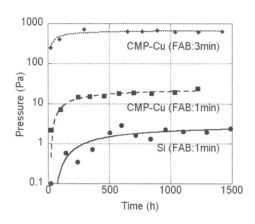

図9　常温接合法による真空封止例[38]

の結果，図9に示すように，常温プロセスで，数Pa以下の真空封止が可能であることを示すことができた[38]。しかし，もちろん，封止性能は，封止部材質，表面粗さ，および表面活性化プロセスの条件などに依存するため，標準プロセスとして適用していくにはさらに研究を進める必要がある。

1.4　おわりに

以上本節では，MEMS封止実装技術をモノリシック法とハイブリッド法とに分けて概説した。モノリシック法は，従来よりコスト的にはハイブリッド法よりも有利であると言われながら，封止蓋強度や封止構造・プロセス温度などの問題から実装を含めたLSIプロセスとの親和性がネックとなっていたが，Epi-Seal法がそれらを解決する有力な手法として注目され，一部の実用デバイスで適用が始まっている。またハイブリッド法については，陽極接合法を中心に実績もあるが，低コストのためには汎用的なウェハレベル封止接合技術の開発が重要であり，特に封止接合のための構造や配線構造が集積化された標準的なキャップウェハが実現されれば，実装コストの低減に大きく貢献することは間違いない。また，同時に本節では余り触れなかったが，テスト技

術についてもこのウェハレベル封止を前提としてもう一度考える必要があろう。多くの MEMS が LSI と同様の実装プロセスに適用できるようになれば，いよいよシステム LSI と MEMS が融合したマイクロシステム（More than Moore）時代の到来が期待される。

文　　献

1) R. He et al., *J. Microelectromech. Syst.,* **16**, 462（2007）
2) U. S. Patent, 4853669
3) L. Lin et al., *J. Microelectromech. Syst.,* **7**(286), 286-294（1998）
4) L. Lin et al., in *Proc. MEMS'92*（Travemunde, Germany）, 226-231（1992）
5) L. Lin et al., *Tech. Digest of Transducers'93*（Yokohama, Japan）, 346-351（1993）
6) H. Guckel et al., *Sensors and Actuators,* **A21-A23**, 346（1990）
7) R. Legtenberg et al., *Sensors and Actuators,* **A45**, 57（1994）
8) T. Tsuchiya et al., *Sensors and Actuators,* **A90**, 49（2001）
9) M. Bartek et al., *Sensors and Actuators,* **A61**, 364（1997）
10) D. G. Jones et al., in *Proc. MEMS'07*（Kobe）, 275-278（2007）
11) K. Ikeda et al., *Sensors and Actuators,* **A21-A23**, 1007（1990）
12) R. H. Rico et al., *Microsyst. Technol.,* **13**, 1451（2007）
13) B. H. Stark et al., *J. Microelectromech. Syst.,* **13**, 147（2004）
14) J. A. Walker et al., in *Proc. MEMS'90*（Napa Valley, CF, USA）, 56-60（1990）
15) K. S. Lebouitz et al., in *Proc. MEMS '99*（Orlando, FL, USA）, 470-475（1999）
16) P. Monajemi et al., *J. Micromech. Microeng.,* **16**, 742（2006）
17) A. Partridge et al., in *Proc. MEMS'01*（Interlaken, Switzerland）, 54-59（2001）
18) R. N. Candler et al., *IEEE Trans. Adv. Packaging,* **26**, 227（2003）
19) R. N. Candler et al., *J. Microelectromech. Syst.,* **15**, 1446（2006）
20) A. B. Graham et al., in *Proc. MEMS'09*（Sorrento, Italy）, 745-748（2009）
21) B. Kim et al., in *Proc. MEMS'08*（Tucson, AZ, USA）, 104-107（2008）
22) L. N. Smith et al., *Physical Review B,* **20**, 3653（1979）
23) H. Okada et al., *Sensors and Actuators,* **A147**, 359（2008）
24) 岡田浩尚ほか，電子情報通信学会論文誌 C, **J88**, 913（2005）
25) L. Lin, *IEEE Trans. Adv. Packaging,* **23**, 608（2000）
26) Q.-Y. Tong et al., *Advanced Materials,* **11**, 1409（1999）
27) S. N. Farrens et al., *J. Electrochem. Soc.,* **142**, 3949（1995）
28) T. Suga et al., in *Proc. 54th ECTC*, 484-490（2004）
29) G. Wallis et al., *J. Appl. Phys.,* **40**, 3946（1969）
30) H. Henmi et al., *Sensors and Actuators,* **A43**, 243（1994）

31) 原鉄三ほか, SMP-99-6, 電気学会センサ材料プロセス技術研究会資料, 11-15（1999）
32) 武田宗久, エレクトロニクス実装学会誌, **7**, 289（2004）
33) 佐藤正武, 同上, 299（2004）
34) 末益龍夫ほか, フジクラ技報, **102**, 53（2002）
35) K. Kataoka *et al., in Proc. MEMS'04*（Maastricht, Netherlands）, 733-736（2004）
36) K. Kataoka *et al., in Proc. MEMS'02*（Las Vegas, NV, USA）, 364-367（2002）
37) 須賀唯知, 溶接学会誌, **61**, 28（1992）
38) T. Itoh *et al., Dig. Tech. Papers, Transducers'03*（Boston, MA, USA）, 223-227（2003）

2 MEMS用超厚膜レジスト

小野禎之*

2.1 はじめに

　MEMS用超厚膜レジストとして，従来から広く用いられている"SU-8"は主としてMEMS用途の要素技術として開発され，スピンコートで膜厚数百μm以上の超厚膜を形成できるレジストとして知られる。さらに，高アスペクト比，側壁の垂直なパターンを形成できるといった特徴を備える特殊なフォトレジストでもある。SU-8はエポキシ樹脂をベースとしていることから，優れた機械強度，耐熱性，耐薬品性，絶縁性，耐エッチング性および光学特性を有しているため，MEMS分野での応用範囲は広く，永久膜として好適に用いられている。特に，マイクロフルイディクス（インクジェットプリンター，マイクロリアクターおよびバイオチップ），ICパッケージ（絶縁膜および封止），光学デバイス（導波路および光スイッチ）や各種センサーなどへの応用が盛んである[1,2]。特に，近年ではWLP（ウェハレベルパッケージ），3D/TSV（スルーシリコンビア）での封止材，各種MEMSデバイスのキャビティ封止材としての検討が種々なされてきている[3,4]。

　しかしながら，低密着性，クラックが入りやすい，剥離が困難，アルカリ現像ができないなどの課題があり，プロセス上使用が難しい点があり，これらの改良が望まれてきた。本節では，MEMS封止への利用可能性が期待されるMEMS用超厚膜レジストである永久膜レジスト「SU-8 3000シリーズ」およびアルカリ現像型レジスト「KMPR-1000シリーズ」について解説する。

2.2 永久膜レジスト「SU-8 3000」

　永久膜レジストへの要求特性として，耐薬品性，耐熱性，絶縁性などが挙げられ，さらに高密着性，クラックのないことが必要である。これらの特性を，レジストの主成分であるエポキシ樹脂を改良／配合することにより，改良された次世代型SU-8が「SU-8 3000」である。従来のSU-8は厚膜／高アスペクト比を形成できるという特徴を有するが，図1に示すように，SU-8 3000もSU-8と同様に高アスペクト（アスペクト比5以上）なパターン形成を達成できている。

　また，従来のSU-8ではクラックが入りやすい，密着性が低いという問題を抱えており，封止材として使用する場合には，被覆性や絶縁性などのデバイスとしての信頼性に課題が残されており，これらの用途で使いこなすにはプロセス条件を厳密にコントロールする必要があった。図2に示すようにSU-8 3000は基板からの剥離もなく密着性良好であり，クラック耐性が飛躍的に向上しており，プロセス条件のコントロールが容易になったという点で，使いやすくなっている。

---

*　Yoshiyuki Ono　日本化薬㈱　機能化学品研究所　研究員

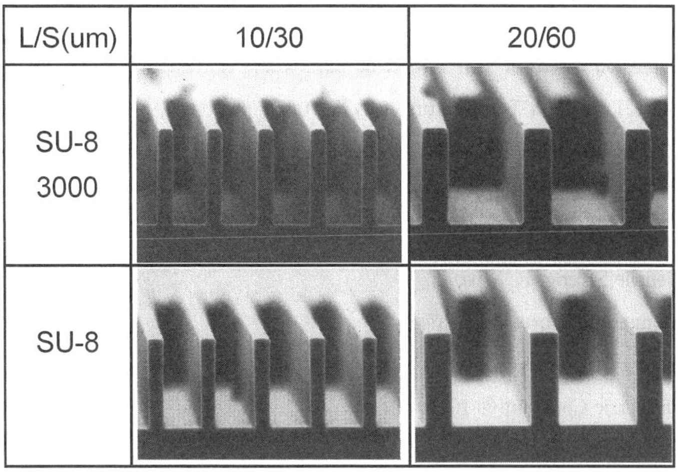

第 5 章　MEMS 封止

L/S(um)	10/30	20/60
SU-8 3000		
SU-8		

Conditions
Substrate　：Si wafer
Soft bake　：15min @ 95degC
Exposure　：Ushio(I-line)
PEB　　　：6min@ 95degC
Develop　 ：SU-8 Developer @ 25degC / Immersion

図1　SU-8 3000 のリソグラフィ特性

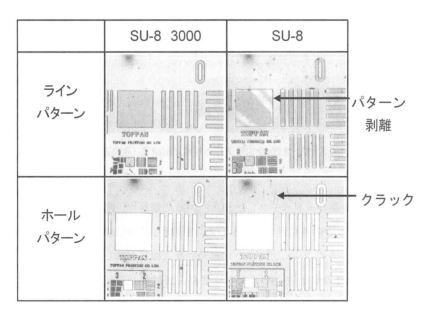

図2　SU-8 3000 の耐クラック性と密着性

表1　SU-8 3000の諸物性

Adhesion Strength（mPa）Silicon/Glass/Glass & HMDS	69/35/59
Glass Transition Temperature（T_g℃），tanδ peak	200
Thermal Stability（℃@5% wt. loss）	300
Thermal Conductivity（w/mK）	0.2
Coeff. of Thermal Expansion（CTE ppm）	52
Tensile Strength（Mpa）	73
Elongation at break（ε b%）	4.8
Young's Modulus（Gpa）	2.0
Dielectric Constant @ 1GHz	3.28
Bulk Resistivity（Ωcm）	7.8×10^{14}
Water Absorption（% 85℃/85 RH）	0.55

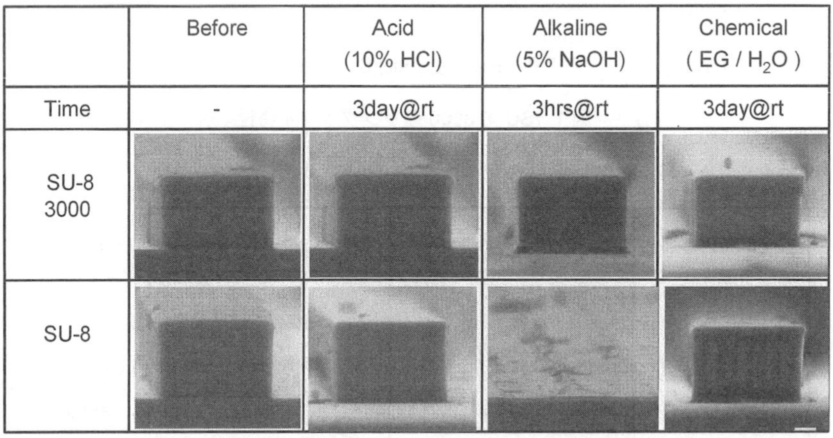

	Before	Acid (10% HCl)	Alkaline (5% NaOH)	Chemical (EG / H_2O)
Time	-	3day@rt	3hrs@rt	3day@rt
SU-8 3000				
SU-8				

図3　SU-8 3000の耐アルカリ性／耐酸性／耐薬品性

　表1には150℃で1時間ハードベークしたSU-8 3000の耐熱性，機械特性，電気特性，密着性，光学特性および吸水率などの硬化膜物性を示した。耐熱性，機械強度，吸水性に関して，SU-8と同等の性能を保持し，シリコン，ガラスへの密着性を大幅に改善している。

　図3には，SU-8 3000の耐酸性，耐アルカリ性および耐薬品性試験後の断面写真を示した。SU-8 3000は従来のSU-8に比べ密着性や耐アルカリ性が非常に優れている。

2.3　アルカリ現像型レジスト「KMPR-1000」

　従来のSU-8をめっきレジストやエッチングレジストのような剥離レジストとして利用する場

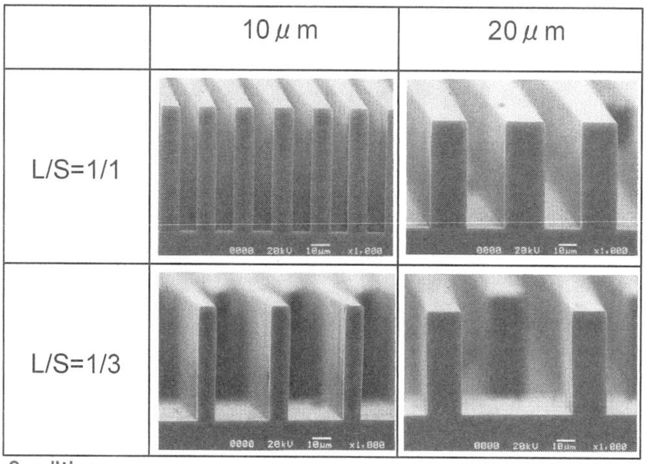

第 5 章　MEMS 封止

	10μm	20μm
L/S=1/1		
L/S=1/3		

Conditions
Substrate　: Si wafer
Soft bake　: 15min @ 95degC
Exposure　: Ushio(I-line)
PEB　　　: 6min@ 95degC
Develop　　: 2.38%TMAHaq @ 23degC / Immersion

図 4　KMPR-1000 のリソグラフィ特性

合，剥離が困難であり，また溶剤現像型であるため，アルカリ現像が主の半導体周りのラインでは使用できないため用途に制限があった。そこで，我々はアルカリ可溶型のエポキシ樹脂を開発した。このエポキシ樹脂は，構造中に架橋性のエポキシ基とアルカリ可溶性の官能基を有しており，このため，基本的なメカニズムは SU-8 と同様の化学増幅型のネガレジストではあるが，アルカリ現像可能，剥離が可能というエポキシ系レジストとして従来にない特性を備えている。そのため，封止材として WLP や 3D/TSV での封止用途，MEMS 構造体の封止用途，エッチングマスクとして Si，石英などの深堀用ドライエッチングマスク用途，めっきモールドとして，プローブカード用途，バンプ用途など広い分野での利用が期待される。

　リソグラフィ特性として，図 4 に KMPR-1000 の断面形状を示した。SU-8 と同様に L/S = 1：1 でアスペクト比 5 以上のパターン形成が可能であり，側面の垂直なパターンも保持されている。また，膜厚を薄くすることで解像度は向上し，図 5 に示すように，縮小露光型のステッパーを使用することで，膜厚 10μm において解像度 2μm が達成されている。

2.4　まとめ

　MEMS 用超厚膜レジストとして SU-8 を中心に解説したが，その優れた機械強度，膜物性，絶縁性，超厚膜での解像性，高密着性により，MEMS 構造体の積層，封止，絶縁，層間接着剤

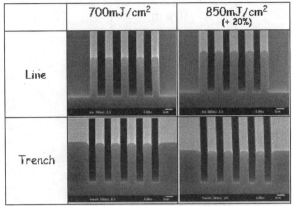

図5 ステッパーを使用したKMPR-1000のリソグラフィ特性

などへの利用が考えられる。特に，WLP，3D/TSV用途では今後の成長が見込まれるため，これらへの適用検討も進められ，応用が期待されるところである。

文　　献

1) G. M. Kim, B. Kim, J. Huskens *et al., J. Microelectromech, Syst.,* **11**, 175（2002）
2) B. Beche, N. Pelletier, E. Gaviot, J. Zyss, *Optics Communications,* **230**, 91（2004）
3) D. W. Johnson *et al.,* "Direct Bonding of SU-8 Cavities over MEMS Components", IMAPS Device Conference, March 21-23, 2006. PREPUBLICATION
4) Y. Yoon *et al.,* "Embedded Solenoid Inductors for RF CMOS Power Amplifier", Digest of the 11th International Conference on Solid-State and Actuators, Transducers'01 EurosensorsXV, **2**, pp.1114-1117（2001）

3 STP法を用いた樹脂封止技術

町田克之*

3.1 はじめに

MEMSデバイスを作製する場合もしくは作製後に壊れることを防ぐためには，可動構造を維持したまま外部空間から隔離して封止することが必要である．我々は，MEMSデバイスのための新しい薄膜形成方法であるSTP技術を提案した．本技術をMEMS式の指紋センサに適用し，封止により安定動作を実現することを確認した．

3.2 MEMSデバイスの可動部保護の必要性

MEMS（Micro Electro Mechanical Systems）デバイスは，小さく，機械的に動く可動部を備えている．この微細な可動部を，実環境においても正常に動作させるためには，環境における様々な阻害要因（ゴミや汚染物質の付着，液体や水分の浸入）から保護することが必要である．例えば，一般的なMEMSデバイスの例として上部電極と下部電極からなり，上部電極が力により可動である3次元構造を図1に示す．上部電極が外部から保護され，かつ，可動であるためには，内部に中空を保ったまま可動部分を封止することが必要であることがわかる．

従来のLSIパッケージに用いられている封止技術は，接続用の端子だけ外部に出してチップ全体を隙間なく樹脂で保護する．また，他の手法として，シリコンとガラスを接続する陽極接合という手法があるが，処理温度が高いことや印加電圧が高いことによるデバイスへの影響が懸念されている．これらの封止技術は，MEMSデバイス作製後の技術が一般的であり，MEMSプロ

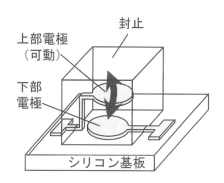

図1 MEMSデバイスの封止例

---

* Katsuyuki Machida　NTTアドバンステクノロジ㈱　先端プロダクツ事業本部
　主幹担当部長

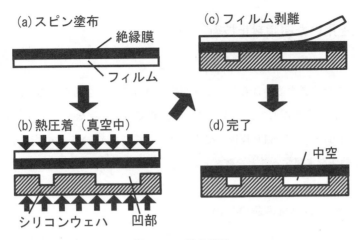

図2 STP法の原理

セスの途中での可動部保護のための技術はないのがこれまでである。

封止のために，中空を保持したまま薄膜を形成する手法であるSTP法による封止技術を開発してきた。その概要について以下に記述する。

3.3 STP法の原理

STP（Spin-coating film Transfer and hot-Pressing technology）法とは，フィルムを用いてウェハに絶縁膜を貼り付けることで，薄膜を形成する方法である[1]。原理を図2に示す。まず，最初に液状の絶縁膜材料を，スピン塗布法によってフィルム上に均一に1〜10μm程度の厚さに形成する。このときの断面の模式図を図2（a）に示す。次に，真空中にて凹凸の形成されたシリコンウェハに対して加熱・加重を加えて貼り合わせる（図2（b））。この過程で，絶縁膜は乾燥してポストベークの状態になる。その後，大気中・室温で，フィルムのみウェハから剥離する（図2（c））。このようにして，下地の凹部分の中空を保持したまま薄膜を形成する（図2（d））。材料としては，有機系，無機系いかなる材料でもSTP条件だけ検討すれば，形成可能である。

これまでLSIやMEMSの分野で用いられてきた薄膜形成方法と比較して，STP法の特徴は，数μmから数10μmの薄膜形成に適用可能な新しい薄膜形成方法であることがわかる。また，プロセスが容易であること，LSIデバイスの基板に対してもデバイスへのダメージを与えることなく形成可能でLSIプロセスに親和性のあることが大きな特徴である。

3.4 STP装置とプロセス

STP法をウエハプロセスに適用するために新しい転写形成装置を開発した[2]。本装置は，フ

第5章 MEMS封止

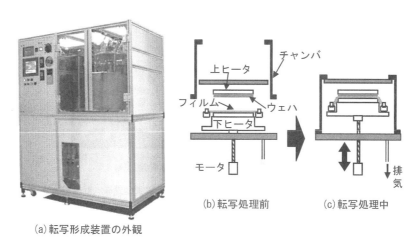

(a) 転写形成装置の外観

(b) 転写処理前

(c) 転写処理中

図3　STP法のための転写形成装置

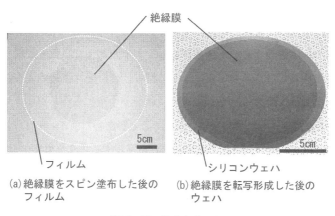

(a) 絶縁膜をスピン塗布した後のフィルム

(b) 絶縁膜を転写形成した後のウェハ

図4　フィルムとウェハ

ィルムを均一に張るためのテンション機構，貼り合わせが可能な真空処理機構，熱圧着を可能にするプレス機構を備えている。装置外観写真を図3 (a) に，動作模式図を図3 (b) および (c) に示す。次に本装置の動作を説明する。まず，図3 (b) に示す装置の上ヒータ部にウェハ表面を下向きにしてセットする。一方，フィルム上に絶縁膜をスピン塗布し（図4 (a)），下ヒータ部にフィルムをセットする。その後，外周カバーを閉じて装置内部を真空にする。真空中で加熱された下ヒータが上昇することで，フィルムにテンションを加えて均一に張る。さらに上昇させていくことで，上ヒータにセットされたウェハの表面と，フィルム上に形成された絶縁膜が熱圧着される（図3 (c)）。加熱・加圧後，下ヒータを下降させて最初の位置に戻す。さらに，大気開放してウェハとフィルムが絶縁膜を介して貼り合わされた状態にて，装置から取り出す。その後，フィルムのみを剥離する。以上により，図4 (b) のように絶縁膜をフィルムからウェハに

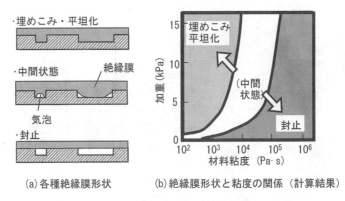

(a) 各種絶縁膜形状　　(b) 絶縁膜形状と粘度の関係（計算結果）

図5　絶縁膜形状と粘性制御

転写して形成することができる。

次に，STP法は，有機系，無機系など材料については，どのような膜種でも適用可能である。その理由として材料の粘性を制御することによってSTP法を実現しているからである。その粘性制御プロセスについて説明する。中空を保持したまま凹部上に薄膜を形成するには，熱圧着時の絶縁膜状態を把握しておく必要がある。すなわち，図5（a）上部のように凹部を埋め込んで表面を平坦化した形状，図5（a）下部のように凹部を中空に保持したまま封止した形状，およびその中間状態の気泡が入った形状を使い分けることが求められる。そこで，真空と加熱を用いた乾燥により絶縁膜の粘度を制御して所望の形状を実現する手法を考案した[3]。図5（b）は，横軸を絶縁膜の粘度，縦軸を加重の値とし，各々の状態に応じてどのような成膜形状になるかを計算した結果である。粘度を低く，加重を大きくすれば，凹凸を埋め込むことが可能となり，また，粘度を高く，加重を小さくすれば，凹部を中空にしたまま封止をすることが可能になる。

3.5　実験結果

前述の装置およびプロセスを用いて実際に成膜した結果を図6に示す。20μm幅の凹パターンをウェハ上に形成し，その上に絶縁膜をSTP法により形成した。図6（a）は，その断面形状をSEMにより拡大した結果である。絶縁膜が，凹部に流れ込むことなく，中空を保持したまま転写形成されていることがわかる。一方，前述した制御手法を用いて，凹部を完全に埋込み，表面を平坦化することもわかる（図6（b））。このように，転写形成装置および粘性制御手法を用いてSTP法の原理が実現できることを示した。

次に，このような封止プロセスが，どの程度のサイズの凹パターンおよび膜厚まで適用可能か，ということを示す。凹パターンのサイズを横軸に，膜厚を縦軸にとり，封止可能であった領域を，図7に示す。また，図7の領域内で，特徴的なサイズ・膜厚に対応する場合の成膜結果を断面拡

第 5 章　MEMS 封止

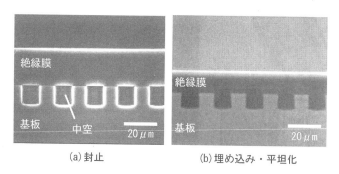

(a) 封止　　　　　　　　　(b) 埋め込み・平坦化

図 6　成膜結果の拡大写真

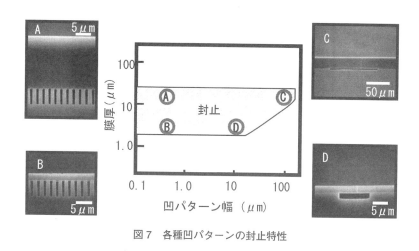

図 7　各種凹パターンの封止特性

大写真により示す。STP 法は，これまで対応する技術がなかった 10μm 程度の空白領域を中心に，幅広い範囲に適用可能な技術であることがわかる。

3.6　MEMS デバイスへの適用

本技術を用いた適用例の一つとして，MEMS 式の指紋センサの例を示す[4, 5]。センサ表面に指を載せると，指紋を検出して画像として出力するチップを試作した（図 8 (a)）。本センサの表面を拡大した写真を図 8 (b) に示す。突起を備えたピクセル（画素）が 50μm のピッチで縦横に 256 × 224 = 57,344 個形成されている。この一つ一つが取得画像のピクセルに相当する。ピクセルの断面図を拡大した写真を図 8 (c) に示す。

指をセンサ表面に載せると，数 100μm 幅の指紋の隆線部分で突起を押し下げる。このとき図 8 (c) に示すように，突起の下には約 1μm スペースのギャップが形成されているため，突起と上部電極が下方に押し下げられて動くことができる。これによって上部電極と下部電極間の静電

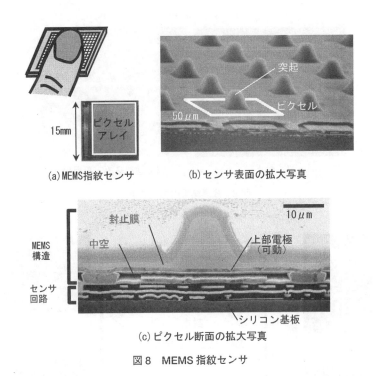

図8　MEMS指紋センサ

容量が増加し，これを下地のセンサ回路によって検出して外部に出力する。

本センサにおいて，突起を作製するためにプロセス途中でSTP法を用いて封止膜を形成することにより，中空構造の内部への水やゴミの浸入を防いでいる。中空に外部から水や湿度が浸入してしまうと，微小な静電容量変化を検出することが困難になるためである。前述のSTP法により1.5μm厚さの封止膜を形成することで，安定したセンシング動作を実現できることがわかる。

3.7　まとめ

STP法の樹脂封止技術として原理・装置・プロセスと，MEMSデバイスへの適用例を説明した。STP法により凹部を容易に封止することができると同時に，新しい3次元構造の加工の可能性を示した。今後のMEMSデバイスの量産化や集積化CMOS-MEMS技術において，STP法がより有効な手段となると考える。

第 5 章　MEMS 封止

文　　献

1) K. Machida, H. Kyuragi, H. Akiya, K. Imai, A. Tounai, and A. Nakashima, *J. Vac. Sci. Technol. B,* **16**, 1093（1998）
2) N. Sato, K. Machida, K. Kudou, M. Yano, and H. Kyuragi, *J. Vac. Sci. Technol. B,* **20**, 797（2002）
3) N. Sato, K. Machida, M. Yano, K. Kudou, and H. Kyuragi, *Jpn. J. Appl. Phys.,* **41**, 2367（2002）
4) N. Sato, S. Shigematsu, H. Morimura, M. Yano, K. Kudou, T. Kamei, and K. Machida, *IEEE Trans. Electron Devices,* **52**, 1026（2005）
5) N. Sato, H. Ishii, S. Shigematsu, H. Morimura, T. Kamei, K. Kudou, M. Yano, K. Machida, and H. Kyuragi, *Jpn. J. Appl. Phys.,* **42**, 2462（2003）

4 ナノインプリントを用いた封止

谷口　淳*

4.1　はじめに

ナノスケールでデバイスの封止を行う場合，ナノインプリント技術が有効である。ナノインプリント技術は基本的には金型（モールド）を用いた樹脂へのパターン複製技術であるが，封止に必要な蓋の部分を取り付けることも可能である。ここでは，一般的なナノインプリントの方式を説明した後，ナノインプリントを用いた封止の例を挙げ，さらに最近研究が進んでいる樹脂と金属の接合について概説する。

4.2　ナノインプリント技術

ナノインプリントという用語は1995年，当時ミネソタ大学のS. Y. Chou（現在，プリンストン大学教授）によって初めて用いられた言葉であり，リソグラフィの技術革新を狙ったものであった[1, 2]。1995年頃は，半導体リソグラフィはエキシマレーザー光源の短波長化によって微細化できると考えられていた。しかし，一方では，光の回折限界などがあり，光を用いない新方式のリソグラフィの必要性も論じられていた。そこで，Chou教授らは，図1に示すような，光を用いないリソグラフィ方式を提案した。図1①の初期状態で，シリコン上のパターン転写層には，熱可塑性樹脂のPMMA（ポリメタクリル酸メチル；ガラス転移温度105℃）が用いられている。また，モールドにはシリコン熱酸化膜上にレジストを塗布し，そのレジストを電子ビーム直接描画露光（EBL）でパターニングし，それをマスクとしてドライエッチで加工したものを用いてい

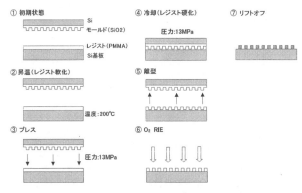

図1　ナノインプリントリソグラフィの工程図

---

*　Jun Taniguchi　東京理科大学　基礎工学部　電子応用工学科　准教授

第 5 章　MEMS 封止

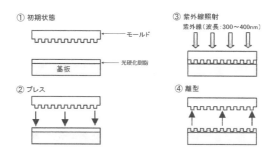

図 2　光硬化樹脂を用いたナノインプリント工程

る。EBL は，電子ビーム径が数 nm と小さく絞れるため，10nm 以下の線幅のパターンも描画できるが，スループットが悪いため半導体リソグラフィには使用できない。しかし，50nm より小さい微細パターンを描画するためには，EBL は必要である。このジレンマを解決したのが，ナノインプリントリソグラフィ（NIL）である。つまり，時間はかかるが EBL で細かいパターンのモールドを作製し，この形状を転写で複製するというものである。この工程は図 1 において次のようになる。①シリコン基板にレジスト（PMMA）を塗布する。②レジストを塗布した基板（シリコン）を 200℃まで加熱してレジストを軟化させる。③モールドをレジストに接触させて加圧することにより，レジストを変形させる。④プレスした状態を保ちつつ，基板温度を冷却しレジストを硬化させ，モールドの凹凸をレジストに転写する。⑤PMMA が充分硬化したらモールドを離す。このとき，モールドの凸部に相当する部分が，シリコン基板上に薄い残膜として残る。⑥酸素リアクティブイオンエッチング（RIE）で残膜のレジストを除去し，シリコンの表面を出す。⑦ここでシリコン表面が出ているので，通常の半導体プロセスと同じことができる。つまり，レジストをマスクとしてエッチングやイオン注入，アルミニウムや銅などの金属を蒸着し，その後レジストの PMMA をアセトンなどで除去して配線を形成したりできる（リフトオフという）。このように NIL は，樹脂への金型押し付けという単純なプロセスであることがわかる。これは，熱可塑性樹脂を用いるので，熱ナノインプリントや熱サイクルナノインプリントと呼ばれている。

　一方，熱を使わない室温でのナノインプリント技術もある。図 2 は，光硬化樹脂を用いた光ナノインプリントもしくは，UV ナノインプリントと呼ばれる方法である[3〜5]。光硬化樹脂は，紫外光（Ultraviolet light）を照射すると硬化する樹脂で，通常は，光造形やインクなどに用いられるものである。この樹脂を基板上に塗布し，ナノパターンが刻まれた透明なモールドを準備する（図 2①）。モールドは透明であるだけでなく，UV 光を通す必要があるので，石英が良く用いられる。その後，モールドを樹脂側へ押し付け（図 2②），樹脂がモールドのパターン通りに流れ込み，加圧を保持したまま UV 光を照射する（図 2③）。その後，モールドを離してパターン転写が完

了する(図2④)。このプロセスは,熱を用いていないので温度の上昇や下降する時間を短縮できる室温ナノインプリント技術である。このプロセスは,温度によるモールドの寸法変化も少なく,ヒーターなどが不要であるため,熱インプリントと比べて,短時間,高転写精度,低装置コスト,そして容易なアライメントなど多くの利点がありリソグラフィ向けの技術である。

また,この技術をさらに半導体用途に適した形にしたものに,ステップアンドフラッシュインプリントリソグラフィ(Step and Flash Imprint Lithography:S-FIL)[6, 7]がある。この技術は基本的に図2の光硬化樹脂を用いたプロセスと同じであるが,二層レジストプロセスを用い,ステッパと同じようなステップアンドリピート(step and repeat)方式を採用した点が新しい。この装置では,ステップしてパターン転写時に光がフラッシュ(flush)するので,S-FILと呼んでいる。また,二層レジストプロセスとは,平坦化層の上に光硬化樹脂をS-FILするものである。平坦化層は,半導体基板表面はデバイスが作製されていると凹凸が生じるので,これを平坦にするために設ける。このような工夫をすることでリソグラフィ対応を可能にしている。また,S-FILにより,20nm以下の線幅のパターンが得られており,デバイステスト用としてUVナノインプリントを用いる動きもある。

これらの二つのナノインプリント技術は,1990年代から発展してきたが,実は,1974年～1977年に,日本電信電話公社(現NTT)の茨城電気通信研究所において,リソグラフィを狙ってのモールドマスク法[8〜11]という手法が提案されている。これは,パターンサイズは大きいが,これら二つのNILと同じ手法である。ナノインプリントという用語が現在メジャーになっているが,技術としては日本で先行して保有しており,リソグラフィの技術が行き詰ってきたところで,再度出てきた技術であるともいえる。

4.3 ナノインプリント技術による封止

ナノインプリントは,パターンを転写するのに用いられるが,パターンを積層したり,平面を被せることで封止することも可能である。これは,リバーサルインプリント[12]と呼ばれ,ナノチャネル(流路)の形成[13]やマイクロ流路の形成[14]などへ応用されている。図3にリバーサルインプリント工程を示す。リバーサルインプリントは,モールドの上にコーティングした樹脂を,対向基板に移す方法である。左の図では,パターンの上に樹脂をコーティングし,下側の基板上のパターンに積んで,三次元構造を形成している。右の図は,平らなモールドを用いて,その上に樹脂を載せて,下側のパターンの上へ転写している。この場合,下のパターンの上に蓋をすることになり封止となる。この方法で流路形状を形成することができる。このリバーサルナノインプリントでは,樹脂を積層するときの温度が重要になる。熱可塑性樹脂の場合,温度が高すぎるとパターンが溶けてしまい,低いと接合されない。下側の樹脂とモールド上の樹脂が形状は変化

第5章　MEMS封止

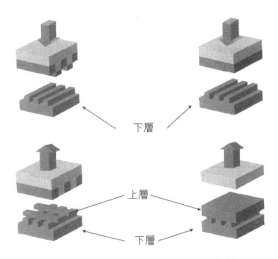

図3　リバーサルインプリントの工程図

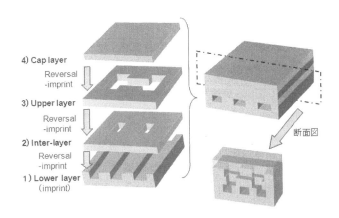

図4　リバーサルインプリントによるマイクロチャネル作製方法

せず接合するような温度条件，圧力条件を選ぶ必要がある。この技術を利用して，マイクロチャネルを作製する方法を図4に示す[14]。初めに，ナノインプリントで下地の流路を樹脂で作製し，その上にリバーサルナノインプリントで三回積層することにより封止し，マイクロチャネルが完成する。このように，ナノインプリント技術で樹脂の封止を行い，ナノオーダーの高機能デバイスを作製することが可能である。

4.4　ナノインプリント技術による金属転写

ここまでは，樹脂の封止技術を概説してきたが，金属膜の封止ができるとさらに応用が広がると考えられる。例えば，マイクロチャネルにおいて金属膜の蓋であれば熱を伝えやすく，チャネ

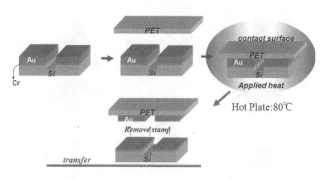

図5 樹脂上への金属パターン転写方法

ル内の温度制御がしやすいといった利点も生じる。そのためには，ナノオーダーで樹脂と金属を接合する技術が必要になる。従来，樹脂上にナノ金属パターンを転写した例としては，ナノトランスファー技術[15]による，有機トランジスタ用ナノ金属配線パターンがある。ナノトランスファーは，Polydimethylsiloxane（PDMS）をモールドとして用いたプロセスである。PDMSはシリコンのゴムで，柔らかく離型性も良いので，この上に金，チタンを蒸着させ，このモールドをポリエチレンテレフタラート（PET）上に押しあて，80度に加熱するとPET上に金属が転写される。しかし，この方法は，PDMSが柔らかいため，押しつけ圧力でパターンが変化しやすく寸法精度が悪い。この問題を解決するために，本研究室では，PDMSではなく硬いモールドを用いた金属転写プロセスを考案した。硬いモールドは，本研究室で開発した塗布熱分解ガラスのSpin-On-Glass（SOG）に電子ビーム直接描画を行う方法で作製した[16]。このSOGはSiO$_2$が主成分なので，金属との離型性はPDMSのように良くはない。そこで，本研究室では，SOGの上にCrを蒸着させ，その上に金を蒸着させると，金がはがれやすいことを見出し，この性質を用いてPET上への転写を試みた。このプロセスを図5に示す[17]。まず，電子ビーム露光で描画，現像されたSOGモールドを準備する。SOGは電子ビームレジストであるが，十分な強度を持つのでそのままモールドとして用いることができる。その後，このモールド上にCrを20nm蒸着し，その上に金を70nm蒸着する。準備されたモールドを80度に加熱しPET上に押しつける。その後，室温まで冷やして剥がすと，PET上に金パターンが転写される。図6に，PET上に転写された金パターンの走査型電子顕微鏡写真を示す。写真で黒いところはPETで，白いところは金パターンになる。これにより，45nmと高分解能の金属パターンが樹脂へ転写できることがわかった。

4.5 まとめ

ナノインプリント技術による封止への応用について概説した。従来は，樹脂材料だけの封止であったが，最近では金属の接合も可能である。これを生かして，ナノパターン金属膜を利用した

第5章　MEMS封止

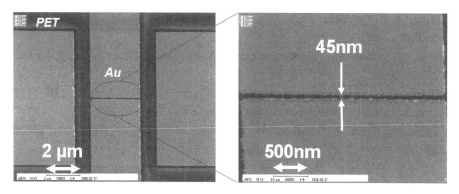

図6　PET上の金のギャップパターン

高機能封止への展開も期待できる。

文　　献

1) S. Y. Chou et al., *Appl. Phys. Lett.*, **67**, 3114-3116（1995）
2) S. Y. Chou et al., *J. Vac. Sci. & Technol.*, **B14**, 4129-4133（1996）
3) J. Haisma, M. Verheijen, K. van den Heuvel, and J. van den Berg, *J. Vac. Sci. & Technol.*, **B14**, 4124-4128（1996）
4) M. Bender, M. Otto, B. Hadam, B.Vratzov, B. Spangenberg, and H. Kurz, *Microelectronic Engineering*, **53**, 233-236（2000）
5) M. Komuro, J. Taniguchi, S. Inoue, N. Kimura, Y. Tokano, H. Hiroshima, and S. Matsui, *Jpn. J. Appl. Phys.*, **39**, 7075-7079（2000）
6) M. Colburn, S. Johnson, M. Stewart, S. Damle, T. Bailey, B. J. Choi, M. Wedlake, T. Michaelson, S. V. Sreenivasan, and C. G. Willson, SPIE 24th Intl. Symp. on Microlithography: Emerging Lithographic Technologies III, Santa Clara, CA, 379-389（1999）
7) T. Bailey, B. J. Choi, M. Colburn, M. Meissl, S. Shaya, J. G. Ekerdt, S. V. Sreenivasan, and C. G. Willson, *J. Vac. Sci. Technol.*, **B18**, 3572-3577（2000）
8) 近藤衛，藤森進，信学会研究会，CPM76-125，29（1977）
9) 近藤衛，藤森進，電子通信学会昭和52年春季大会講演論文集，第二分冊，117（1977）
10) 藤森進，近藤衛，特許広報 昭53-22427
11) 藤森進，近藤衛，特許広報 昭54-22389
12) X. D. Huang, L.-R. Bao, X. Cheng, L. J. Guo, S. W. Pang, and A. F. Yee, *J. Vac. Sci. Technol.*, **B20**, 2872-2876（2002）

13) B. Yang, V. R. Dukkipati, D. Li, B. L. Cardozo, and S. W. Pang, *J. Vac. Sci. Technol.*, **B25**, 2352-2356 (2007)
14) H. Ooe, M. Morimatsu, T. Yoshikawa, H. Kawata, and Y. Hirai, *J. Vac. Sci. Technol.*, **B23**, 375-379 (2005)
15) S. H. Hur, D. Y. Khang, C. Kocabas, and J. A. Rogers, *Appl. Phys. Lett.*, **85**, 5730-5732 (2004)
16) Y. Ishii, J. Taniguchi, *Microelectronic Engineering*, **84**, 912-915 (2007)
17) J. Taniguchi, S. Ide, N. Unno, and H. Sakaguchi, *Microelectronic Engineering*, **86**, 590-595 (2009)

高機能デバイス封止技術と最先端材料 《普及版》（B1148）

2009年8月31日　初　版　第1刷発行
2015年11月10日　普及版　第1刷発行

監　修　　高橋昭雄　　　　　　　　　　Printed in Japan
発行者　　辻　賢司
発行所　　株式会社シーエムシー出版
　　　　　東京都千代田区神田錦町1-17-1
　　　　　電話03 (3293) 7066
　　　　　大阪市中央区内平野町1-3-12
　　　　　電話06 (4794) 8234
　　　　　http://www.cmcbooks.co.jp/

〔印刷　株式会社遊文舎〕　　　　　　　　© A. Takahashi, 2015

落丁・乱丁本はお取替えいたします。

本書の内容の一部あるいは全部を無断で複写（コピー）することは，法律で認められた場合を除き，著作者および出版社の権利の侵害になります。

ISBN978-4-7813-1041-1　C3043　¥4000E